Johannes Dafinger

Wissenschaft im außenpolitischen Kalkül des „Dritten Reiches“

Deutsch-sowjetische Wissenschaftsbeziehungen vor und nach Abschluss des Hitler-Stalin-Paktes

Johannes Dafinger lehrt als Universitätsassistent Zeitgeschichte an der Alpen-Adria-Universität Klagenfurt. Er hat in München und St. Petersburg studiert und war anschließend Research Scholar an der University of Maryland, College Park. Im Rahmen seines Promotionsstudiums forscht er zu Europakonzepten und Kulturbeziehungen im NS-Machtbereich.

Johannes Dafinger

Wissenschaft im außenpolitischen Kalkül des „Dritten Reiches“

Deutsch-sowjetische Wissenschaftsbeziehungen vor und nach Abschluss des Hitler-Stalin-Paktes

Neofelis Verlag

Veröffentlicht mit Unterstützung der Fakultät für Kulturwissenschaften
der Alpen-Adria-Universität Klagenfurt.

Bibliografische Information der Deutschen Nationalbibliothek
Die Deutsche Nationalbibliothek verzeichnet diese Publikation in der Deutschen Nationalbibliografie; detaillierte bibliografische Daten sind im Internet über http://dnb.d-nb.de abrufbar.

www.neofelis-verlag.de

Umschlaggestaltung: Marija Skara
Druck: PRESSEL Digitaler Produktionsdruck, Remshalden
Gedruckt auf FSC-zertifiziertem Papier.
ISBN: 978-3-943414-64-6

Inhalt

Einleitung

Die Nachricht vom Abschluss des Hitler-Stalin-Paktes[1] traf die europäische Öffentlichkeit völlig unvorbereitet. Nach Jahren der antibolschewistischen Propaganda auf deutscher, der antifaschistischen auf sowjetischer Seite rechnete niemand mit dem Schulterschluss der Diktatoren. Deren neue Allianz ging über die Zusicherung hinaus, sich weder gegenseitig militärisch anzugreifen noch kriegerische Handlungen anderer Staaten gegen eine Vertragspartei zu unterstützen. Auch erschöpfte sie sich nicht in der folgenreichen Abgrenzung von Interessensphären in Ostmitteleuropa. Vielmehr schuf der Abschluss des Paktes darüber hinaus die Voraussetzungen für die Aufnahme vielfältiger Beziehungen zwischen Deutschland und der Sowjetunion.

Die Geschichte dieser deutsch-sowjetischen „Verflechtungen" *(entanglements)* zwischen 1933 und 1941 ist nicht gut erforscht.[2]

1 „Hitler-Stalin-Pakt" bezeichnet im Folgenden den Nichtangriffsvertrag zwischen Deutschland und der Union der Sozialistischen Sowjetrepubliken vom 23.08.1939 sowie das gleichzeitig abgeschlossene geheime Zusatzprotokoll.

2 Michael Geyer / Sheila Fitzpatrick: After Totalitarianism – Stalinism and Nazism Compared. In: Dies. (Hrsg.): *Beyond Totalitarianism. Stalinism and Nazism Compared.* Cambridge u. a.: Cambridge University Press 2009, S. 1–37, hier S. 35; Michael David-Fox: Annäherung der Extreme. Die UdSSR und die Rechtsintellektuellen vor 1933. In: *Osteuropa* 59,7/8 (2009), S. 115–124, hier S. 115–116; Vorwort. In: *Deutschland und die Sowjetunion 1933–1941. Dokumente aus russischen und deutschen Archiven*, Bd. 1: Januar 1933–31. Dezember 1934, hrsg. im Auftrag der Gemeinsamen Kommission für die Erforschung der jüngeren Geschichte der deutsch-russischen Beziehungen v. Sergej Slutsch / Carola Tischler. München: Oldenbourg

Stattdessen dominierte bislang ein vergleichender Blick auf Nationalsozialismus und Stalinismus. Dies gilt in besonderem Maße für die Geschichte der Wissenschaften in der Sowjetunion und im „Dritten Reich“. Während die institutionellen Rahmenbedingungen, die Wissenschaftspolitik sowie die politische Rolle von Wissenschaftlern[3] in den beiden Diktaturen des Öfteren auf Gemeinsamkeiten und Unterschiede hin untersucht wurden,[4] wissen wir nur wenig über die Beziehungen zwischen deutschen und sowjetischen Wissenschaftlern in der Zeit von der Ernennung Hitlers zum Reichskanzler am 30. Januar 1933 bis zum deutschen Überfall auf die Sowjetunion am 22. Juni 1941.

Weithin ist sogar unbekannt, dass es überhaupt wissenschaftliche Beziehungen zwischen dem „Dritten Reich“ und der Sowjetunion gegeben hat. Die ältere bundesdeutsche Literatur behauptet, dass bestehende „Kontakte nach 1933 abgebrochen“ worden seien.[5]

2014, S. VII–X, hier S. VIII. Vgl. aber *Kritika* 10,3 (2009): Fascination and Enmity: Russia and Germany as Entangled Histories, 1914–45; Karl Eimermacher / Astrid Volpert (Hrsg.): *Stürmische Aufbrüche und enttäuschte Hoffnungen. Russen und Deutsche in der Zwischenkriegszeit.* München: Fink 2006; Alexandr M. Nekrich: *Pariahs, Partners, Predators: German-Soviet Relations, 1922–1941.* New York: Columbia University Press 1997.

3 Die verwendeten Maskulina sind keine generischen, sondern spezifische, da in meinem Untersuchungszeitraum Akteurinnen nur selten Spuren in den Quellen hinterlassen haben. Wissenschaftlerinnen gab es kaum, in den Behörden arbeiteten keine Frauen in Positionen mit Gestaltungsmöglichkeiten. Aus diesem Grund verwende ich im Folgenden, wenn ich über die 1920er bis 1940er Jahre spreche, bewusst keine geschlechtsneutralen Formulierungen, da dies den Umstand verschleiern würde, dass Frauen deutsch-sowjetische Wissenschaftsbeziehungen sowie Diskussionen über diese Beziehungen vor und nach Abschluss des Hitler-Stalin-Paktes in der Regel nicht auf heute noch nachvollziehbare Weise mitgeprägt haben bzw. mitprägen konnten.

4 Siehe insb. Dietrich Beyrau (Hrsg.): *Im Dschungel der Macht. Intellektuelle Professionen unter Stalin und Hitler.* Göttingen: Vandenhoeck & Ruprecht 2000; Paul R. Josephson: *Totalitarian Science and Technology.* Amherst, NY: Humanity Books 2005. Unter Einbeziehung weiterer Länder: Mark Walker (Hrsg.): *Science and Ideology. A Comparative History.* London / New York: Routledge 2003; *Osiris* 20 (2005): Politics and Science in Wartime: Comparative International Perspectives on the Kaiser Wilhelm Institute.

5 Wolfgang Bergsdorf: Der deutsch-sowjetische Wissenschaftleraustausch. In: *Gewerkschaftliche Monatshefte* 18 (1967), S. 555–559, hier S. 555. Wolfgang Kasack: Formen und Probleme der wissenschaftlichen Beziehungen. In: Dietrich Geyer (Hrsg.): *Wissenschaft in kommunistischen Ländern.* Tübingen: Wunderlich 1967, S. 278–298, hier S. 286 geht sogar davon aus, dass das „Jahr 1933 mit seinen unseligen Folgen, vor allem dem von Hitler begonnenen Krieg, […] zum Erliegen aller

Dabei unterscheidet sie weder zwischen Vorkriegs- und Kriegszeit noch schenkt sie der Zäsur Beachtung, die der Abschluss des Hitler-Stalin-Paktes in der Nacht vom 23. auf den 24. August 1939 auch für die Geschichte der deutsch-sowjetischen Wissenschaftsbeziehungen bedeutete.

Etwas differenzierter sind meist die in der DDR erschienenen Darstellungen.[6] Sie lassen ein Bewusstsein der Autorinnen und Autoren dafür erkennen, dass der wissenschaftliche Austausch nach 1933 nicht sofort zum Erliegen kam.[7] Vergleichsweise ausführlich wird die Zeit bis 1939 in Publikationen zur Geschichte der Preußischen Akademie der Wissenschaften (PAW) und zu den Beziehungen der Akademie zur sowjetischen Wissenschaft dargestellt.[8]

wissenschaftlichen Auslandsbeziehungen" geführt habe, also nicht nur der Beziehungen in die Sowjetunion. Vgl. dazu S. 14.

6 In der DDR herausgegebene Sammelbände enthalten häufig auch Beiträge sowjetischer Autorinnen und Autoren, die sich im Tenor nicht von den anderen unterscheiden. Eine Bibliographie der zwischen 1917 und 1991 erschienenen sowjetischen Darstellungen zur Geschichte der deutsch-sowjetischen Kultur- und Wissenschaftsbeziehungen bis 1949 bietet Karin Borck (Hrsg.): *Sowjetische Forschungen (1917 bis 1991) zur Geschichte der deutsch-russischen Beziehungen von den Anfängen bis 1949. Bibliographie.* Berlin: Akademie 1993, S. 217–222.

7 Meist finden sich Formulierungen wie „mehr und mehr abgebaut" oder „[i]m Laufe der Zeit […] zerstört", die dem Prozesscharakter des Abbruchs der deutsch-sowjetischen Wissenschaftsbeziehungen nach 1933 gerecht werden. Erhard Pachaly: Die Beziehungen der Notgemeinschaft der Deutschen Wissenschaft zur sowjetischen Wissenschaft. In: Heinz Sanke (Hrsg.): *Deutschland – Sowjetunion. Aus fünf Jahrzehnten kultureller Zusammenarbeit.* Berlin (Ost): Humboldt-Universität zu Berlin 1966, S. 129–137, hier S. 135; ders. / Günter Rosenfeld / Horst Schützler / Harald Schulze-Wollgast: Die kulturellen Beziehungen zwischen Deutschland und der Sowjetunion. In: Alfred Anderle / Ernst Laboor / Klaus Mammach / Gerhard Meisel / Günter Rosenfeld / Wolfgang Ruge (Hrsg.): *Die Große Sozialistische Oktoberrevolution und Deutschland.* Berlin (Ost): Dietz 1967, S. 443–514, hier S. 468. In der Darstellung des ostdeutschen Historikers Günter Rosenfeld: *Sowjetunion und Deutschland. 1922–1933.* Köln: Pahl-Rugenstein 1984, S. 223 heißt es dagegen, „die Errichtung der faschistischen Diktatur in Deutschland" habe der Zusammenarbeit zwischen Deutschland und der Sowjetunion „auch auf dem kulturellen Gebiet ein Ende" gesetzt.

8 Insbesondere enthält eine dieser Publikationen den einzigen mir bekannten vor 1990 erschienenen Aufsatz, der die Entwicklung der deutsch-sowjetischen Wissenschaftsbeziehungen nach 1933 zum Kernthema macht. Liane Zeil: Zu den Bemühungen fortschrittlicher Kräfte der Berliner Akademie um die Aufrechterhaltung wissenschaftlicher Kontakte zur Sowjetunion 1933 bis 1938. In: Peter Altner / Wolfgang Büttner / Conrad Grau (Hrsg.): *Verbündete in der Forschung. Traditionen der deutsch-sowjetischen Wissenschaftsbeziehungen und die wissenschaftliche Zusammenarbeit zwischen der Akademie der Wissenschaften der UdSSR und der Akademie der*

Hier finden sich auch Hinweise darauf, dass in Deutschland nach Abschluss des Hitler-Stalin-Paktes sowohl vonseiten der Wissenschaft als auch vonseiten der Politik ein Interesse an der Wiederbelebung der Wissenschaftsbeziehungen zur Sowjetunion bestand.[9] Zu einer Wiederaufnahme der Beziehungen sei es dann jedoch nicht gekommen.[10]

Der Wert der DDR-Veröffentlichungen wird aber durch die einseitige und undifferenzierte Begründung geschmälert, warum der Kontakt zwischen deutschen und sowjetischen Wissenschaftlern im Laufe der 1930er Jahre abbrach. Allein die „dem gesellschaftlichen Fortschritt zutiefst feindliche Politik“[11] des faschistischen Deutschland sei dafür verantwortlich zu machen, während die Sowjetunion daran interessiert gewesen sei, „die [...] Verbindungen, darunter auf kulturpolitischem und wissenschaftlichem Gebiet, aufrechtzuerhalten und fortzuführen.“[12]

Ebenfalls noch aus der Zeit vor 1990 stammt ein Aufsatz von Gerhard Oberkofler, der auf der Basis von Quellen aus dem Archiv der Universität Innsbruck zeigt, dass nach Abschluss des Hitler-Stalin-Paktes im Deutschen Reich die Wiederbelebung der Wissenschaftsbeziehungen zur Sowjetunion zur Diskussion stand.[13] Gegenüber dem, was aus der DDR-Literatur bereits bekannt war, fördert er jedoch kaum qualitativ Neues zutage. Gleiches gilt für zwei kurz nach der „Wende“ erschienene Publikationen. Günter Rosenfeld

Wissenschaften der DDR. Berlin (Ost): Akademie 1976, S. 155–160. Vgl. außerdem Conrad Grau / Wolfgang Schlicker / Liane Zeil: *Die Berliner Akademie der Wissenschaften in der Zeit des Imperialismus*, Teil III: Die Jahre der faschistischen Diktatur 1933 bis 1945. Berlin (Ost): Akademie 1979, S. 73ff.

9 Christa Kirsten: Quellen zur Geschichte der Beziehungen zwischen der Deutschen und der Sowjetischen Akademie der Wissenschaften im Berliner Akademie-Archiv. In: Sanke (Hrsg.): *Deutschland*, S. 179–184, hier S. 181; Grau / Schlicker / Zeil: *Akademie*, Teil III, S. 80; Pachaly / Rosenfeld / Schützler / Schulze-Wollgast: Die kulturellen Beziehungen, S. 469.

10 Grau / Schlicker / Zeil: *Akademie*, Teil III, S. 80. Bei Pachaly / Rosenfeld / Schützler / Schulze-Wollgast: Die kulturellen Beziehungen, S. 469 heißt es, der Schriftenaustausch habe einen beträchtlichen Aufschwung erlebt, was so pauschal und für die PAW im Speziellen jedoch gar nicht zutrifft.

11 Zeil: Bemühungen, S. 155. Zitat mit Kasusänderung.

12 Gerd Voigt: *Otto Hoetzsch, 1876–1946. Wissenschaft und Politik im Leben eines deutschen Historikers*. Berlin (Ost): Akademie 1978, S. 255.

13 Gerhard Oberkofler: *Österreichisch-sowjetische Wissenschaftsbeziehungen (1917–1945)*. Innsbruck: 1983.

und Klaus Pätzold revidieren nur sehr vorsichtig den älteren Standpunkt der DDR-Historiographie, wonach sich zwischen 1939 und 1941 keinerlei wissenschaftlicher Austausch entwickelt habe.[14] Jürgen Nötzold interpretiert die Wiederaufnahme der Wissenschaftsbeziehungen nach Abschluss des Hitler-Stalin-Paktes als „eine Episode, die keine praktische Bedeutung mehr hatte."[15]

Im Jahr 1993 beschäftigte sich der russische Historiker V. A. Nevežin erstmals etwas ausführlicher mit dieser „Episode".[16] Wenig später veröffentlichte Günter Rosenfeld, der vor 1990 an vielen der erwähnten DDR-Publikationen mitgearbeitet hatte, den bis heute besten Überblick zum Thema.[17] Immerhin sechs Seiten seines Aufsatzes sind den Kultur- und Wissenschaftsbeziehungen in der Pakt-Zeit gewidmet. Eine Reihe der in der vorliegenden Arbeit im Detail untersuchten Initiativen zur Wiederbelebung der deutsch-sowjetischen wissenschaftlichen Zusammenarbeit und der daraus erwachsenen Projekte hat Rosenfeld in seinem Aufsatz bereits erwähnt. Wertvoll sind auch seine zahlreichen Hinweise auf einschlägige Quellenbestände in den verschiedenen Archiven. Schließlich enthält die posthum veröffentlichte Monographie Aleksandr M. Nekrichs über die deutsch-sowjetischen Beziehungen der Zwischenkriegszeit

14 Zwar halten sie fest, dass sich nach Abschluss des Hitler-Stalin-Paktes „ein Austausch auf wissenschaftlich-kulturellem Gebiet" entwickelt habe. Gleichzeitig findet sich jedoch die Aussage, dass sich die Hoffnungen auf eine Wiederbelebung der wissenschaftlichen und kulturellen Beziehungen nicht erfüllt hätten. Günter Rosenfeld / Kurt Pätzold: Einleitung. In: Dies. (Hrsg.): *Sowjetstern und Hakenkreuz. 1938 bis 1941. Dokumente zu den deutsch-sowjetischen Beziehungen*. Berlin: Akademie 1990, S. 11–71, hier S. 61, 67.

15 Jürgen Nötzold: Die deutsch-sowjetischen Wissenschaftsbeziehungen. In: Rudolf Vierhaus / Bernhard vom Brocke (Hrsg.): *Forschung im Spannungsfeld von Politik und Wirtschaft. Geschichte und Struktur der Kaiser-Wilhelm-/Max-Planck-Gesellschaft*. Stuttgart: DVA 1990, S. 778–800, hier S. 787.

16 V. A. Nevežin: Sovetskaja politika i kul'turnye svjazi s Germaniej (1939–1941 gg.). In: *Otečestvennaja istorija* 1 (1993), S. 18–34. Kaum über die Ergebnisse Nevežins hinaus gehen, was den Buchaustausch der Sowjetunion mit Deutschland in der Zeit des Hitler-Stalin-Paktes betrifft, A. L. Divnogorcev: *Meždunarodnye bibliotečnye svjazi Rossii (oktjabr' 1917 – ijun' 1941). Istoričeskij očerk*. Moskau: Paškov Dom 2001; A. L. Divnogorcev: *Meždunarodnye svjazi rossijskich bibliotek v kontekste vnešnej i vnutrennej politiki sovetskogo gosudarstva (oktjabr' 1917 – maj 1945)*. Moskau: Paškov Dom 2007.

17 Günter Rosenfeld: Kultur und Wissenschaft in den Beziehungen zwischen Deutschland und der Sowjetunion von 1933 bis 1941. In: *Berliner Jahrbuch für osteuropäische Geschichte* 2,1 (1995), S. 99–129.

einen Abschnitt über Kulturbeziehungen mit einigen Hinweisen auf die Motive der sowjetischen Seite.[18]

Nichtsdestoweniger bleiben viele Fragen offen: Von wem gingen im wissenschaftlichen sowie im politischen Bereich die Initiativen zur Wiederbelebung der Wissenschaftsbeziehungen zur Sowjetunion aus? Hatten manche Fachbereiche ein größeres Interesse an der Zusammenarbeit mit sowjetischen Kollegen – und größere Freiräume – als andere? Förderten oder behinderten die deutsche Regierung sowie die beteiligten Behörden die Pläne für neue Austauschbeziehungen? Mit welchen Instrumenten versuchten sie die sich entwickelnden Kooperationen zu kontrollieren und zu lenken? Welche Handlungsspielräume hatten mithin kooperationsbereite Wissenschaftler, und wie nutzten sie diese? Welche Beziehung bestand zwischen der Zusammenarbeit deutscher Wissenschaftler mit sowjetischen Kollegen und der Erarbeitung der Umsiedlungspläne für den europäischen Osten, insbesondere des „Generalplans Ost"? Welche konkreten Projekte konnten bis zum deutschen Überfall auf die Sowjetunion verwirklicht werden? Und nicht zuletzt: Setzten Rassismus und Antibolschewismus der Kooperation zwischen dem nationalsozialistischen Deutschland und der stalinistischen Sowjetunion Grenzen?

Auch für die Zeit vor 1939 besteht noch Forschungsbedarf, obwohl nach der Jahrtausendwende zur Geschichte der deutsch-sowjetischen Zusammenarbeit im Bereich der Medizin, einschließlich der Genetik, einige detaillierte Studien erschienen sind.[19] Die ältere

18 Nekrich: *Pariahs*, S. 165–174. Die Darstellung, die auf Teilen der russischen Quellenüberlieferung beruht, ist allerdings fehlerbehaftet.

19 Susan Gross Solomon (Hrsg.): *Doing Medicine Together. Germany and Russia between the Wars*. Toronto / Buffalo / London: University of Toronto Press 2006; Nikolai Krementsov: *International Science between the World Wars. The Case of Genetics*. London: Routledge 2005; ders. / Ronald E. Doel / Dieter Hoffmann: National States and International Science: A Comparative History of International Science Congresses in Hitler's Germany, Stalin's Russia, and Cold War United States. In: *Osiris* 20 (2005), S. 49–76. Schon etwas älteren Datums ist der kurze, in Teilen fehlerhafte Aufsatz von Paul Weindling: German-Soviet Cooperation in Science: The Case of the Laboratory for Racial Research, 1931–1938. In: *Nuncius* 1,2 (1986), S. 103–109. Für eine verbesserte und stark erweiterte Fassung siehe Paul Weindling: German-Soviet Medical Co-operation and the Institute for Racial Research, 1927–c. 1935. In: *German History* 10,2 (1992), S. 177–206. Darauf aufbauend Susan Gross Solomon: Vergleichende Völkerpathologie auf unerforschtem Gebiet: Ludwig Aschoffs Reise nach Rußland und in den Kaukasus im Jahre 1930. In:

Literatur sieht, wie erwähnt, im Aufstieg der NSDAP zur Regierungspartei den Grund für den Rückgang der deutsch-sowjetischen Zusammenarbeit. Aber wie genau beeinflusste der Regierungs- und Systemwechsel die Entwicklung der Wissenschaftsbeziehungen zur Sowjetunion? Welche anderen Faktoren hatten Einfluss auf den Niedergang deutsch-sowjetischer Wissenschaftskooperation? Im Folgenden werden diese Forschungslücken so weit wie möglich geschlossen.

Mit Wolfgang Kasack[20] kann man sieben Formen wissenschaftlicher Beziehungen unterscheiden:[21] Die unpersönlichste Form ist der Austausch von Büchern und Druckschriften mit dem Ausland (1).[22] Sodann lassen sich verschiedene Varianten der persönlichen Begegnung von Wissenschaftler_innen voneinander abgrenzen, nämlich die Begegnung auf (internationalen und nationalen) Kongressen (2), persönliche (Kurz-)Besuche (3) sowie längere Forschungsaufenthalte (4) einzelner Wissenschaftler_innen im Ausland. Darüber hinaus gibt es stärker institutionalisierte Formen der Beziehungspflege. Wissenschaftler_innen verschiedener Länder können gemeinsame Forschungsprojekte entweder so durchführen, dass die Arbeitsteilung entlang der nationalen Grenzen verläuft, aber die Ergebnisse laufend ausgetauscht werden (5). Oder aber sie führen gemeinsame Forschungsvorhaben im engeren Sinn durch, bei denen die Nationalität der beteiligten Wissenschaftler_innen keine (wichtige) Rolle spielt (6). Zuletzt nennt Kasack den Unterhalt gemeinsamer Forschungsinstitute (7).

Ergänzt werden müssen als weitere Formen des wissenschaftlichen Austausches der Briefwechsel zwischen Wissenschaftler_innen und wissenschaftlichen Institutionen verschiedener Länder sowie das Publizieren von Aufsätzen in Zeitschriften oder Sammelbänden, die

Dies. / Jochen Richter (Hrsg.): *Ludwig Aschoff: Vergleichende Völkerpathologie oder Rassenpathologie. Tagebuch einer Reise durch Russland und Transkaukasien.* Pfaffenweiler: Centaurus 1998, S. 1–48.

20 Wolfgang Kasack war 1967, als er die folgende Einteilung veröffentlichte, Sowjetunion-Referent der Deutschen Forschungsgemeinschaft (DFG), die für die Bundesrepublik die wissenschaftlichen Beziehungen zur Sowjetunion koordinierte. Bergsdorf: Wissenschaftleraustausch, S. 555, Anm. 1.

21 Vgl. zum Folgenden Kasack: Formen, S. 279ff.

22 Literatur durch Kauf in Bibliotheken verfügbar zu machen und sie zu lesen, sieht Kasack auch bereits als eine Form wissenschaftlichen Austauschs an. Darauf werde ich ihm Folgenden jedoch nicht eingehen.

in einem anderen Land herausgegeben werden. Auch die Aufnahme von Fachkolleg_innen aus dem Partnerland in eine wissenschaftliche Gesellschaft ist mindestens ein Indiz für das Interesse an wissenschaftlicher Zusammenarbeit. Unberücksichtigt bleiben in der vorliegenden Arbeit Kooperationsvereinbarungen zwischen Hochschulen sowie Auslandsaufenthalte von Studierenden.

Dass die Entwicklung der genannten Formen wissenschaftlicher Zusammenarbeit im deutsch-sowjetischen Verhältnis zwischen 1933 und 1941 bisher kaum Aufmerksamkeit gefunden hat, erklärt sich daraus, dass man vorschnell davon ausging, zwischen den auf entgegengesetzten Seiten des politischen Spektrums angesiedelten Diktaturen könne es schon kurz nach der Regierungsübernahme durch die Nationalsozialisten aus ideologischen Gründen keine Kontakte im Kultur- und Wissenschaftsbereich mehr gegeben haben. Tatsächlich lösten sich viele der in den 1920er Jahren geknüpften Wissenschaftsbeziehungen zwischen Deutschland und der Sowjetunion im Laufe der 1930er Jahre, während die Kontakte der deutschen Wissenschaft zu anderen Ländern zwischen 1934 und Herbst 1938 deutlich ausgebaut wurden.[23] 1937 verbot das Reichsministerium für Wissenschaft, Erziehung und Volksbildung deutschen Wissenschaftlern sogar den Schriftverkehr mit sowjetischen Kollegen.[24] Der hinter der genannten Vermutung liegende Gedanke ist mithin nicht von der Hand zu weisen: Offensichtlich galten für die wissenschaftliche Zusammenarbeit mit der Sowjetunion andere Regeln als für diejenige mit anderen Ländern. Wie diese Regeln aber genau aussahen, wurde bisher kaum untersucht. So einfach, wie die ältere Forschung annahm – keine Kooperation aus ideologischen Gründen –, können sie aber nicht gewesen sein. Denn damit ließe sich nicht erklären, wie der Abschluss des Hitler-Stalin-Paktes eine Situation schaffen konnte, in der auch die Wissenschaftskooperation mit dem „großen Weltfeind“[25] wieder möglich schien und möglich war. Eine differenziertere Antwort auf diese Frage ist also auch ein

23 Rüdiger Hachtmann: Forschen für Volk und „Führer“. Wissenschaft und Technik. In: Dietmar Süß / Winfried Süß (Hrsg.): *Das „Dritte Reich“. Eine Einführung.* München: Pantheon 2008, S. 205–225, hier S. 214. Erst die Reichspogromnacht ließ die liberalen Demokratien auf Distanz gehen.

24 Siehe S. 76.

25 Joseph Goebbels: *Kommunismus ohne Maske.* München: Eher 1935, S. 31.

Beitrag zum besseren Verständnis des Verhältnisses zwischen Nationalsozialismus und Bolschewismus.

Den Fluchtpunkt der vorliegenden Darstellung bildet daher der Abschluss des Hitler-Stalin-Paktes in der Nacht vom 23. auf den 24. August 1939. Er schuf die Voraussetzungen – so die Ausgangsthese – für die Wiederbelebung der kulturellen und wissenschaftlichen Beziehungen zwischen Deutschland und der Sowjetunion.

Da grenzüberschreitende Wissenschaftsbeziehungen einen geistigen Austausch zwischen Wissenschaftler_innen verschiedener Länder ermöglichen, also einen (quasi-institutionellen) Rahmen für die Forschungspraxis der am Austausch beteiligten Wissenschaftler_innen darstellen, sind sie auf der einen Seite dem Bereich Wissenschaft zuzuordnen.[26] Auf der anderen Seite stellen Wissenschaftsbeziehungen aber auch einen Teilbereich der auswärtigen Angelegenheiten eines Staates dar. Entsprechend nehmen Akteur_innen der Wissenschaftspolitik und der Außenpolitik Einfluss auf Wissenschaftsbeziehungen. Als Wissenschaftspolitik bezeichne ich dabei – in Anlehnung an Frank Pfetsch, Herbert Mehrtens und Rüdiger Hachtmann – jede „direkt oder indirekt gezielte Einflussnahme"[27] von staatlichen Organen, Gruppenorganisationen oder privaten Personen[28] – also nicht nur des „klassischen" politischen Akteurs, des Staates – auf die Wissenschaften.[29] Als Außenpolitik gilt mir

26 Diese weite Definition von Wissenschaft in Anlehnung an Mitchell G. Ash: Wissenschaftswandlungen und politische Umbrüche im 20. Jahrhundert – was hatten sie miteinander zu tun? In: Rüdiger vom Bruch / Uta Gerhardt / Aleksandra Pawliczek (Hrsg.): *Kontinuitäten und Diskontinuitäten in der Wissenschaftsgeschichte des 20. Jahrhunderts*. Stuttgart: Steiner 2006, S. 19–37, hier S. 23.

27 Herbert Mehrtens: Wissenschaftspolitik im NS-Staat – Strukturen und regionalgeschichtliche Aspekte. In: Wolfram Fischer / Klaus Hierholzer / Michael Hubenstorf / Peter Th. Walther / Rolf Winau (Hrsg.): *Exodus von Wissenschaften aus Berlin. Fragestellungen – Ergebnisse – Desiderate. Entwicklungen vor und nach 1933*. Berlin / New York: de Gruyter 1994, S. 245–266, hier S. 248.

28 Vgl. Frank R. Pfetsch: Staatliche Wissenschaftsförderung in Deutschland 1870–1975. In: Rüdiger vom Bruch / Rainer A. Müller (Hrsg.): *Formen außerstaatlicher Wissenschaftsförderung im 19. und 20. Jahrhundert. Deutschland im europäischen Vergleich*. Stuttgart: Steiner 1990, S. 113–138, hier S. 116.

29 Vgl. auch Rüdiger Hachtmann: *Wissenschaftsmanagement im „Dritten Reich". Geschichte der Generalverwaltung der Kaiser-Wilhelm-Gesellschaft*. Göttingen: Wallstein 2007, S. 23–24, Anm. 10. Wissenschaftlerinnen und Wissenschaftler gestalten diese Politik, ungeachtet ungleich verteilter Machtressourcen, prinzipiell mit. Vgl. Ash: Wissenschaftswandlungen, S. 26.

jede solche Einflussnahme auf die auswärtigen Beziehungen. „Auswärtige Kulturpolitik“[30] umfasst auch die Einflussnahme auf grenzüberschreitende Wissenschaftsbeziehungen durch Akteur_innen der Außenpolitik.[31]

Deutsch-sowjetische Wissenschaftsbeziehungen sind also im Kontext der allgemeinen Wissenschaftspolitik und der auswärtigen Kulturpolitik zu sehen. Daher gebe ich im Folgenden einen kurzen Überblick über die wichtigste Forschungsliteratur zu diesen beiden Politikfeldern im „Dritten Reich“.

Einer der wichtigsten wissenschaftspolitischen Akteure war das im Mai 1934 gegründete Reichsministerium für Wissenschaft, Erziehung und Volksbildung (REM),[32] dessen Einfluss lange Zeit unterschätzt worden ist.[33] Tatsächlich rivalisierte es mit zahlreichen

30 Wissenschaftsbeziehungen wurden im hier behandelten Zeitraum als ein Teilbereich kultureller Beziehungen verstanden. Daher sind im Folgenden wissenschaftliche Beziehungen stets mitgemeint, wenn von kulturellen Beziehungen die Rede ist.

31 Meinem Begriffsverständnis kommt die Definition von A.V. Golubev am nähesten, der vorschlägt, auswärtige Kulturpolitik als „Ausnutzung bestehender oder speziell geknüpfter kultureller, gesellschaftlicher und wissenschaftlicher Kontakte für politische, diplomatische oder propagandistische Ziele durch den Staat“ zu fassen. A.V. Golubev: Sovetskaja kul’turnaja diplomatija 1920–30ch. gg. In: A.N. Bochanov (Hrsg.): *Rossija i mirovaja civilizacija. K 70–letnuju člena-korrespondenta RAN A.N. Sacharova.* Moskau: Rossijskaja Akademija Nauk, Institut Rossijskoj Istorii 2000, S. 339–354, hier S. 340 (alle Übersetzungen aus dem Russischen – hier und im Folgenden – vom Verfasser). Lediglich die Verkürzung der Akteursebene auf den Staat erscheint problematisch. Insbesondere sind diejenigen, die die Kontakte pflegen, auch selbst (politische) Akteur_innen. Dem spannungsreichen Verhältnis der verschiedenen Akteur_innen auf dem Feld der kulturellen Kontakte ins Ausland wird man daher nicht gerecht, wenn man es auf ein „Ausnutzungsverhältnis“ verkürzt. Sehr anregend zur theoretischen Diskussion über auswärtige Kulturpolitik: Patrick Schreiner: *Außenkulturpolitik. Internationale Beziehungen und kultureller Austausch.* Bielefeld: transcript 2011.

32 Vgl. zum REM zuletzt Anne C. Nagel: *Hitlers Bildungsreformer. Das Reichsministerium für Wissenschaft, Erziehung und Volksbildung 1934–1945.* Frankfurt am Main: Fischer 2012; Armin Nolzen / Marnie Schlüter: Das Reichsministerium für Wissenschaft, Erziehung und Volksbildung im nationalsozialistischen Herrschaftssystem. In: Klaus-Peter Horn / Jörg-W. Link (Hrsg.): *Erziehungsverhältnisse im Nationalsozialismus. Totaler Anspruch und Erziehungswirklichkeit.* Bad Heilbrunn: Klinkhardt 2011, S. 341–355.

33 Michael Grüttner: Wissenschaftspolitik im Nationalsozialismus. In: Doris Kaufmann (Hrsg.): *Geschichte der Kaiser-Wilhelm-Gesellschaft im Nationalsozialismus. Bestandsaufnahme und Perspektiven der Forschung.* Göttingen: Wallstein 2000, S. 557–585, hier S. 559 hält das REM für „ein schwaches Ministerium ohne wirkliche Durchsetzungskraft“. Eine andere Meinung vertraten zuletzt Hachtmann:

anderen Organisationen,[34] bewies in Auseinandersetzungen aber Durchsetzungskraft. Insbesondere Rudolf Mentzel, der bis 1939 zum Leiter des Amtes Wissenschaft im REM aufstieg und in Personalunion als Präsident der Deutschen Forschungsgemeinschaft (DFG) fungierte, war ein zupackender Wissenschaftspolitiker und kann als „eigentlicher Kopf des Ministeriums" gelten, das formell von Bernhard Rust geleitet wurde.[35] Er verschaffte dem REM in der Wissenschaftslandschaft Gehör. Dies gilt auch für den Bereich der bilateralen Wissenschaftsbeziehungen, auf den das REM unter Berufung auf einen Erlass Hitlers Anspruch erhob.[36] Damit trat es als weiterer Akteur neben das Auswärtige Amt (AA), das bereits in der Zeit der Weimarer Republik die Wissenschaftsbeziehungen zur Sowjetunion beeinflusst hatte.

Lange behaupteten Historikerinnen und Historiker, „die" Nationalsozialisten seien wissenschaftsfeindlich gewesen.[37] Noch 1995 vertrat beispielsweise Helmut Böhm die These, dass „der Nationalsozialismus in der Wissenschaft einen gefährlichen Feind" gesehen habe.[38] Entstanden ist diese These vom vermeintlich „belagerten

Wissenschaftsmanagement, S. 270–271 und Sören Flachowsky: *Von der Notgemeinschaft zum Reichsforschungsrat. Wissenschaftspolitik im Kontext von Autarkie, Aufrüstung und Krieg*. Stuttgart: Steiner 2008, S. 153. Vgl. auch Notker Hammerstein: Wissenschaftssystem und Wissenschaftspolitik im Nationalsozialismus. In: Rüdiger vom Bruch / Brigitte Kaderas (Hrsg.): *Wissenschaften und Wissenschaftspolitik. Bestandsaufnahmen zu Formationen, Brüchen und Kontinuitäten im Deutschland des 20. Jahrhunderts*. Stuttgart: Steiner 2002, S. 219–224, hier S. 222, der ebenfalls überzeugt ist, „daß das Reichswissenschaftsministerium die besten und erfolgreichsten Karten spielte."

34 Vgl. Grüttner: Wissenschaftspolitik.

35 Hachtmann: *Wissenschaftsmanagement*, S. 273–274, hier S. 274. Vgl. außerdem Notker Hammerstein: *Die Deutsche Forschungsgemeinschaft in der Weimarer Republik und im Dritten Reich. Wissenschaftspolitik in Republik und Diktatur 1920–1945*. München: Beck 1999, S. 213. Auch Flachowsky: *Notgemeinschaft*, S. 148ff., der Mentzels Rolle ähnlich beurteilt, geht ausführlich auf seine Biographie ein. Von ihm habe ich die Charakterisierung Mentzels als „zupackender Wissenschaftspolitiker" übernommen.

36 Hitler hatte in einem Erlass vom 11. Mai 1934 die Pflege der wissenschaftlichen Beziehungen zum Ausland dem REM zugesprochen. Volkhard Laitenberger: Organisations- und Strukturprobleme der auswärtigen Kulturpolitik und des Akademischen Austausches in den zwanziger und dreißiger Jahren. In: Kurt Düwell / Werner Link (Hrsg.): *Deutsche auswärtige Kulturpolitik seit 1871. Geschichte und Struktur*. Köln / Wien: Böhlau 1981, S. 72–96, hier S. 87.

37 Vgl. zum Folgenden Grüttner: Wissenschaftspolitik, S. 576ff.

38 Helmut Böhm: *Von der Selbstverwaltung zum Führerprinzip. Die Universität München in den ersten Jahren des Dritten Reiches (1933–1936)*. Berlin: Duncker & Humblot 1995, S. 87.

Elfenbeinturm"[39] nach 1945 in exkulpatorischer Absicht: Wissenschaftler, die in der Zeit des „Dritten Reiches" in Deutschland gearbeitet hatten, schrieben sich selbst oder ihre Kollegen im Zuge der Entnazifizierung in eine Opferrolle, ja manchmal fast in eine Widerstandsrolle hinein, die sie tatsächlich nie gespielt haben.[40] Die Nationalsozialisten waren antiintellektualistisch und antisemitisch, was Intellektuelle, die in der Öffentlichkeit gegen den Nationalsozialismus Stellung bezogen, und jüdische Wissenschaftler zu spüren bekamen.[41] Nichtjüdische Forscher jedoch, die sich als „unpolitische" Experten oder als „kämpfende" Wissenschaftler gaben und Hitlers Politik nicht (zumindest nicht offen) kritisierten, konnten auf die Unterstützung des Regimes zählen. Denn das NS-Regime brauchte die Wissenschaft zur Durchsetzung seiner politischen und militärischen Ziele. Hitler brachte diese Haltung – selbstverständlich nicht öffentlich – auf den Punkt: „Wenn ich so die intellektuellen Schichten bei uns ansehe, leider, man braucht sie ja; sonst könnte man sie eines Tages ja, ich weiß nicht, ausrotten oder so was". (An dieser Stelle vermerkt das Protokoll „Bewegung" im Publikum.) „Aber man braucht sie leider."[42] Verhasst waren Hitler Intellektuelle, die sich eine politische Meinung erlaubten – mitunter selbst dann, wenn sie seine eigene vertraten. Die Arbeit von Wissenschaftlern und Instituten, die den praktischen Nutzen ihrer Forschungen glaubhaft machen konnten, förderte die nationalsozialistische

39 Jeremy Noakes: The Ivory Tower under Siege: German Universities in the Third Reich. In: *Journal of European Studies* 23,4 (1993), S. 371–407.

40 Vgl. Bernd Weisbrod (Hrsg.): *Akademische Vergangenheitspolitik. Beiträge zur Wissenschaftskultur der Nachkriegszeit.* Göttingen: Wallstein 2002, insb. die Beiträge von Carola Sachse: „Persilscheinkultur". Zum Umgang mit der NS-Vergangenheit in der Kaiser-Wilhelm/Max-Planck-Gesellschaft, S. 217–246; Mark Walker: Von Kopenhagen bis Göttingen und zurück. Verdeckte Vergangenheitspolitik in den Naturwissenschaften, S. 247–259; Rüdiger vom Bruch: Kommentar und Epilog, S. 281–288.

41 Zu den Auswirkungen des Antisemitismus in der Wissenschaft vgl. z. B. Mitchell G. Ash: Emigration und Wissenschaftswandel als Folgen der nationalsozialistischen Wissenschaftspolitik. In: Kaufmann (Hrsg.): *Geschichte*, S. 610–631, hier S. 611. Zum Antiintellektualismus der Nationalsozialisten vgl. Hachtmann: *Wissenschaftsmanagement*, S. 312ff.; ders.: Forschen, S. 208.

42 Rede Hitlers vor der deutschen Presse am 10.11.1938, mit einer Vorbemerkung von Wilhelm Treue abgedruckt in *Vierteljahrshefte für Zeitgeschichte* 6 (1958), S. 175–191, hier S. 188.

Führung jedoch.[43] Von einer blinden Wissenschaftsfeindlichkeit des NS-Regimes kann also keine Rede sein. Richtig ist, dass die Wissenschaft für führende Nationalsozialisten ein Hilfsmittel ohne eigenen Wert war.[44] Wissenschaftler und wissenschaftliche Institutionen waren daher gezwungen, mit außerwissenschaftlichen Argumenten um Unterstützung für ihre Forschungsvorhaben zu werben. Wenn sie sich darauf verstanden, profitierten sie von der Förderung durch den Staat. Dies trifft beispielsweise auf die Kaiser-Wilhelm-Gesellschaft zu: Sie expandierte während der Zeit des „Dritten Reiches" „in einem zuvor kaum für möglich gehaltenen Ausmaß".[45]

Dabei wurde nicht prinzipiell ein Unterschied zwischen Natur- und Geistes- bzw. Sozialwissenschaften gemacht. Auch Geistes- und Sozialwissenschaften wurden großzügig gefördert, wenn sie darlegten, dass ihre Forschungsergebnisse außerhalb der Wissenschaft unmittelbar Anwendung finden konnten.[46] Ein besonders deutliches Beispiel dafür ist die Unterstützung, die den an der Ausarbeitung des „Generalplans Ost" beteiligten geistes- und sozialwissenschaftlichen Fächern zuteil wurde.[47]

Die auswärtige Kulturpolitik des „Dritten Reiches" erfährt seit einiger Zeit eine Umdeutung durch zahlreiche neuere Forschungsarbeiten. Das Bild, das sich die Geschichtswissenschaft von der nationalsozialistischen auswärtigen Kulturpolitik machte, war lange von der apologetischen Sicht des zeitweiligen Leiters (1939–1943) der Kulturabteilung des Auswärtigen Amtes[48] Fritz

43 Rüdiger Hachtmann: Die Kaiser-Wilhelm-Gesellschaft 1933 bis 1945. Politik und Selbstverständnis einer Großforschungseinrichtung. In: *Vierteljahrshefte für Zeitgeschichte* 56,1 (2008), S. 19–52, hier S. 49–50.

44 Vgl. Klaus Fischer: Repression und Privilegierung: Wissenschaftspolitik im Dritten Reich. In: Beyrau (Hrsg.): *Dschungel*, S. 170–194, hier S. 176.

45 Hachtmann: Kaiser-Wilhelm-Gesellschaft 1933 bis 1945, S. 28.

46 Insgesamt gelang ihnen das jedoch deutlich schlechter als den Naturwissenschaften. „Verlierer der nationalsozialistischen Wissenschaftskonjunktur waren die Geistes-, Sozial- und Rechtswissenschaften." Hachtmann: Forschen, S. 207. Vgl. auch Hachtmann: Kaiser-Wilhelm-Gesellschaft 1933 bis 1945, S. 31, 51; Grüttner: Wissenschaftspolitik, S. 578–579.

47 Isabel Heinemann / Willi Oberkrome / Sabine Schleiermacher / Patrick Wagner: *Wissenschaft, Planung, Vertreibung. Der Generalplan Ost der Nationalsozialisten.* Katalog zur Ausstellung der Deutschen Forschungsgemeinschaft, Bonn. Berlin: DFG 2006, insb. S. 8. Vgl. für andere stark geförderte Geistes- und Sozialwissenschaften Fischer: Repression, S. 184ff.

48 Die 1920 gegründete Abteilung des Auswärtigen Amtes, die sich mit auswärtiger Kulturpolitik beschäftigte, hieß zunächst „Abteilung für Auslandsdeutschtum

von Twardowski[49] beeinflusst.[50] Dieser konzentriert sich darauf, das Kompetenzgerangel zwischen der Kulturabteilung des AA und den neu geschaffenen Reichsministerien für Wissenschaft, Erziehung und Volksbildung sowie für Volksaufklärung und Propaganda nachzuzeichnen.[51] Die Kulturabteilung setzte sich in den Augen von Twardowskis erfolgreich dafür ein, dass die „Politik vorsichtiger Diplomatie" der Weimarer Zeit weitergeführt werden konnte.[52] Wissenschaftler und Künstler, „auch Halbjuden"[53], hätten noch „verhältnismäßig lange"[54] ihre internationale Zusammenarbeit

und kulturelle Beziehungen zum Ausland", 1936 wurde sie umbenannt in „Kulturpolitische Abteilung". Ich spreche im Folgenden einheitlich von „Kulturabteilung des Auswärtigen Amtes".

49 Von Twardowski leitete die Abteilung von 1939 bis 1943. Zuvor war er u. a. bis Mitte der 1930er Jahre als Botschaftsrat an der Deutschen Botschaft in Moskau tätig gewesen.

50 Fritz von Twardowski: *Anfänge der deutschen Kulturpolitik zum Ausland*. Bonn / Bad Godesberg: Inter Nationes 1970. Ein Manuskript der Darstellung, die Mitte der 1960er Jahre seiner apologetischen Töne wegen nicht als Publikation des AA erscheinen konnte, befindet sich in PA AA, Nachlass Twardowski, Bd. 3: Fritz von Twardowski: Die Anfänge der amtlichen deutschen Kulturpolitik zum Ausland. Werden und Arbeiten der Kulturabteilung des Auswärtigen Amtes von 1920–1945, maschinenschriftliches Manuskript, Bad Godesberg 1966. Zum Publikationsverbot siehe Peter Stähle: Noblesse – naiv. Alt-Botschafter Twardowskis geschichtlicher Rückblick. In: *DIE ZEIT*, 30.06.1967, enthalten in PA AA, Nachlass Twardowski, Bd. 2.

51 Vgl. hierzu Volkhard Laitenberger: *Akademischer Austausch und auswärtige Kulturpolitik. Der Deutsche Akademische Austauschdienst (DAAD) 1923–1945*. Göttingen / Frankfurt am Main / Zürich: Musterschmidt 1976, S. 81–92, 147–153; ders.: Organisations- und Strukturprobleme (folgende Zitate ebd., S. 95). Laitenberger kommt – wie von Twardowski – zum Schluss, der 30. Januar 1933 habe zumindest für die organisatorisch-strukturelle Entwicklung der deutschen auswärtigen Kulturpolitik „keinen wirklichen Einschnitt" bedeutet. Immerhin ist er der Meinung, sie habe „in einigen Bereichen die Inhalte und den Stil" verändert. Kurt Düwell meint, die Kulturabteilung des AA habe sich bis 1936 „der lauten Maschinerie von Goebbels [sic] Reichspropagandaministerium noch einigermaßen entziehen" und eine „relativ sachliche und unpropagandistische Pflege der Kulturbeziehungen zum Ausland betreiben können". Kurt Düwell: Zwischen Propaganda und Friedensarbeit: 100 Jahre Geschichte der deutschen Auswärtigen Kulturpolitik. In: Kurt-Jürgen Maaß (Hrsg.): *Kultur und Außenpolitik. Handbuch für Studium und Praxis*. Baden-Baden: Nomos 2005, S. 53–83, hier S. 64–65.

52 Twardowski: *Anfänge*, S. 29.

53 Diese Formulierung findet sich nur im Manuskript der Darstellung von Twardowskis. In der veröffentlichten Fassung ist von „Personen, die unter die sogenannten Nürnberger Gesetze fielen", die Rede. Twardowski: *Anfänge*, S. 30.

54 So im Manuskript. In der veröffentlichten Fassung steht „[b]is 1935". Twardowski: *Anfänge*, S. 30. Die folgenden Zitate finden sich in beiden Textfassungen.

fortsetzen, ausländische Gelehrte und „auch farbige" Studenten an deutschen Instituten und Universitäten arbeiten und studieren können – kurz: es habe noch keinen „eisernen Vorhang" gegeben (wobei von Twardowski über die Zusammenarbeit mit der Sowjetunion nichts sagt). Von Twardowski führt dies auf den „Widerstand des [sic] alten, in der Behandlung der Kulturfragen gegenüber dem Ausland erfahrenen und geschulten Behörden und Organisationen gegen die Erdrosselung durch die Kriegspropagandabestrebungen" zurück.[55]

Die neuere Forschung[56] hat dieses Bild zurechtgerückt. Sowohl auf institutioneller Ebene als auch in Bezug auf die politischen Inhalte bedeutete die Übertragung der Regierungsverantwortung an die Nationalsozialisten einen tiefen Einschnitt.[57] Die auswärtige Kulturpolitik wurde zum „Instrument der Machtpolitik"[58] der NS-Führung. Von Twardowski selbst formulierte 1942, Kulturpolitik bedeute „den bewußten Einsatz der Geisteskräfte des deutschen Volkes zur Beeinflussung der geistigen Schichten anderer Völker und darüber hinaus zur Erringung der geistigen Führung in Europa."[59]

55 Twardowski: *Anfänge*, S. 45.

56 Einen Überblick über das gesamte Politikfeld bietet erstmals Frank Trommler: *Kulturmacht ohne Kompass. Deutsche auswärtige Kulturbeziehungen im 20. Jahrhundert.* Köln / Wien / Weimar: Böhlau 2014, S. 419–567 (Kap. „Die Mobilisierung deutscher Kultur im Dritten Reich"). Siehe außerdem insb. Frank-Rutger Hausmann: *„Auch im Krieg schweigen die Musen nicht". Die Deutschen Wissenschaftlichen Institute im Zweiten Weltkrieg.* Göttingen: Vandenhoeck & Ruprecht 2002; Holger Impekoven: *Die Alexander von Humboldt-Stiftung und das Ausländerstudium in Deutschland 1925–1945. Von der „geräuschlosen Propaganda" zur Ausbildung der „geistigen Wehr" des „Neuen Europa".* Bonn: Bonn University Press 2013; Eckard Michels: *Von der Deutschen Akademie zum Goethe-Institut. Sprach- und auswärtige Kulturpolitik 1923–1960.* München: Oldenbourg 2005. Nicht genannt werden können die zahlreichen Arbeiten, die sich den Kultur- und Wissenschaftsbeziehungen des „Dritten Reiches" am Beispiel der Beziehungen zu jeweils einem anderen Land nähern – so wie es die vorliegende Studie anhand der deutsch-sowjetischen Beziehungen tut. In Eckart Conze / Norbert Frei / Peter Hayes / Moshe Zimmermann: *Das Amt und die Vergangenheit. Deutsche Diplomaten im Dritten Reich und in der Bundesrepublik.* München: Blessing 2010 spielt die auswärtige Kulturpolitik so gut wie keine Rolle.

57 Jan-Pieter Barbian: „Kulturwerte im Zweikampf". Die Kulturabkommen des „Dritten Reiches" als Instrumente nationalsozialistischer Außenpolitik. In: *Archiv für Kulturgeschichte* 74,2 (1992), S. 415–459, 417–418.

58 Joachim von Ribbentrop an Rust v. 07.07.1938, zit. n. ebd., S. 456.

59 Bericht über die Tagung der Präsidenten der Kulturinstitute des Auswärtigen Amtes vom 28. und 29.09.1942, zit. n. Ludwig Jäger: Disziplinen-Erinnerung – Erinnerungs-Disziplin. Der Fall Beißner und die NS-Fachgeschichtsschreibung der

Die Grundlinien der auswärtigen Kulturpolitik im „Dritten Reich" waren durch die NS-Ideologie mitbestimmt. Die Politikwissenschaftlerin Katja Gesche versucht zu quantifizieren, in welchem Maße NS-Spitzenpolitiker weltanschauliche Normen, die sich handlungsleitend auf ihre Konzeption auswärtiger Kulturpolitik auswirkten, internalisiert hatten. Je nach Internalisierungsgrad seien die untersuchten Akteure mehr oder weniger bereit gewesen, auf die Einhaltung der Normen aus pragmatischen Gründen zu verzichten. Auch wenn es schwierig erscheint, den Internalisierungsgrad von Normen zu quantifizieren, ist Gesches Zugriff auf das Thema interessant. Tatsächlich bewegte sich die auswärtige Kulturpolitik Deutschlands gegenüber der Sowjetunion in der Zeit des Hitler-Stalin-Paktes in einem Spannungsfeld zwischen der rassistischen und antibolschewistischen Weltanschauung auf der einen Seite, die einer Zusammenarbeit mit der Sowjetunion im Wege stand, und pragmatischen Erwägungen auf der anderen Seite, die für eine Kooperation sprachen. Im Kapitel „Barrieren" werde ich der Frage nachgehen, welche Bedeutung folgende Norm aus Gesches Normenkatalog für die deutsch-sowjetischen Wissenschaftsbeziehungen hatte: „Zusammenarbeit in kulturellen Angelegenheiten soll nur mit ‚gleichwertigen', sprich nordischen/arischen/germanischen Völkern stattfinden."[60]

Die Gliederung der vorliegenden Studie folgt im Wesentlichen der Chronologie der Ereignisse. Da die Entwicklung der deutsch-sowjetischen Wissenschaftsbeziehungen von 1933 bis 1941 ohne Kenntnis der Vorgeschichte nicht zu verstehen ist, eröffnet ein Kapitel zu den in den 1920er Jahren liegenden „Traditionen" der Zusammenarbeit die Arbeit. Es schließt sich ein Kapitel an, das unter der Überschrift „Komplikationen" den Niedergang deutsch-sowjetischer Wissenschaftskooperation in den 1930er Jahren behandelt.

Germanistik. In: Hartmut Lehmann / Otto Gerhard Oexle (Hrsg.): *Nationalsozialismus in den Kulturwissenschaften*, Bd. 1: Fächer – Milieus – Karrieren. Göttingen: Vandenhoeck & Ruprecht 2004, S. 67–127, hier S. 109.

60 Katja Gesche: *Kultur als Instrument der Außenpolitik totalitärer Staaten. Das deutsche Ausland-Institut 1933–1945*. Köln / Weimar / Wien: Böhlau 2006, Normenkatalog auf S. 97–100, hier S. 97. Gesche stützt sich auf eine unzureichende Quellenbasis. Für die Zeit des Hitler-Stalin-Paktes kann man bei ihr die bekannte Position finden, dass ein Kultur- und Wissenschaftsaustausch mit der Sowjetunion nicht eingeleitet worden sei. Ebd., S. 118–119.

Kern der Arbeit sind die Kapitel über „Initiativen" zur Wiederbelebung deutsch-sowjetischer Wissenschaftsbeziehungen nach dem Abschluss des Hitler-Stalin-Paktes sowie über die „Resultate" dieser Bemühungen, d. h. über konkrete Beispiele, welche Formen der wissenschaftlichen Zusammenarbeit es in der Pakt-Zeit gab. Abschließend frage ich nach den „Barrieren" für eine noch weiter gehende Kooperation, die schließlich mit dem deutschen Überfall auf die Sowjetunion ihr abruptes Ende fand.

Zu einer Zusammenarbeit gehören immer zwei. Dennoch nehme ich im Folgenden nur die deutsche Seite in den Blick. Motive sowjetischer Akteure sowie der politische und ideologische Rahmen, innerhalb dessen sie agierten, bleiben unberücksichtigt. Von ihnen ausgehende Initiativen spiegeln sich in den ausgewerteten Quellen nur selten wider. Außerdem findet die Geschichte der Emigration sowjetischer Wissenschaftler nach Deutschland sowie deutscher Wissenschaftler in die Sowjetunion keine Beachtung. Auch Experten, die für längere Zeit im anderen Land gearbeitet haben, ohne mit der Wissenschaftsgemeinde ihres Herkunftslandes in Kontakt zu bleiben, interessieren in meiner Arbeit nicht, genauso wenig wie Wissenschaftler, die als Mitglieder von Wirtschaftsdelegationen das andere Land besuchten. Schließlich können alle über Wissenschaftsbeziehungen hinausgehenden Kulturbeziehungen wie beispielsweise im Bereich der Musik oder des Films nicht thematisiert werden.

Da außenpolitische und wissenschaftspolitische Institutionen auf deutsch-sowjetische Wissenschaftsbeziehungen Einfluss nahmen, finden sich Quellen zur Geschichte dieser Beziehungen sowohl in Archivbeständen der Kulturabteilung des Auswärtigen Amtes und der Deutschen Botschaft in Moskau, die im Politischen Archiv des Auswärtigen Amtes (PA AA) aufbewahrt werden, als auch im Bestand des REM im Bundesarchiv Berlin (BArch Berlin). Darüber hinaus habe ich Material herangezogen, das im Archiv der Berlin-Brandenburgischen Akademie der Wissenschaften (ABBAW), im Universitätsarchiv München (UAM), im Universitätsarchiv der Technischen Universität Berlin in der Universitätsbibliothek (Universitätsarchiv TU Berlin) und im Archiv der Russischen Akademie der Wissenschaften (*Archiv Rossijskoj Akademii Nauk* – ARAN) aufbewahrt wird. Auf sowjetischer Seite wurden wissenschaftliche

Beziehungen zum Ausland durch die Gesellschaft für kulturelle Verbindung der U.d.S.S.R. mit dem Auslande[61] (*Vsesojuznoe obščestvo kul'turnoj svjazi s zagranicej* – VOKS) koordiniert. Daher waren auch Akten aus dem Bestand der VOKS im Staatsarchiv der Russischen Föderation (*Gosudarstvennyj archiv Rossijskoj Federacii* – GA RF) relevant. Für das Kapitel über Traditionen habe ich im Bundesarchiv Koblenz (BArch Koblenz) den Bestand der Notgemeinschaft der Deutschen Wissenschaft (Notgemeinschaft) als wichtiger Mittlerorganisation des deutsch-sowjetischen wissenschaftlichen Austauschs in den 1920er Jahren ausgewertet.

61 So schrieb die Gesellschaft im Kopf ihrer Briefe ihren Namen auf Deutsch. In den 1920er Jahren findet sich auch folgende Version: „Gesellschaft für kulturelle Verbindung der Sowjetunion mit dem Auslande". Als Abkürzung wird in den zeitgenössischen deutschen Quellen meist „WOKS" gebraucht. Ich verwende die in der Forschungsliteratur gebräuchliche korrekte Umschrift der russischen Abkürzung „VOKS".

Traditionen: Die Entwicklung der deutsch-sowjetischen Wissenschaftsbeziehungen in den 1920er Jahren

1. Gründe und Motive für die deutsch-sowjetische Zusammenarbeit

Deutschland und Sowjetrussland bzw. die Sowjetunion[1] waren nach dem Ersten Weltkrieg international isoliert. Das führte in beiden Staaten zu einem „Gefühl des Aufeinanderangewiesenseins“ (Gustav Stresemann).[2] Im Vertrag von Rapallo vereinbarten sie unter anderem aus diesem Grund, wirtschaftlich und politisch zusammenzuarbeiten.

Die deutsche und russische bzw. sowjetische Wissenschaft hatten nach dem Ersten Weltkrieg den Anschluss an die internationale Wissenschaftsgemeinde verloren. Deutsche Gelehrte waren kurz nach dem Krieg von fast allen internationalen wissenschaftlichen Kongressen ausgeschlossen, Mitte der 1920er Jahre immerhin noch von

1 Die Union der Sozialistischen Sowjetrepubliken (UdSSR), kurz Sowjetunion, wurde erst im Dezember 1922 gegründet.

2 Der Sinn des Berliner Vertrages. Erklärung Stresemanns vor der Presse, 26.04.1926, abgedruckt in Henry Bernhard (Hrsg.): *Gustav Stresemann. Vermächtnis. Der Nachlass in drei Bänden*, Bd. 2. Berlin: Ullstein 1932, S. 504–511, hier S. 507.

der Hälfte.[3] Sowjetischen Wissenschaftlern erschwerten die außenpolitische Isolation und die Devisenknappheit des Landes Reisen ins Ausland.[4] Weder die deutschen noch die sowjetischen Akademien der Wissenschaften waren Mitglied in den Dachverbänden der Akademien, dem International Research Council/Conseil International de Recherches für die Naturwissenschaften und der Union Académique Internationale für die Geisteswissenschaften. Deutsche Akademien waren bis 1926 laut Statut oder de facto ausgeschlossen, die Russische Akademie der Wissenschaften weigerte sich aus Protest gegen den Ausschluss Deutschlands, Mitglied zu werden.[5] Wie auf politischem schien auf wissenschaftlichem Gebiet eine deutsch-sowjetische Kooperation das Gebot der Stunde zu sein.

Deutsche und sowjetische Wissenschaftler arbeiteten nicht nur mangels Alternativen zusammen. Sie konnten an enge Beziehungen aus der Vorkriegszeit anknüpfen. Russische Wissenschaftler, unter ihnen viele Juden, denen ein Numerus clausus den Zugang zu Universitäten in Russland erschwerte, hatten sich häufig für längere Zeit zu Studienzwecken in Deutschland aufgehalten.[6] Daher waren viele

3 Brigitte Schröder-Gudehus: *Deutsche Wissenschaft und internationale Zusammenarbeit 1914–1928. Ein Beitrag zum Studium kultureller Beziehungen in politischen Krisenzeiten.* Genf: Dumaret & Golay 1966, S. 89–134, hier S. 112–114. Einen guten Überblick über den „Boykott der deutschen Wissenschaft" bietet auch Jochen Kirchhoff: *Wissenschaftsförderung und forschungspolitische Prioritäten der Notgemeinschaft der Deutschen Wissenschaft 1920–1932*, Diss. phil., München 2007, S. 58ff.

4 Edgar Lersch: *Die auswärtige Kulturpolitik der Sowjetunion in ihren Auswirkungen auf Deutschland 1921–1929.* Frankfurt am Main: Lang 1979, S. 99ff.

5 Conrad Grau: Die Preußische Akademie und die Wiederanknüpfung internationaler Wissenschaftskontakte nach 1918. In: Wolfram Fischer (Hrsg.): *Die Preußische Akademie der Wissenschaften zu Berlin 1914–1945.* Berlin: Akademie 2000, S. 279–315, 292–293; Günter Rosenfeld: Die Bedeutung der Wissenschaftsbeziehungen zwischen der UdSSR und der Weimarer Republik für die Politik der friedlichen Koexistenz zwischen Staaten unterschiedlicher Gesellschaftsordnung. In: Altner / Büttner / Grau (Hrsg.): *Verbündete*, S. 123–127, hier S. 125. Wolfgang Schlicker: *Die Berliner Akademie der Wissenschaften in der Zeit des Imperialismus*, Teil II: Von der Großen Sozialistischen Oktoberrevolution bis 1933. Berlin (Ost): Akademie 1975, S. 226. Das Statut des International Research Council/Conseil International de Recherches ist abgedruckt in Schröder-Gudehus: *Wissenschaft*, S. 274–278, die *Résolutions de Londres*, auf die der „Auschlussparagraph" im Statut verwies, gekürzt ebd., S. 92.

6 Stefan Gerber: Die Universität Jena 1850–1914. In: *Traditionen – Brüche – Wandlungen. Die Universität Jena 1850–1995*, hrsg. v. der Senatskommission zur Aufarbeitung der Jenaer Universitätsgeschichte im 20. Jahrhundert. Köln / Weimar / Wien: Böhlau 2009, S. 23–253, hier S. 208; Bernd Bonwetsch: Wissenschaftsbeziehungen

deutsche und sowjetische Wissenschaftler persönlich miteinander bekannt. Aus der Zeit vor dem Ersten Weltkrieg rührt auch die flächendeckende Verbreitung des Deutschen als Wissenschaftssprache in der Sowjetunion.[7] Viele sowjetische Wissenschaftler, zumindest diejenigen, die am deutsch-sowjetischen Austausch beteiligt waren, scheinen im Untersuchungszeitraum der vorliegenden Arbeit gut Deutsch gesprochen zu haben. Deutsche und sowjetische Wissenschaftler korrespondierten selbst noch Ende der 1930er Jahre wie selbstverständlich in deutscher Sprache.

Viele deutsche Gelehrte hatten ein wissenschaftliches Interesse an einer Zusammenarbeit mit sowjetischen Kollegen.[8] Sie schätzten die fachlichen Leistungen der sowjetischen Wissenschaftler hoch ein,[9] wie aus dem ersten Satz des folgenden Zitates aus dem Jahresbericht der Notgemeinschaft der Deutschen Wissenschaft von 1928 hervorgeht.

> Kein Zweifel, daß die russische Forschung auf verschiedenen Gebieten erfolgreich voranschreitet. Nicht minder lassen auch die ungeheuren Möglichkeiten des russischen Bodens und der russischen Geschichte eine enge Fühlungnahme und Gemeinschaftsarbeit mit russischen Gelehrten und im russischen Lande für die räumlich vielfach beengte deutsche Forschung besonders bedeutungsvoll erscheinen.[10]

Der zweite Satz dieses Zitats weist auf ein weiteres Motiv hin: Deutsche Wissenschaftler und Wissenschaftsmanager[11] hofften, in der Sowjetunion Zugang zu Studienmaterial für die eigene Forschung zu bekommen, das in Deutschland nicht zur Verfügung stand. So

zwischen Deutschland und Russland. Tradition und Perspektiven. In: *Wissenschaft und Forschung in Russland – zwischen Agonie und Reform? Arbeits- und Diskussionspapier 2/2005*. Bonn: Alexander von Humboldt Stiftung 2005, S. 7–16, hier S. 11.

7 Vgl. hierzu und zum Folgenden Franz Thierfelder: Deutsch im Unterricht fremder Völker. In: *Mitteilungen der Akademie zur wissenschaftlichen Erforschung und zur Pflege des Deutschtums – Deutsche Akademie* 1 (1929), S. 4–47, hier S. 34–35. Das Heft ist enthalten in UAM, Sen. 768, unfol.

8 Vgl. zum Folgenden Kirchhoff: *Wissenschaftsförderung*, S. 225–226.

9 Sowjetische Wissenschaftler nahmen insbesondere in einigen naturwissenschaftlichen Fächern im internationalen Vergleich eine Spitzenposition ein. Nötzold: Wissenschaftsbeziehungen, S. 785.

10 Jahresbericht der Notgemeinschaft der Deutschen Wissenschaft 1928, zit. n. Pachaly / Rosenfeld / Schützler / Schulze-Wollgast: Die kulturellen Beziehungen, S. 458–459.

11 Ich übernehme den Begriff von Hachtmann: *Wissenschaftsmanagement*, S. 23, Anm. 9: Wissenschaftsmanager „führen die ‚Geschäfte' wissenschaftlicher Institutionen". Wissenschaftsmanager müssen nicht, können jedoch Wissenschaftler sein.

verlieh beispielsweise Friedrich Schmidt-Ott, der Präsident der Notgemeinschaft und der Deutschen Gesellschaft zum Studium Osteuropas (DGSO),[12] in einem Brief an einen amerikanischen Kollegen der Hoffnung Ausdruck, „dass wir durch Teilnahme an Expeditionen in Russland einen Teil des uns fehlenden kolonialen und archäologischen Hinterlandes ersetzen können."[13] Ähnlich hieß es im Jahresbericht der Notgemeinschaft von 1926, deutsche Wissenschaftler engagierten sich in der Sowjetunion, um „in Deutschland nicht durchführbare Aufgaben, die gleichwohl für die Erreichung wichtiger wissenschaftlicher Ziele deutscher Forschungen unerlässlich sind, in den Kreis ihrer Arbeit einzubeziehen".[14]

Außerdem sprachen wirtschaftliche Motive für eine wissenschaftliche Zusammenarbeit.[15] Sie spielten insbesondere für die sowjetische Seite eine große Rolle. Auf Initiative Lenins beschloss der Rat der Volkskommissare im Jahr 1921, in Berlin ein „Büro für ausländische Wissenschaft und Technik" (*Bjuro inostrannoj nauki i techniki*) einzurichten. Ziel war es, den Technologie- und Wissenstransfer aus Deutschland zu beschleunigen, um die Industrialisierung der Sowjetunion voranzutreiben. Der deutschen Seite war dieses Ziel bekannt. Da es deutschen Produkten den sowjetischen Markt öffnete, trafen sich sowjetische und deutsche Interessen an diesem Punkt.[16]

Schließlich hatten die wissenschaftlichen Beziehungen zur Sowjetunion in Deutschland auch eine kulturpolitische Dimension. Für das Auswärtige Amt waren Kultur- und Wissenschaftsbeziehungen zur Sowjetunion vertrauensbildende Maßnahmen. Sie sollten die politische und wirtschaftliche Annäherung der beiden Staaten unterstützen.[17]

12 Zu Schmidt-Ott ausführlicher auf S. 32.

13 Schmidt-Ott an John A. Mandel v. 15.12.1925, zit. n. Kirchhoff: *Wissenschaftsförderung*, S. 107.

14 Zit. n. Schröder-Gudehus: *Wissenschaft*, S. 237.

15 Außen vor bleiben militärische Motive, die sich in den „offenen" Beziehungen nicht feststellen lassen. Bereits früh gab es eine Kooperation zwischen Reichswehr und Roter Armee, die hier aber unbeachtet bleibt. Vgl. knapp Manfred Zeidler: The Strange Allies – Red Army and Reichswehr in the Inter-war Period. In: Karl Schlögel (Hrsg.): *Russian-German Special Relations in the Twentieth Century. A Closed Chapter?* Oxford / New York: Berg 2006, S. 99–118.

16 Kirchhoff: *Wissenschaftsförderung*, S. 120.

17 Vgl. ebd., S. 124. Schmidt-Ott, der das Interesse des AA wohl richtig erkannte, warb rhetorisch geschickt um die Unterstützung des AA für die Anknüpfung

Die Deutsche Gesellschaft zum Studium Osteuropas war während der gesamten Weimarer Epoche ein Motor der engen wissenschaftlichen Zusammenarbeit mit der Sowjetunion. Der *spiritus rector* der bereits 1913 unter dem Namen „Deutsche Gesellschaft zum Studium Rußlands" gegründeten und 1918 umbenannten Vereinigung,[18] der Berliner Osteuropahistoriker Otto Hoetzsch,[19] gehörte von 1920 bis 1930 dem Reichstag an.[20] Er vertrat die DNVP-Fraktion im Auswärtigen Ausschuss.[21] Zu Beginn der Weimarer Republik hatte er in dieser Funktion politische Beziehungen Deutschlands zur Sowjetunion strikt abgelehnt und allenfalls Brücken zu den alten Eliten in der Sowjetunion bauen wollen, die der neuen Regierung skeptisch gegenüberstanden. Später jedoch trug er die von pragmatischen Überlegungen geleitete Politik des Auswärtigen Amtes, die insbesondere auf wirtschaftlichem Gebiet den Schulterschluss mit der Sowjetunion suchte, uneingeschränkt mit. Innenpolitisch blieb Hoetzsch ein Gegner der Kommunistischen Partei. Ein kommunistisches Russland hielt er inzwischen aber für wenig gefährlich, da die Sowjetunion an guten Beziehungen zu Deutschland interessiert sein müsse.

Bis Anfang der 1930er Jahre formte Hoetzsch als geschäftsführender Vizepräsident die DGSO weitgehend nach seinen Vorstellungen.[22] Die DGSO war in dieser Zeit – neben der Notgemeinschaft[23] – die wichtigste Mittlerorganisation, die die deutsch-sowjetische wissenschaftliche Zusammenarbeit förderte. Mit ihrer Tätigkeit verfolgte sie wissenschaftliche Motive genauso wie „praktische", d.h. vor allem wirtschaftliche und kulturpolitische. Dabei agierte sie in

wissenschaftlicher Beziehungen zur Sowjetunion: „Bei der Wiederanknüpfung unserer Beziehungen mit Rußland fällt der deutschen Wissenschaft wesentlicher Anteil zu." Zit. n. ebd., S. 128.

18 Uwe Liszkowski: *Osteuropaforschung und Politik. Ein Beitrag zum historisch-politischen Denken und Wirken von Otto Hoetzsch*, Bd. II. Berlin: Spitz 1988, S. 488, 490.

19 Vgl. zu Hoetzsch Voigt: *Hoetzsch. Wissenschaft und Politik* sowie in der Bewertung überzeugender Liszkowski: *Osteuropaforschung*.

20 Zu Hoetzschs politischer Tätigkeit in der Weimarer Republik siehe insb. ebd., Bd. I, S. 199–219, zu seiner Berufung nach Berlin ebd., Bd. II, S. 288ff.

21 1929 trat Hoetzsch aus der Partei aus. Ebd., Bd. I, S. 211–212. Zu Folgendem siehe ebd., S. 231ff.

22 Vgl. Voigt: *Hoetzsch. Wissenschaft und Politik*, S. 169. Im Juli 1931 trat Hoetzsch als Vizepräsident der DGSO zurück. Ebd., S. 244.

23 Zur Notgemeinschaft siehe S. 32–33.

enger Anlehnung an das Auswärtige Amt, das die Gesellschaft auch finanzierte.[24] Hoetzsch fand dafür später die treffende Formulierung, die DGSO sei die „Verlängerung des Auswärtigen Amtes" gewesen.[25]

Nicht alle waren mit dieser Politik einverstanden. Der Präsident der Bayerischen Akademie der Wissenschaften, der Hygieniker Max von Gruber, schrieb beispielsweise noch Mitte der 1920er Jahre an seinen Kollegen Max Planck, damals Präsident der PAW: „Solange die Bolschewistenherrschaft dauert, bringt uns eine freundliche Haltung gegenüber Russland weder politisch noch wirtschaftlich nennenswerte Vorteile."[26] Er befürchtete im Gegenteil, eine Zusammenarbeit stärke das Ansehen der Bolschewisten.[27] Hoetzsch hatte, wie gezeigt, Anfang der 1920er Jahre eine ähnliche Meinung vertreten. Mitte des Jahrzehnts stellte die konsequente Ablehnung einer Kooperation, wie von Gruber sie formulierte, jedoch nur noch die Ausnahme dar, nicht die Regel.

2. Auftakt: Die 200-Jahr-Feier der Russischen Akademie der Wissenschaften

Bis 1925 erreichten die deutsch-sowjetischen Wissenschaftsbeziehungen, abgesehen vom Briefverkehr zwischen deutschen und sowjetischen Wissenschaftlern, lediglich in Form des Bücher- und Zeitschriftenaustausches einen nennenswerten Umfang.[28] Die

24 Vgl. Liszkowski: *Osteuropaforschung*, Bd. II, S. 497; Christoph Mick: Kulturbeziehungen und außenpolitisches Interesse. Neue Materialien zur „Deutschen Gesellschaft zum Studium Osteuropas" in der Zeit der Weimarer Republik. In: *Osteuropa* 43,10 (1993), S. 914–928, hier S. 923, 928.

25 Hoetzsch an Rudolf Nadolny (deutscher Botschafter in Moskau) v. 08.12.1933, abgedruckt in Gerd Voigt: *Otto Hoetzsch 1876–1946. Ein biographischer Beitrag zur Geschichte der deutschen Osteuropakunde*, Diss. phil., Halle 1967, Bd. 3, Anhang, Dok. 26, S. 669. Mick widerlegt die These, die DGSO sei unbewusst ein Instrument der sowjetischen auswärtigen Kulturpolitik gewesen. Mick: Kulturbeziehungen.

26 Von Gruber an Planck v. 23.05.1925, zit. n. Kirchhoff: *Wissenschaftsförderung*, S. 225.

27 Ebd.

28 Die Grundlagen der Zusammenarbeit auf medizinischem Gebiet wurden ebenfalls bereits in der ersten Hälfte der 1920er Jahre durch das Engagement deutscher Mediziner in der Seuchenbekämpfung in der Sowjetunion gelegt. Der Tropenmediziner und Mikrobiologe Heinz Zeiss – siehe zu ihm ausführlicher S. 34 Anm. 45 – blieb anschließend als Mitarbeiter medizinischer Forschungsinstitute in Moskau. Wolfgang U. Eckart: Medizin und auswärtige Kulturpolitik der

Notgemeinschaft der deutschen Wissenschaft tauschte bereits ab 1921 wissenschaftliche Werke mit der Russischen Akademie der Wissenschaften aus.[29] Im selben Jahr begannen deutsche Wissenschaftler mit der Arbeit an einer großangelegten systematischen Bibliographie der deutschen wissenschaftlichen Literatur. Sie wurde auf sowjetische Kosten gedruckt und in den Buchhandel gebracht und sollte vor allem eine Art Katalog sein, aus dem sowjetische Gelehrte deutsche Bücher bestellen konnten.[30] Nach Abschluss des Vertrags von Rapallo erlebte der Buchaustausch zwischen Deutschland und der Sowjetunion einen rapiden Aufschwung. Der Bibliotheksausschuss der Notgemeinschaft und die Zentrale Bücherkammer in Moskau schlossen im November 1924 einen Vertrag, der die Tauschbeziehungen regelte.[31] Deutschland tauschte schon bald fünfmal so viele Bücher mit der Sowjetunion aus wie Frankreich und zehnmal so viele wie England (allerdings nur ein Drittel so viele wie die USA).[32] Bis 1931/32 stieg die Zahl der jährlich aus der Sowjetunion nach Deutschland eingeführten Bände (Bücher und Zeitschriften) auf 11.500.[33]

Republik von Weimar. Deutschland und die Sowjetunion 1920–1932. In: *Medizin, Gesellschaft und Geschichte* 11 (1992), S. 105–144, hier S. 112ff.

29 Kirchhoff: *Wissenschaftsförderung*, S. 121.

30 *Systematische Bibliographie der wissenschaftlichen Literatur 1914–1921*, Bd. 1–4. Berlin: 1922. Ergänzungsbände: *Systematische Bibliographie der wissenschaftlichen Literatur Deutschlands der Jahre 1922 und 1923*, Bd. 1–2. Berlin: 1924; Ernst Drahn (Hrsg.): *Bibliographie des wissenschaftlichen Sozialismus 1914–1922.* Berlin: 1923. Ausführlich dazu Othmar Feyl: Die bibliothekarische Zusammenarbeit zwischen Deutschland und der Sowjetunion und ihre nationale und internationale Rolle (1920–1930). In: Sanke (Hrsg.): *Deutschland*, S. 157–164, hier S. 159ff.; Pachaly / Rosenfeld / Schützler / Schulze-Wollgast: Die kulturellen Beziehungen, S. 447. Eine vergleichbar umfangreiche Bibliographie sowjetischer Literatur entstand nicht. 1928 gab die Deutsche Gesellschaft zum Studium Osteuropas eine Übersicht über in der Sowjetunion erschienene historische Arbeiten heraus, siehe Deutsche Gesellschaft zum Studium Osteuropas (Hrsg.): *Die Geschichtswissenschaft in Sowjet-Russland 1917–1927. Bibliographischer Katalog.* Berlin / Königsberg: Ost-Europa-Verlag 1928.

31 Irene Dzuck: Deutsch-sowjetischer Buchaustausch in der Weimarer Republik. In: Sanke (Hrsg.): *Deutschland*, S. 165–171, hier S. 167. 1927 wurde dieser Vertrag durch einen anderen ersetzt, der den Buchaustausch weiter erleichterte. Ebd., S. 168.

32 Lersch: *Kulturpolitik*, S. 150.

33 Elfter Bericht der Notgemeinschaft der Deutschen Wissenschaft (Deutsche Forschungsgemeinschaft) umfassend ihre Tätigkeit vom 1. April 1931 bis zum 31. März 1932, Berlin 1932, S. 77. Der Bericht ist enthalten in UAM, O–XII–1, Bd. 1. Feyl: Zusammenarbeit, S. 162 nimmt fälschlicherweise an, dass sich die genannte Zahl allein auf Monographien bezieht.

Die 200-Jahr-Feier der Russischen Akademie der Wissenschaften im September 1925, die zu diesem Anlass in Akademie der Wissenschaften der UdSSR (*Akademija Nauk SSSR* – AN SSSR) umbenannt wurde, markiert nach einhelliger Forschungsmeinung den Beginn einer neuen Etappe in den deutsch-sowjetischen Wissenschaftsbeziehungen.[34] Nach einigem Hin und Her[35] entschlossen sich etwa 30[36] deutsche Wissenschaftler, an den Feierlichkeiten in Leningrad und Moskau teilzunehmen. Geleitet wurde die deutsche Delegation von Friedrich Schmidt-Ott, einem der einflussreichsten Wissenschaftsorganisatoren der Weimarer Republik.[37] Der ehemalige Preußische Kultusminister war in den 1920er Jahren gleichzeitig Präsident der Deutschen Gesellschaft zum Studium Osteuropas[38] und der Notgemeinschaft der Deutschen Wissenschaft[39]. In dieser Personalunion liegt vermutlich ein Schlüssel zum Verständnis des starken Engagements der Notgemeinschaft im Bereich der Wissenschaftsbeziehungen zur Sowjetunion. Anders als die DGSO war die Notgemeinschaft nicht qua Satzung oder anderweitigen Bestimmungen auf eine Fokussierung auf Osteuropa, insbesondere die Sowjetunion, festgelegt. Ihr Gründungsmythos bestand im „Boykott der deutschen Wissenschaft", gegen den die deutschen Wissenschaftler geschlossen vorgehen wollten.[40] Dazu kam die materielle

34 Siehe beispielsweise Ju. Ch. Kopelevič: Novyj ėtap v razvitii svjazej. In: Ė. I. Kolčinskij (Hrsg.): *Sovetsko-germanskie naučnye svjazi vremeni Vejmarskoj respubliki.* St. Petersburg: Nauka 2001, S. 144–152, hier S. 144; Pachaly / Rosenfeld / Schützler / Schulze-Wollgast: Die kulturellen Beziehungen, S. 454. Vgl. zum Folgenden Kirchhoff: *Wissenschaftsförderung*, S. 227ff.

35 Vgl. Conrad Grau: Die deutschen Universitäten und die 200-Jahr-Feier der Akademie der Wissenschaften der UdSSR 1925. In: Sanke (Hrsg.): *Deutschland*, S. 172–178.

36 Die Angaben, wie viele deutsche Vertreter anreisten, schwanken zwischen 23 und 35 Personen. Ju. Ch. Kopelevič: Nemeckie učenye na prazdnovanii 200–letija Akademii nauk. In: Kolčinskij (Hrsg.): *Svjazi*, S. 126–143. Meist wird in der Literatur von 30 Delegierten ausgegangen. In jedem Fall war die deutsche Delegation damit die bei Weitem größte.

37 Vgl. zur Biographie Schmidt-Otts bis zum Ende des Ersten Weltkrieges den Anhang „Friedrich Schmidt-Otts Karriere und Erfahrungen in der Preußischen Wissenschaftspolitik vor 1918" in Kirchhoff: *Wissenschaftsförderung*, S. 378–414.

38 Schmidt-Ott fungierte von 1920 bis Anfang 1932 als Präsident der DGSO. Liszkowski: *Osteuropaforschung*, Bd. II, S. 490, 509.

39 Präsident der Notgemeinschaft war Schmidt-Ott von der Gründung der Organisation 1920 bis Juni 1934. Hammerstein: *Deutsche Forschungsgemeinschaft*, S. 50, 110.

40 Vgl. Kirchhoff: *Wissenschaftsförderung*, S. 58ff.

Mittelknappheit der Nachkriegszeit, die auch den akademischen Bereich traf. Die Notgemeinschaft – daher der Name – sollte mit finanziellen Beihilfen des Staates über Zuschüsse und Stipendien Forschungsförderung betreiben.[41] Dass dabei bis Ende der 1920er Jahre zahlreiche Kooperationsprojekte mit der Sowjetunion unterstützt werden würden, war keineswegs vorgezeichnet.

Während der Jubiläumsfeierlichkeiten in Leningrad und Moskau konnte Schmidt-Ott mit einer Reihe hochkarätiger sowjetischer Wissenschaftsmanager_innen und -politiker_innen sprechen. Mit Olga Kameneva, der damaligen Leiterin der VOKS, traf er konkrete Vereinbarungen für eine Intensivierung der Wissenschaftsbeziehungen: Erstens wollte man die Lücken in den russischen und sowjetischen Bücherbeständen deutscher Bibliotheken gemeinsam schließen. Zweitens sollten sowjetische Wissenschaftler die Möglichkeit erhalten, Aufsätze in der neuen Zeitschrift *Osteuropa* der DGSO zu publizieren.[42] Außerdem traf Schmidt-Ott mit Michail I. Kalinin, dem Staatsoberhaupt der Sowjetunion, und Sergej F. Ol'denburg, dem Ständigen Sekretär der Russischen Akademie der Wissenschaften, zusammen. Sie vereinbarten, bis Jahresende Konzepte auszuarbeiten, wie die „Annäherung zwischen russischer und deutscher Wissenschaft" vorangetrieben werden könne, und diese Konzepte anschließend auszutauschen.[43] Grundsätzlich verständigten sie sich unter anderem bereits darauf, gemeinsame Forschungsexpeditionen unternehmen und deutsch-sowjetische Wissenschaftswochen ausrichten zu wollen.[44] Beides setzten deutsche und sowjetische Wissenschaftler in der zweiten Hälfte der 1920er Jahre in die Tat um.

3. Deutsch-sowjetische Forschungsexpeditionen

1926 und 1927 unternahmen deutsch-sowjetische Forscher- und Ärztegruppen zwei Expeditionen im Gebiet um Saratov und Ural'sk (heute Oral) an der nord-westlichen Grenze zur Kasachischen Autonomen Sozialistischen Sowjetrepublik zur Bekämpfung einer Kamelkrankheit mithilfe eines neuen Medikaments, das damit

41 Ebd., S. 74ff.

42 Kirchhoff: *Wissenschaftsförderung*, S. 229.

43 Ebd., S. 229ff., hier S. 230; Schlicker: *Akademie*, Teil II, S. 219–220.

44 Gabriele Camphausen: *Die wissenschaftliche historische Rußlandforschung im Dritten Reich 1933–1945*. Frankfurt am Main u. a.: Lang 1990, S. 93.

gleichzeitig auf seine Wirksamkeit getestet werden sollte. Drei sowjetische wissenschaftliche Institute organisierten diese Expeditionen mit finanzieller Unterstützung der Notgemeinschaft. Geleitet wurden sie von dem Tropenmediziner und Mikrobiologen Heinz Zeiss.[45]

Blickt man auf diese beiden Expeditionen, kann man jene außerwissenschaftlichen Motive erkennen, die die deutsche Seite mit der Aufnahme wissenschaftlicher Beziehungen zur Sowjetunion auch verfolgte. Ein Ziel der Expeditionen war es, das Medikament, das die Expeditionsgruppe testen sollte, in der Sowjetunion bekannt zu machen und ihm so neue Absatzmärkte zu erschließen.[46] Zu diesem wirtschaftlichen Motiv gesellte sich ein kulturpolitisches: Die Expeditionen sollten das Ansehen Deutschlands im Ausland steigern. Eine erfolgreiche Bekämpfung der Kamelkrankheit könne das in Deutschland entwickelte Medikament „zu einem ständigen stillen Bundesgenossen aller deutsche Kulturpropaganda im Auslande treibenden Diplomaten" machen, wie es ein Mitarbeiter der Außenhandelsabteilung des Auswärtigen Amtes bereits lange vor der Expedition formuliert hatte.[47] Zeiss kannte diese Erwartungen sicherlich. Möglicherweise steckte daher Kalkül dahinter, dass er der Deutschen Botschaft in Moskau nach der ersten Expedition berichtete, sie habe „Vertrauen, weites und tiefes Vertrauen" der Bevölkerung zu Deutschland geschaffen[48] – was nicht ausschließt, dass er dies selbst glaubte.

Zeiss unterstützte auch die in der Hauptsache ebenfalls von der Notgemeinschaft finanzierte deutsch-sowjetische Syphilis-Expedition

45 BArch Koblenz, R 73/221 enthält zwei Berichte Zeiss' über die beiden Expeditionen (Bl. 307–327: Bericht v. 16.10.1926 über die erste Expedition v. 15.06.–15.08.1926; Bl. 60–79: Bericht v. 10.10.1927 über die zweite Expedition v. 20.07.–02.10.1927). Vgl. zu Zeiss insb. Sabine Schleiermacher: Der Hygieniker Heinz Zeiss und sein Konzept der „Geomedizin des Ostraums". In: Rüdiger vom Bruch (Hrsg.): *Die Berliner Universität in der NS-Zeit*, Bd II: Fachbereiche und Fakultäten. Stuttgart: Steiner 2005, S. 17–34. Von 1924 bis 1932 arbeitete Zeiss am Tarasevič-Institut für experimentelle Therapie und Serumkontrolle, 1924/25 zusätzlich als Abteilungsvorsteher im Chemo-Pharmazeutischen Forschungsinstitut des Obersten Wirtschaftsrates, beide in Moskau. Davor hatte er im Auftrag des Deutschen Roten Kreuzes seit 1921 in Moskau ein bakteriologisches Laboratorium aufgebaut. Vgl. auch Eckart: Medizin, S. 112–113.

46 Ebd., S. 115–116.

47 Rudolf Asmis an Carl Duisberg v. 16.03.1923, zit. n. ebd., S. 115.

48 Bericht Zeiss' an die Deutsche Botschaft in Moskau v. August 1926, zit. n. ebd., S. 116.

in die Burjat-Mongolische Autonome Sozialistische Sowjetrepublik südlich und östlich des Baikalsees im Jahr 1928, der komplizierte dreijährige Verhandlungen zwischen der sowjetischen Regierung, der AN SSSR, der VOKS sowie dem deutschen Auswärtigen Amt, der Deutschen Botschaft in Moskau und der Notgemeinschaft vorausgegangen waren.[49] Acht deutsche und ebenso viele sowjetische Mediziner unter der Leitung eines Mitarbeiters des Volkskommissariats für Gesundheitswesen nahmen an dieser Expedition teil.[50] Dabei verfolgten allerdings die deutsche und die sowjetische Gruppe zwei unterschiedliche Forschungsprogramme.[51] Die Forschungsergebnisse wurden anschließend getrennt voneinander publiziert und erwähnten die Ergebnisse der anderen Gruppe nicht einmal.[52] In der Tat scheint das Interesse am fachlichen Austausch mit den Kollegen des anderen Landes nicht sehr groß gewesen zu sein. Für die deutsche Gruppe stand vielmehr ein anderes Motiv im Vordergrund, auf das oben hingewiesen wurde: der Zugang zu Studienmaterial für die eigene Forschung. In Burjatien waren zu dieser Zeit etwa 42 Prozent der Bevölkerung an Syphilis erkrankt und noch nie mit dem Medikament behandelt worden, das die deutsche Gruppe testen wollte.[53] Dies waren ideale Voraussetzungen für deren Forschung. Die Hoffnung Schmidt-Otts, dass die Teilnahme an Expeditionen in Russland für deutsche Wissenschaftler „einen Teil des uns fehlenden kolonialen […] Hinterlandes“ ersetzen könne,[54] schien sich hier zu erfüllen.[55]

49 Ebd., S. 116; Susan Gross Solomon: The Soviet-German Syphilis Expedition, 1928. The Hidden Face of Joint Scientific Ventures. In: Giuliana Gemelli (Hrsg.): *Big Culture. Intellectual Cooperation in Large-Scale Cultural and Technical Systems. An Historical Approach*. Bologna: Editrice CLUEB 1994, S. 183–201, hier S. 183–184. Einen kleineren Teil der Kosten übernahmen das russische Volkskommissariat für Gesundheitswesen sowie die AN SSSR. Susan Gross Solomon: The Soviet-German Syphilis Expedition to Buriat Mongolia, 1928: Scientific Research on National Minorities. In: *Slavic Review* 52 (1993), S. 204–232, hier S. 210–211.

50 Solomon: Expedition to Buriat Mongolia, S. 214, 216.

51 Ebd., S. 216–217.

52 Solomon: Hidden Face, S. 201. Solomon stellt daher die provokative Frage, ob nicht eigentlich von zwei Syphilis-Expeditionen gesprochen werden müsse. Ebd., S. 201.

53 Solomon: Expedition to Buriat Mongolia, S. 211–212.

54 Siehe S. 28.

55 Solomon: Expedition to Buriat Mongolia, S. 212: „To find such an untreated population [d. h. eine noch nie mit dem Medikament Salvarsan behandelte

Die größte deutsch-sowjetische Expedition wurde 1928 von Geographen, Topographen, Zoologen und Vertretern weiterer Disziplinen zu Kartierungsarbeiten in das tadschikische Pamir-Gebirge nahe der Grenze der Sowjetunion zum westlichen China unternommen.[56] In mancher Hinsicht setzten sie die Arbeit fort, die eine Expedition des Deutschen und Österreichischen Alpenvereins in den Pamir bereits 1913 begonnen hatte.[57] Der Leiter der Expedition von 1913, Willi Rickmer Rickmers, leitete auch diejenige im Jahr 1928. Wiederum war sie ein Projekt der Notgemeinschaft. Kooperationspartner war in diesem Fall die Akademie der Wissenschaften der UdSSR.[58] Die Expeditionsgruppe teilte sich die Arbeit, wobei die deutschen und sowjetischen Wissenschaftler unterschiedliche Aufgaben hatten.[59] Die Zusammenarbeit zwischen den Gruppen scheint dabei enger als während der Syphilis-Expedition gewesen zu sein. Schmidt-Ott bezeichnete diese Expedition in seinen Erinnerungen als „erstes und bevorzugtes Ergebnis […] der deutsch-russischen Arbeitsgemeinschaft".[60] Auch Rickmers zog eine durchweg positive Bilanz: „Vor allem war es auch der vollkommen geglückte Versuch zweivölkischer Zusammenarbeit im erdkundlichen Reisegroßbetrieb."[61] Zu Ehren der deutschen Teilnehmer und Finanziers wurde schließlich sogar einer der vermessenen Gletscher auf den Namen „Notgemeinschaftsgletscher" getauft, ein benachbarter Gipfel auf den Namen „Pik Schmidt-Ott".[62]

Bevölkerung] in Europe was not easy and the post-war settlement had deprived Germany of her colonies in Africa and East Asia. By an odd quirk of fate and timing, Buriat Mongolia became the test site of Wilmanns's theory." Der deutsche Mediziner Karl Wilmanns forschte zum Medikament Salvarsan und war an den Vorbereitungen der Expedition beteiligt gewesen.

56 Kirchhoff: *Wissenschaftsförderung*, S. 284ff. geht sehr ausführlich auf diese Expedition ein. Vgl. außerdem insb. Ju. Ch. Kopelevič: Pamirskaja ėkspedicija. 1928 g. In: Kolčinskij (Hrsg.): *Svjazi*, S. 257–270; Doris Schenk: Zu den Beziehungen zwischen der Notgemeinschaft der Deutschen Wissenschaft und der Akademie der Wissenschaften der UdSSR. In: Hans-Bernd Harder / Hans Rothe (Hrsg.): *Gattungen in den slavischen Literaturen. Beiträge zu ihren Formen in der Geschichte.* Köln / Wien: Böhlau 1988, S. 3–64, hier S. 46ff.

57 Zur Expedition 1913 siehe insb. Kirchhoff: *Wissenschaftsförderung*, S. 286–287.

58 Erwin Schmidt: Die deutsch-sowjetische Alaj-Pamir-Expedition 1928. In: Sanke (Hrsg.): *Deutschland*, S. 516–522, hier S. 516.

59 Schenk: Beziehungen, S. 47.

60 Zit. n. Lersch: *Kulturpolitik*, S. 133.

61 Willi Rickmer Rickmers: Die Deutsch-Russische Alai-Pamir-Expedition. In: *Forschungen und Fortschritte* 5,22 (1929), S. 260.

62 Kirchhoff: *Wissenschaftsförderung*, S. 302. Letzterer wurde später in „Pik der

4. Deutsch-sowjetische Wissenschaftswochen

Zwischen 1927 und 1929 fanden mindestens vier sogenannte „Wissenschaftswochen“ statt.[63] So bezeichnete man ein Veranstaltungsformat, das eine Mischung aus Symposium und Vortragsreihe darstellte, wobei auf Wissenschaftswochen, die in Deutschland ausgerichtet wurden, nur sowjetische Wissenschaftler vortrugen und auf jenen in der Sowjetunion nur deutsche. Die Vorträge richteten sich nicht ausschließlich an ein Fachpublikum, sondern auch an die interessierte Öffentlichkeit. Den Auftakt machte 1927 die Russische Naturforscherwoche[64] in Berlin. Sie sollte die Antwort deutscher Wissenschaftler auf die Einladung zur 200-Jahr-Feier der Russischen Akademie der Wissenschaften sein und gab 18 sowjetischen Naturwissenschaftlern die Gelegenheit zu Vorträgen in der deutschen Hauptstadt.[65] Organisiert wurde sie von der DGSO, wobei an den Vorbesprechungen auch Vertreter des Auswärtigen Amtes und der Notgemeinschaft beteiligt waren und die Einladung offiziell von der deutschen an die sowjetische Regierung übermittelt wurde.[66] Aus dem Protokoll einer dieser Vorbesprechungen

Revolution“ umbenannt. Ebd. Der „Notgemeinschaftsgletscher“ hingegen behielt seinen Namen bis in die 1950er Jahre, als ihn ein weiteres Mal eine Pamir-Expedition unter Beteiligung deutscher Wissenschaftler bereiste. Schenk: Beziehungen, S. 49. Solomon: Hidden Face, S. 185, Anm. 10 erwähnt zwei weitere deutsch-sowjetische Forschungsexpeditionen, die im Jahr 1927 stattgefunden haben. Zu diesen Expeditionen ist nichts Näheres bekannt. An einer von der sowjetischen Seite in Eigenregie organisierten Polarexpedition konnten 1932/33 zwei deutsche Forscher teilnehmen. Schenk: Beziehungen, S. 57–58. Zu gemeinsamen archäologischen Grabungen, die deutsche und sowjetische Archäologen Anfang der 1930er Jahre auf dem Gebiet der Sowjetunion durchführten, siehe S. 54–59.

63 Vgl. zum Folgenden insb. die Aufsätze im Abschnitt „Kollektivnye poezdki. ‚Nedeli učenych‘“ in Kolčinskij (Hrsg.): *Svjazi*, S. 207–248.

64 In Deutschland wurde zeitgenössisch von „russischen“ Wissenschaftswochen gesprochen, in der Sowjetunion von „sowjetischen“. Der unterschiedliche Sprachgebrauch hat sich in der Historiographie fortgesetzt. Bis heute sprechen deutsche Publikationen meist von „russischen“ Wissenschaftswochen, russische – genau wie vormals sowjetische – Publikationen von „sowjetischen“ Wissenschaftswochen. Ich übernehme den „deutschen“ Duktus.

65 Jochen Richter: Nedelja sovetskich estestvoispytatelej v Berline. 1927 g. In: Kolčinskij (Hrsg.): *Svjazi*, S. 207–217, hier S. 207.

66 Lersch: *Kulturpolitik*, S. 139ff. Die Tatsache, dass man sich entschloss, die Regierung die Einladung übermitteln zu lassen, ist nicht ganz unbedeutend: Man wollte auf diese Weise verhindern, dass die Sowjetseite an der Liste der eingeladenen Wissenschaftler etwas veränderte und „rote Professoren“ nach Berlin schickte. Ebd., S. 140; Kirchhoff: *Wissenschaftsförderung*, S. 282.

ist ersichtlich, dass auch nichtwissenschaftliche Argumente für die geplante Veranstaltung ins Feld geführt wurden. „In der Besprechung wurde die Bedeutung einer solchen Veranstaltung […] für die Anknüpfung wirtschaftlicher Beziehungen auf dem Wege über die wissenschaftlichen hervorgehoben."[67] Zudem wies ein Vertreter des Auswärtigen Amtes „auf die Wichtigkeit hin, dass für ein starkes Echo der Veranstaltung in der Öffentlichkeit gesorgt werde."[68] Die Russische Naturforscherwoche sollte über den Bereich der Wissenschaft hinauswirken.

Im darauf folgenden Jahr organisierte die DGSO eine weitere Wissenschaftswoche, mit der sie sich auf das politisch heiklere Terrain der Geisteswissenschaften wagte, konkret der Geschichtswissenschaft.[69] Besonders brisant wurde die – erneut in Berlin stattfindende – sogenannte Russische Historikerwoche dadurch, dass diesmal auch explizit marxistische Wissenschaftler eingeladen worden waren. Zum ersten Mal überhaupt wurde damit einer marxistischen Historikergruppe ein Forum im westlichen Ausland geboten.[70] Analog dazu übernahm die Vorbereitungen auf sowjetischer Seite diesmal nicht die Akademie der Wissenschaften der UdSSR, die noch immer von „bürgerlichen" Wissenschaftlern geprägt war, sondern die erst in der Sowjetunion geschaffene VOKS.[71]

In den Zeitungen der politischen Rechten wurde die Historikerwoche als „Reklame für die Kommunisten" verurteilt.[72] Eine sowjetrussische Wissenschaft gebe es nicht und könne es auch überhaupt nicht geben.[73] Auch der sozialdemokratische *Vorwärts* kritisierte die zeitgleich zur Wissenschaftswoche gezeigte Ausstellung zu

67 BArch Koblenz, R 73/215, Bl. 206–212, hier Bl. 208–209, Protokoll Schmidt-Otts [1926] über eine Vorbesprechung über die Veranstaltung einer russischen Forscherwoche in Berlin im Jahre 1927 (Kopie).

68 Ebd., Bl. 209–210.

69 Vgl. zum Folgenden insb. Camphausen: *Rußlandforschung 1933–1945*, S. 94ff. Vgl. außerdem, insb. zu den Teilnehmern an der Russischen Historikerwoche, Ju. Ch. Kopelevič: Nedelja sovetskich istorikov v Berline. 1928 g. In: Kolčinskij (Hrsg.): *Svjazi*, S. 218–231.

70 Voigt: *Hoetzsch. Wissenschaft und Politik*, S. 218.

71 Gabriele Camphausen: Die wissenschaftliche historische Rußlandforschung in Deutschland 1892–1933. In: *Forschungen zur osteuropäischen Geschichte* 42 (1989), S. 7–108, hier S. 95–96.

72 So sinngemäß die *Deutsche Allgemeine Zeitung*. Siehe ebd., S. 100.

73 *Kreuzzeitung* v. 12.07.1928, zit. n. Voigt: *Hoetzsch. Wissenschaft und Politik*, S. 217.

geschichtswissenschaftlicher Literatur in der Sowjetunion.[74] Indem dort die gedruckten Memoiren des Begründers der russischen Sozialdemokratie, Pavel B. Aksel'rod, gezeigt würden, täusche man das Publikum. „Der Witz ist [...] der: Axelrods Erinnerungen werden zwar als Errungenschaften der sowjetrussischen Geschichtswissenschaft dem Publikum präsentiert, sie sind aber in Sowjetrußland verboten!"[75] Der *Vorwärts* warf der DGSO und den anderen Unterstützern der Historikerwoche also indirekt vor, sich zu Steigbügelhaltern der sowjetischen auswärtigen Kulturpolitik zu machen, indem sie in Berlin ein Forum für die (geschönte) Selbstdarstellung der sowjetischen Historiographie schufen. Auf der Seite der Befürworter der Historikerwoche hoffte die deutsche Diplomatie wie gewohnt auf eine Ausstrahlung der guten wissenschaftlichen auf die allgemein-politischen und wirtschaftlichen Beziehungen. So gab sich zum Beispiel Ulrich von Brockdorff-Rantzau, der deutsche Botschafter in Moskau, überzeugt, dass die Historikerwoche „die Beziehungen unserer beiden Länder nicht nur auf wissenschaftlichem Gebiet zum Wohle der Menschheit noch enger gestalten wird."[76]

Trotz aufkeimender Kritik werteten die Macher der Russischen Wissenschaftswochen in Berlin die Veranstaltungen als Erfolg. Erstmals fand daraufhin auch eine Deutsche Wissenschaftswoche in Moskau statt, die Woche der deutschen Technik (*Nedelja germanskoj techniki*).[77] In Zusammenarbeit mit dem Verein Deutscher Ingenieure (VDI) und der DGSO lud die Gesellschaft Kultur und Technik (*Kul'tura i Technika*)[78] mit Sitz in Moskau elf deutsche

74 Zur Ausstellung vgl. Camphausen: Rußlandforschung 1892–1933, S. 94–95.

75 *Vorwärts* v. 10.07.1928, zit. n. Lutz-Dieter Behrend: Die sowjetische „Historikerwoche" 1928 in Berlin. In: Sanke (Hrsg.): *Deutschland*, S. 201–208, hier S. 205.

76 Grußadresse Brockdorff-Rantzaus an die Historikerwoche, zit. n. Camphausen: *Rußlandforschung 1933–1945*, S. 101.

77 Zum Folgenden insb. Ju. Ch. Kopelevič: Nedelja germanskoj techniki v SSSR. 1929 g. In: Kolčinskij (Hrsg.): *Svjazi*, S. 231–240; Boris V. Levšin: Die sowjetisch-deutsche Gesellschaft „Kultur und Technik" in den Jahren 1923 bis 1933. In: Sanke (Hrsg.): *Deutschland*, S. 138–144, hier S. 141 ff.

78 Die Gesellschaft Kultur und Technik bestand seit 1924. Obwohl sie in der Regel als „deutsch-russische" bzw. „sowjetisch-deutsche Gesellschaft" (wie bei den Wissenschaftswochen variierte der Sprachgebrauch in Deutschland und in Russland) bezeichnet wurde und den deutschen Physiker Albert Einstein zum Ehrenpräsidenten hatte, war sie tatsächlich eine rein sowjetische Organisation mit einer

Technikwissenschaftler – die „Creme der deutschen Technik", wie es in der sowjetischen Presse hieß[79] – im Januar 1929 zu Vorträgen nach Moskau ein. Unter ihnen befanden sich der Ingenieur, Technikhistoriker und Präsident des VDI, Conrad Matschoß[80] und der Gründer des Deutschen Museums in München, Oskar von Miller.[81] Der Zuspruch war enorm; bis zu 1.300 Zuhörer verfolgten in der Aula der Moskauer Staatlichen Universität (*Moskovskij gosudarstvennyj universitet*) die Vorträge.[82]

Die Zeitung *Izvestija* begründete die große Bedeutung der Wissenschaftswoche damit, dass die sowjetischen Technikspezialisten nicht auf dem neuesten Stand der Forschung seien. Sie verfolgten zwar die ausländische Literatur, da sie aber aufgrund der begrenzten Mittel selten auf Dienstreisen gehen könnten, hätten sie auf dem einen oder dem anderen Sektor Nachholbedarf. Die Woche der deutschen Technik solle helfen, diesen Bedarf zu decken und damit – so die Zeitung – zu nicht weniger beizutragen als zum „Einsatz der Errungenschaften der modernen Technik für die Industrialisierung unserer Industrie und die Umgestaltung unserer Wirtschaft".[83] Matschoß beschwor eine „herrliche Zukunft" (*velikoe buduščee*) der Sowjetunion herauf, wenn die „gigantischen technischen Möglichkeiten" des Landes ausgenutzt würden. Die deutschen Techniker seien bereit, „Hand in Hand" mit ihren sowjetischen Kollegen an der Verwirklichung dieser Möglichkeiten zu arbeiten.

Am Rande des Treffens wurde auch über die weitere Zusammenarbeit deutscher und sowjetischer Technikwissenschaftler gesprochen, wobei die Vorschläge von der Organisation von Vortragszyklen über die Publikation von Aufsätzen in Zeitschriften des anderen Landes bis hin zur Herausgabe einer gemeinsamen Zeitschrift

ständigen Vertretung in Berlin. Levšin: Gesellschaft, insb. S. 138–139. Vgl. auch (auch zum Folgenden) Schreiben des Stellv. Volkskommissars für Auswärtige Angelegenheiten Krestinskij an den Vorsitzenden des Rates der Volkskommissare Molotov v. 17.02.1933 (ganz geheim), abgedruckt in *Deutschland und die Sowjetunion 1933–1941*, Bd. 1, Dok. 10, S. 153–157, hier S. 154–155.

79 Kopelevič: Nedelja germanskoj techniki, S. 223.

80 Zu Matschoß siehe S. 137–138.

81 Kopelevič: Nedelja germanskoj techniki, S. 232.

82 Ebd., S. 236–237. Insgesamt wurden 6.758 Eintrittskarten ausgegeben. Levšin: Gesellschaft, S. 142.

83 Kopelevič: Nedelja germanskoj techniki, S. 234–235. Folgende Zitate ebd., S. 235.

reichten.[84] Zumindest einige dieser Vorschläge wurden realisiert. So war die Herausgabe der in russischer Sprache in Moskau erscheinenden Zeitschrift *Russisch-deutsche Zeitschrift der Wissenschaft und Technik* (*Russko-germanskij vestnik nauki i techniki*)[85] eine Folge von Verabredungen während der Wissenschaftswoche.[86] Die Woche der deutschen Technik wurde auch zum Vorbild für die „Tage der deutschen Technik“, die in der Folge zweimal im Monat durchgeführt wurden. Alle zwei Wochen hielt im Rahmen dieser Veranstaltungsreihe in den folgenden beiden Jahren ein deutscher Wissenschaftler oder Techniker einen Vortrag in Moskau.[87]

Die vorerst letzte Wissenschaftswoche fand nach einer längeren Pause wieder in Berlin statt: die Russische Medizinerwoche, zu der im Dezember 1932 16 führende sowjetische Mediziner anreisten, unter ihnen der russische Volkskommissar für Gesundheitswesen, Michail F. Vladimirskij. Neben Vorträgen der sowjetischen Wissenschaftler standen Besichtigungen von Krankenhäusern und Instituten auf dem Programm. Das Auswärtige Amt resümierte zufrieden, die Woche sei „in jeder Hinsicht erfolgreich verlaufen“.[88]

5. Wissenschaftliche Kongresse und Tagungen

In der zweiten Hälfte der 1920er und Anfang der 1930er Jahre organisierte man neben den Wissenschaftswochen auch deutsch-sowjetische Wissenschaftskongresse oder lud Wissenschaftler des anderen Landes zu nationalen Kongressen ein. Bei diesen Zusammenkünften stand der fachliche Austausch im Vordergrund. Interesse am Austausch mit sowjetischen Kollegen über laufende Forschungen und Forschungsergebnisse der letzten Jahre war das Motiv für die Einladung sowjetischer Wissenschaftler zu einem deutsch-sowjetischen Scharlach-Kongress in Königsberg im Juni 1928. Der Kongress war in den Augen der Teilnehmer ein Erfolg; sie erwarteten,

84 Ebd., S. 239.

85 Siehe zu dieser Zeitschrift Lersch: *Kulturpolitik*, S. 154–155.

86 Kopelevič: Nedelja germanskoj techniki, S. 240.

87 Levšin: Gesellschaft, S. 142.

88 Jochen Richter: Sovmestnye medicinskie kongressy. Nedelja sovetskoj mediciny v Berline. 1932 g. In: Kolčinskij (Hrsg.): *Svjazi*, S. 241–247; Voigt: *Hoetzsch. Wissenschaft und Politik*, S. 248. Zitat: AA an die Deutsche Botschaft in Moskau v. 06.12.1932, zit. n. Rosenfeld: *Sowjetunion und Deutschland 1922–1933*, S. 223, Anm. 191.

dass er einen neuen Aufschwung der wissenschaftlichen Beziehungen zwischen der deutschen und der sowjetischen Medizin nach sich ziehen werde.[89] Kurz darauf nahmen sechs deutsche Wissenschaftler an einem Geologen-Kongress teil, der in Taškent stattfand, der Hauptstadt der Usbekischen Sozialistischen Sowjetrepublik.[90] Die Vorträge der deutschen Teilnehmer wurden ins Russische übersetzt und veröffentlicht. Ihre Teilnahme am Kongress hob man als besonders gewinnbringend hervor. Die „gemeinsam durchgeführte Behandlung größerer zusammenhängender Probleme" bildete nach Meinung aller einen Höhepunkt der Veranstaltung.[91] 1929 und 1932 wurden in Königsberg und Moskau deutsch-sowjetische wissenschaftliche Landwirtschaftskonferenzen ausgerichtet.[92] Die Gesellschaft Kultur und Technik organisierte 1931 ebenfalls Konferenzen in der Sowjetunion, an denen deutsche Wissenschaftler beteiligt waren.[93]

6. Das Institut für Rassenforschung in Moskau

Viele der bisher erwähnten deutsch-sowjetischen Kooperationsprojekte wurden von Medizinern getragen. Für deren enge Zusammenarbeit gibt es weitere Beispiele: Zahlreiche sowjetische Mediziner veröffentlichten Beiträge in deutschen Fachzeitschriften.[94] Mitte des Jahrzehnts schufen deutsche und sowjetische Mediziner gar ein gemeinsames Publikationsorgan, die *Deutsch-Russische Medizinische Zeitschrift*, die bis 1929 bestand.[95] Außerdem besaßen einzelne Mediziner enge persönliche Bindungen an die Sowjetunion. Heinz Zeiss arbeitete seit 1921 in Moskau,[96] und der Neurobiologe und Hirnforscher Oskar Vogt übernahm 1925 die Leitung des Staatlichen

89 Schenk: Beziehungen, S. 19–20. Zu den Teilnehmern des Kongresses siehe Richter: Kongressy, S. 241–242.

90 Schenk: Beziehungen, S. 50ff.

91 Ebd., S. 51.

92 Ju. Ch. Kopelevič: Germano-sovetskaja Nedelja sel'skogo chozjajstva v Moskve. 1932 g. In: Kolčinskij (Hrsg.): *Svjazi*, S. 247–248.

93 Levšin: Gesellschaft, S. 143.

94 Rosenfeld zufolge erschienen allein in den Jahren 1922 und 1923 160 Aufsätze sowjetischer Autoren in deutschen medizinischen Zeitschriften. Rosenfeld: *Sowjetunion und Deutschland 1922–1933*, S. 188, Anm. 27.

95 Lersch: *Kulturpolitik*, S. 135; Solomon: Völkerpathologie, S. 6.

96 Siehe S. 34, Anm. 45.

V.I. Lenin-Instituts für Hirnforschung in Moskau mit der Aufgabe, Lenins Hirn zu sezieren und zu untersuchen.[97] Er hielt sich daher regelmäßig in der sowjetischen Hauptstadt auf und koordinierte die Arbeit der deutsch-sowjetischen Forschergruppe. Gleichzeitig blieb er Direktor des Kaiser-Wilhelm-Instituts für Hirnforschung in Berlin-Buch.[98] Die Erforschung von Lenins Hirn stellte in den 1920er Jahren das einzige langfristig angelegte Forschungsvorhaben dar, bei dem deutsche und sowjetische Wissenschaftler laufend zusammenarbeiteten.

Vogt engagierte sich stark und letzlich erfolgreich für die Gründung eines Instituts für Rassenforschung in Moskau.[99] Die Idee stammte von Ludwig Aschoff, einem Freiburger Pathologen, der ebenfalls schon seit langem Beziehungen zu sowjetischen Kollegen unterhielt.[100] Vogt handelte mit dem damaligen Volkskommissar für Gesundheitswesen, dem Sozialhygieniker Nikolaj A. Semaško (Vorgänger von Michail F. Vladimirskij),[101] aus, das neue Institut an sein

97 Jochen Richter: Castor and Pollux in Brain Research: The Berlin and the Moscow Brain Research Institutes. In: Solomon (Hrsg.): *Doing Medicine Together*, S. 325–368, hier S. 336ff. – Eine literarische Verarbeitung von Vogts bewegtem Leben stellt der Roman von Tilman Spengler: Lenins Hirn. Frankfurt am Main / Wien: Büchergilde Gutenberg 1993 dar.

98 Richter: Castor, S. 337, 339, 344.

99 Im April 1933 wurde das Institut in „Russisch-Deutsches Institut für geographische Pathologie“ umbenannt, was den Arbeitsgebieten der Institutsmitarbeiter eher entsprach: Sie interessierten sich vor allem für die geographische Verbreitung von pathologischen Krankheiten und sprachen daher selbst von Anfang an meist von einer Forschungsstätte für „Völkerpathologie“. Solomon: Völkerpathologie, S. 7, 17, 18, 43. Ich verwende im Folgenden auch für die Zeit nach 1933 die Bezeichnung Institut für Rassenforschung. Ausführlich zum von Vogt und anderen Beteiligten verwendeten Rassenbegriff: Helga Satzinger: Krankheiten als Rassen. Politische und wissenschaftliche Dimensionen eines internationalen Forschungsprogramms am Kaiser-Wilhelm-Institut für Hirnforschung (1919–1939). In: Hans-Walter Schmuhl (Hrsg.): *Rassenforschung an Kaiser-Wilhelm-Instituten vor und nach 1933*. Göttingen: Wallstein 2003, S. 145–189, hier S. 162–173.

100 Lebensdaten Aschoffs finden sich im biographischen Anhang in Solomon / Richter (Hrsg.): *Aschoff*, S. 195–207, hier S. 195–196. Zu seinen langjährigen Beziehungen nach Russland bzw. in die Sowjetunion siehe Solomon: Völkerpathologie, S. 2–3. Zur Gründungsgeschichte des Instituts ebd., S. 15ff.

101 Semaško stand als Mitglied des Redaktionskomitees der *Deutsch-Russischen Medizinischen Zeitschrift* schon länger mit deutschen Medizinern in Kontakt. Siehe den biographischen Anhang in Solomon / Richter (Hrsg.): *Aschoff*, S. 195–207, hier S. 205.

Hirnforschungsinstitut in Moskau anzugliedern.[102] Im November 1927 wurde es offiziell eröffnet.[103] Die Finanzierung übernahmen die Notgemeinschaft und das deutsche Auswärtige Amt sowie das russische Volkskommissariat für Gesundheitswesen.[104] Die formelle Leitung teilten sich Aschoff und sein sowjetischer Kollege Aleksej I. Abrikosov.[105] Vogt plante gemeinsam mit sowjetischen Kollegen ein ähnliches Institut in Tiflis,[106] das den Namen Transkaukasisches Rasseninstitut hätte tragen sollen. Im Herbst 1930 war die Gründung bereits beschlossene Sache,[107] jedoch gibt es keine Hinweise darauf, dass sie tatsächlich erfolgte.

Die inhaltliche Arbeit am Institut in Moskau übernahmen hauptsächlich deutsche Wissenschaftler.[108] Ludwig Aschoff betonte gegenüber der Notgemeinschaft im Jahr 1930 zwar, dass die Forschungen der Institutsleiter „immer in engster Fühlung mit der russischen Ärzteschaft ausgeführt werden",[109] und tatsächlich arbeiteten russische Mediziner dem Institut zu.[110] Am Institut direkt war jedoch Zeit seines Bestehens eine einzige sowjetische Kraft, Vera Ponomareva als technische Assistentin – also ausnahmsweise einmal eine Frau – beschäftigt.[111] Eher als ein deutsch-sowjetisches Institut war das Institut für Rassenforschung daher ein deutsches Institut in der Sowjetunion.

102 Solomon: Völkerpathologie, S. 16. Die Notgemeinschaft wollte daher nicht von einem „Institut im eigentlichen Sinne" sprechen. BArch Koblenz, R 73/229, Bl. 55–58, hier Bl. 56, [Notgemeinschaft] an das Reichsministerium des Innern v. 21.08.1933.

103 Solomon: Völkerpathologie, S. 17.

104 Richter: Castor, S. 347; Solomon: Völkerpathologie, S. 19–20.

105 Solomon: Völkerpathologie, S. 19. Auch der Pathologe Abrikosov war Mitglied des Redaktionskomitees der *Deutsch-Russischen Medizinischen Zeitschrift*. Lebensdaten im biographischen Anhang in Solomon / Richter (Hrsg.): *Aschoff*, S. 195–207, hier S. 195.

106 Solomon: Völkerpathologie, S. 34–37.

107 Siehe die Protokolle der Sitzungen im Volkskommissariat für Gesundheitswesen der Transkaukasischen Republiken in Tiflis am 12. und 13.10.1930, abgedruckt in Solomon / Richter (Hrsg.): *Ashoff*, Dok. 14, S. 168–173.

108 Zwischen Oktober/November 1927 und März 1933 waren die drei jungen Pathologen Hans-Joachim Arndt, Herwig Hamperl und Rudolf Rabl am Institut in Moskau beschäftigt. Solomon: Völkerpathologie, S. 4.

109 BArch Koblenz, R 73/226, Bl. 21–22, hier Bl. 22 (Rückseite), Aschoff an [Karl] Stuchtey (Notgemeinschaft) v. 10.07.1930.

110 Solomon: Völkerpathologie, S. 21.

111 Ebd. Vgl. Weindling: Medical Co-operation, S. 190.

Das Interesse vieler deutscher Wissenschaftler, wie hier deutscher Mediziner, an der Forschung *in der* Sowjetunion scheint größer gewesen zu sein als das Interesse an einer Zusammenarbeit *mit* sowjetischen Kollegen. In einem Bericht aus dem Jahr 1933 über die Arbeit des Instituts für Rassenforschung griff die Notgemeinschaft auf die bekannte Floskel zurück, der wissenschaftlichen Forschung in Deutschland sei durch „den Verlust unserer Kolonien […] ein reiches Feld verloren gegangen".[112] Das „Studienmaterial", das in der Sowjetunion – in diesem Fall von deutschen Pathologen – gesammelt werde, könne diesen „Verlust" teilweise kompensieren. Diese Fixierung auf das in der Sowjetunion vorhandene „Material" weist in gewisser Hinsicht auf die weitere Entwicklung der deutsch-sowjetischen Wissenschaftsbeziehungen voraus.

112 BArch Koblenz, R 73/229, Bl. 55–58, hier Bl. 56, [Notgemeinschaft] an das Reichsministerium des Innern v. 21.08.1933. Folgendes Zitat ebd.

Komplikationen: Der Niedergang deutsch-sowjetischer Wissenschaftskooperation in den 1930er Jahren

Rückschauend betrachtet waren die deutsch-sowjetischen Wissenschaftsbeziehungen um 1927 bis 1929 besonders eng.[1] Für alle Formen wissenschaftlicher Beziehungen in der von Kasack vorgeschlagenen Unterteilung[2] gab es konkrete Beispiele im deutsch-sowjetischen Verhältnis: vom Bücheraustausch über Begegnungen deutscher und sowjetischer Wissenschaftler auf Kongressen, während persönlicher Besuche oder längerer Forschungsaufenthalte bis hin zur Durchführung gemeinsamer Forschungsprojekte und sogar zum Unterhalt eines gemeinsamen Instituts. Dass deutsche und sowjetische Wissenschaftler in brieflichem Kontakt miteinander standen, Aufsätze in Zeitschriften und Sammelbänden beider Länder veröffentlichten und Mitglieder wissenschaftlicher Gesellschaften des jeweiligen Partnerlandes waren, wurde im vorangegangenen Kapitel nicht eigens dargelegt, aber auch diese Formen wissenschaftlicher Beziehungen existierten.

1 Richter: Nedelja sovetskich estestvoispytatelej, S. 207 sieht den Höhepunkt 1927, Pachaly / Rosenfeld / Schützler / Schulze-Wollgast: Die kulturellen Beziehungen, S. 458 sehen ihn 1928, Schenk: Beziehungen, S. 55 stellt erst für das Jahr 1929 einen Bruch fest.

2 Siehe S. 13.

Um 1930 wurde die sowjetische Wissenschaftslandschaft durch die Stalinisierung der Sowjetunion und insbesondere auch der AN SSSR tiefgreifend umgestaltet. Die Akademie bekam nicht nur eine neue Satzung,[3] sondern vor allem musste ihr Ständiger Sekretär Sergej F. Ol'denburg, bis dahin wichtigster Ansprechpartner für die deutsche Seite, seinen Platz räumen.[4] Auch Semaško, der als Volkskommissar für Gesundheitswesen für die deutschen Mediziner ein zentraler Ansprechpartner gewesen war, verlor in jenem Jahr seinen Posten.[5] Der Volkskommissar für Bildung, Anatolij V. Lunačarskij, brach den Kontakt mit der DGSO ab, nachdem die Leitung der Gesellschaft (namentlich Schmidt-Ott und Hoetzsch) den Protest eines deutschen Wissenschaftlers gegen die Erschießung von Großbauern im Zuge der Kollektivierung der landwirtschaftlichen Betriebe in der Sowjetunion unterstützt hatte.[6]

Als Folge dieser Veränderungen und Konflikte registrierte Schmidt-Ott „eine zunehmende Zurückhaltung russischer amtlicher und wissenschaftlicher Kreise den Bestrebungen der deutschen Wissenschaft gegenüber".[7] Er hielt es für fraglich, „ob überhaupt russischerseits eine weitere Zusammenarbeit mit der deutschen Wissenschaft noch gewünscht werde."[8] Für den Moment zog er

3 Schenk: Beziehungen, S. 64.

4 Kirchhoff: *Wissenschaftsförderung*, S. 338.

5 Weindling: Medical Co-operation, S. 196.

6 Kirchhoff: *Wissenschaftsförderung*, S. 337–338.

7 Schmidt-Ott in einer Besprechung am 8. Oktober 1932. Die Zurückhaltung mache sich „seit einiger Zeit" bemerkbar, so Schmidt-Ott. BArch Koblenz, R 73/228, Bl. 110–114, hier Bl. 110, Aufzeichnung über eine Besprechung am 08.10.1932 über die deutsch-russischen wissenschaftlichen Beziehungen v. 10.10.1932. Das Zitat im folgenden Satz ebd.

8 Wie ein Bericht des Sekretärs der Kommission zur Förderung der Wissenschaftler beim Rat der Volkskommissare über ein Gespräch mit dem Leiter der 2. Westabteilung im Volkskommissariat für Auswärtiges, David G. Štern, im Herbst 1933 zeigt, lag Schmidt-Ott damit zumindest für die Zeit nach dem 30. Januar 1933 nicht falsch. In dem Bericht heißt es: „Da in Deutschland ein Niedergang der Wissenschaft auf allen Gebieten zu verzeichnen ist, und im Bereich der Gesellschaftswissenschaften eine schnelle Faschisierung stattfindet, kann man über einen schnelleren Abbruch von Kontakten zu jeglichen Wissenschaftlern und wissenschaftlichen Organisationen auf dem Gebiet der Gesellschaftswissenschaften nachdenken und die Verbindungen ausschließlich auf die Naturwissenschaften beschränken." Schreiben des Sekretärs der Kommission zur Förderung der Wissenschaftler beim Rat der Volkskommissare Asmus an den Stellv. Kommissionsvorsitzenden zur Förderung der Wissenschaftler Bachutov v. [17.10.1933] (geheim), abgedruckt in *Deutschland und die Sowjetunion 1933–1945*, Bd. 1, Dok. 255, S. 749–750.

eine pessimistische Bilanz: „Tatsächlich sind alle von mir in Rußland eingeleiteten Gemeinschaftsforschungen durch das Sinken der Valuta, nicht minder aber auch durch den Wechsel aller in Betracht kommenden Persönlichkeiten so gut wie erledigt."[9]
Neben den angesprochenen Veränderungen des sowjetischen Personals verweist Schmidt-Ott mit seiner Erwähnung des „Sinken[s] der Valuta" auf den Einfluss, den die Weltwirtschaftskrise auf die deutsch-sowjetischen Wissenschaftsbeziehungen hatte. Sie hatte zur Folge, dass sich die Notgemeinschaft schlicht aus Geldmangel weniger in der Forschungsförderung und damit auch in der Förderung deutsch-sowjetischer Gemeinschaftsprojekte engagieren konnte.[10] Damit war eine der Säulen, die auf deutscher Seite die deutsch-sowjetische Wissenschaftskooperation trugen, brüchig geworden. Gleichzeitig befand sich die DGSO als zweite Säule zum Jahresanfang 1931 am Beginn eines Umgestaltungsprozesses. Ihr langjähriger Generalsekretär Hans Jonas verließ die Gesellschaft zum 1. Januar 1931. Er folgte einem Ruf an die Universität Königsberg. Im Laufe des Jahres wechselten die Nachfolger auf seinem Posten mehrfach, so dass sich keine Kontinuität einstellen konnte. Otto Hoetzsch begann zur selben Zeit, an einer Edition zur Vorgeschichte und Geschichte des Ersten Weltkrieges zu arbeiten, die Akten aus russischen Archiven in deutscher Sprache enthielt. Dies ließ ihn sein Engagement für die DGSO reduzieren. Schließlich trat Anfang 1932 auch Schmidt-Ott als Präsident der DGSO zurück.[11] Als Präsident der Notgemeinschaft fungierte er noch bis Mitte 1934,

9 BArch Koblenz, R 73/224, Bl. 5–8, hier Bl. 5, [Schmidt-Ott] an [Herbert] von Dirksen (Deutscher Botschafter in Moskau) v. 17.05.1932.

10 Das Budget der Notgemeinschaft hatte 1928 insg. 8 Mio. RM betragen. Kirchhoff: *Wissenschaftsförderung*, S. 246, 254. Bereits 1929 wurde es leicht, in den folgenden Jahren drastisch gekürzt (1931 auf 7 Mio. RM, 1932 auf 5,1 Mio. RM, 1933 auf 4,4 Mio. RM). Die Notgemeinschaft musste daraufhin ihre Einzelförderung kürzen, wovon bereits 1930 Auslandsreisen betroffen waren. Ebd., S. 316ff.

11 Ebd., S. 336, 342. Zu Hoetzschs Aktenpublikation siehe Bonwetsch: Wissenschaftsbeziehungen, S. 12–13 sowie die Anmerkungen zum Schreiben des deutschen Geschäftsträgers in Moskau von Twardowski an das AA v. 05.09.1933, abgedruckt in *Deutschland und die Sowjetunion 1933–1945*, Bd. 1, Dok. 196, S. 626–627. Die Aktenpublikation trägt den Titel „Die internationalen Beziehungen im Zeitalter des Imperialismus. Dokumente aus den Archiven der Zarischen und der Provisorischen Regierung". Der letzte deutsche Band erschien 1943. Noch zur Zeit des Hitler-Stalin-Paktes wurde das Projekt gemeinsam mit der sowjetischen Seite vorangetrieben.

dann wurde er von Johannes Stark, einem der Protagonisten der „Deutschen Physik", abgelöst.[12]

1. Die Entwicklung deutsch-sowjetischer Gemeinschaftsprojekte

Als Folge der veränderten Lage fanden die gemeinsamen deutsch-sowjetischen Expeditionen, um die sich Schmidt-Ott noch bemüht hatte, keine Fortsetzung. Die Russische Medizinerwoche von 1932 war die letzte Veranstaltung dieser Art. Die geplante gemeinsame Veröffentlichung der Ergebnisse der Syphilis-Expedition scheiterte an Unstimmigkeiten.[13] Außerdem kehrte Heinz Zeiss, der mehr als zehn Jahre lang in Moskau tätig gewesen war, 1932 nach Deutschland zurück, weil seine „Arbeitsmöglichkeiten [...] in einer Weise von den sovjetischen [sic] Stellen eingeschränkt worden [waren], daß eine qualifizierte Forschung ausgeschlossen war."[14]

Auch das Institut für Rassenforschung geriet zu dieser Zeit unter Druck. An seinem Beispiel sowie anhand der Zusammenarbeit auf dem Gebiet der Archäologie soll im Folgenden der Niedergang der deutsch-sowjetischen Wissenschaftsbeziehungen Anfang der 1930er Jahre veranschaulicht werden.

Die Schwierigkeiten begannen für das Institut für Rassenforschung nach dem Rücktritt von Semaško als Volkskommissar für Gesundheitswesen im Jahr 1930. Semaško hatte das Institut immer gestützt, sein Rücktritt schwächte dessen Position.[15] Im Januar 1931 stellte das Volkskommissariat für Gesundheitswesen Bedingungen für die Fortführung des Instituts, die den deutschen Partnern untragbar schienen, so dass sie bereits „die ganzen kulturellen Beziehungen zwischen der RSFSR [Russische Sozialistische Föderative Sowjetrepublik] und der deutschen Wissenschaft auf das schwerste bedroht" sahen.[16] In einer Besprechung Anfang März 1931, an der u.a. Aschoff, Vogt, Schmidt-Ott und ein Vertreter des Auswärtigen Amtes teilnahmen, bestand „Einverständnis darüber, daß die

12 Hammerstein: *Deutsche Forschungsgemeinschaft*, S. 110.

13 BArch Koblenz, R 73/224, Bl. 5–8, hier Bl. 5, [Schmidt-Ott] an von Dirksen v. 17.05.1932. Vgl. auch Kirchhoff: *Wissenschaftsförderung*, S. 336.

14 Schenk: Beziehungen, S. 60.

15 Weindling: Medical Co-operation, S. 196.

16 Schenk: Beziehungen, S. 33–34, Zitat aus der mit Schmidt-Ott abgestimmten Antwort Vogts an das Volkskommissariat, zit. n. ebd., S. 34.

rassenpathologische Arbeitsstelle in Moskau in absehbarer Zeit wird aufgelöst werden müssen, da eine erfolgversprechende Arbeit unter den gegenwärtigen Verhältnissen, zumal angesichts der neuen Forderungen des Gesundheitskommissariats, nicht möglich ist."[17] Der neue Volkskommissar für Gesundheitswesen, Michail F. Vladimirskij, entschärfte die Situation, indem er erklärte, der Forderungskatalog sei nicht mit ihm abgestimmt gewesen und habe daher keine Gültigkeit.[18] Wider Erwarten konnte Rudolf Rabl, jener deutsche Pathologe, der zu diesem Zeitpunkt im Institut arbeitete, seine Tätigkeit in Moskau fortführen, jedoch offensichtlich nicht in dem Ausmaß, wie man bei der Notgemeinschaft gehofft hatte. In einem rückblickenden Bericht erklärte die Organisation, die „Lage in Russland für eine erspriessliche Weiterführung der Untersuchungen" sei 1932 immer schwieriger geworden, „sodass schon damals Erwägungen gepflogen [sic] wurden, Dr. *Rabl* zurückzuziehen."[19] Vogt war in einer Besprechung im Oktober 1932 der Meinung, aus „rein wissenschaftlichen Gründen sei eine Weiterarbeit in der bisherigen Weise [...] nicht unbedingt erforderlich"; jedoch wisse er, „daß die Deutsche Botschaft in Moskau aus kulturpolitischen Gründen auf die Erhaltung dieses letzten deutschen Instituts in der UdSSR Wert lege."[20] Tatsächlich hatte Herbert von Dirksen, der deutsche Botschafter in Moskau, bereits im Sommer 1932 in einem Schreiben an die Notgemeinschaft betont, das Institut für Rassenforschung sei die einzige „noch übrig gebliebene Stätte in der Sowjetunion, wo deutsche Wissenschaft noch in enger Verbindung mit der Sowjetwissenschaft arbeitet". Sie dürfe in ihrer Bedeutung daher nicht unterschätzt werden.[21] Kurz nach der Besprechung im Oktober 1932 betonte auch das Auswärtige Amt in einem Schreiben an die

17 BArch Koblenz, R 73/224, Bl. 225–227, hier Bl. 225, Niederschrift über Besprechungen am 2. und 3. März 1931, [o. D.], betr. rassenpathologische und biologische Forschungen im Gebiete der Sowjetunion.

18 Schenk: Beziehungen, S. 35.

19 BArch Koblenz, R 73/229, Bl. 55–58, hier Bl. 57, [Notgemeinschaft] an das Reichsministerium des Innern v. 21.08.1933. Hervorhebung im Original.

20 BArch Koblenz, R 73/228, Bl. 110–114, hier Bl. 111, Aufzeichnung (Unterschrift unleserlich) v. 10.10.1932 über eine Besprechung am 08.10.1932 über die deutsch-russischen wissenschaftlichen Beziehungen, insbesondere über das Rassenforschungsinstitut in Moskau.

21 BArch Koblenz, R 73/224, Bl. 2–4, hier Bl. 3, von Dirksen an [Schmidt-Ott] v. 20.06.1932.

Notgemeinschaft, „daß das Auswärtige Amt aus kulturpolitischen Gründen die Fortführung des Rassenforschungs-Instituts in Moskau für erwünscht hält.“[22] Man entschied sich daher, als Nachfolger für Rabl den Tropenhygieniker Ernst Nauck nach Moskau zu entsenden.[23]

Da die Schwierigkeiten nach Naucks Ankunft in Moskau[24] andauerten – er wurde an Forschungsreisen innerhalb der Sowjetunion gehindert –, verfestigte sich auf deutscher Seite der Eindruck, dass „den beteiligten Sowjetstellen die Tätigkeit des Laboratoriums [d. h. des Instituts für Rassenforschung] in seiner bisherigen Form unerwünscht ist.“[25] Da Nauck seine „Arbeiten nicht in der geplanten Weise durchführen konnte“, kehrte er im Juli 1933 vorzeitig nach Deutschland zurück.[26] Die Deutsche Botschaft in Moskau legte jedoch weiterhin – also auch nach der Machtübertragung an die Nationalsozialisten – Wert darauf, das Institut zu erhalten, und empfahl daher, den Wünschen der Sowjetunion entgegenzukommen.[27] Die Notgemeinschaft dagegen wollte das Institut komplett schließen,[28] auch weil Nauck in einem ausführlichen Bericht

22 BArch Koblenz, R 73/228, Bl. 108, [Hermann] Terdenge (AA) an die Notgemeinschaft v. 10.10.1932.

23 BArch Koblenz, R 73/228, Bl. 110–114, hier Bl. 111ff., Aufzeichnung (Unterschrift unleserlich) v. 10.10.1932 über eine Besprechung am 08.10.1932 über die deutsch-russischen wissenschaftlichen Beziehungen, insbesondere über das Rassenforschungsinstitut in Moskau.

24 Nauck traf am 17. Mai 1933 in Moskau ein. BArch Koblenz, R 73/228, Bl. 90–91, hier Bl. 90, [Karl] Dienstmann (Deutsche Botschaft in Moskau) an das AA v. 23.05.1933 (Durchschlag), betr. deutsch-russisches Laboratorium in Moskau. Weindling gibt fälschlicherweise April 1933 als Anreisedatum an. Weindling: Medical Co-operation, S. 197.

25 BArch Koblenz, R 73/228, Bl. 83–85, hier Bl. 83–84, von Dirksen an das AA v. 02.06.1933 (Durchschlag), betr. Tätigkeit des Deutsch-Russischen Laboratoriums beim Hirnforschungsinstitut in Moskau.

26 BArch Koblenz, R 73/229, Bl. 27, Nauck an die Notgemeinschaft v. 14.07.1933; im Anhang (Bl. 28–32) zu diesem Brief ein an die Notgemeinschaft adressierter Bericht Naucks v. 13.07.1933, das Zitat hier Bl. 30.

27 Der im Laboratorium tätige deutsche Wissenschaftler müsste, so die Deutsche Botschaft, als Angestellter des Hirnforschungsinstituts arbeiten und seine Tätigkeit auf Moskau beschränken. BArch Koblenz, R 73/228, Bl. 83–85, hier Bl. 84, von Dirksen an das AA v. 02.06.1933 (Durchschlag), betr. Tätigkeit des Deutsch-Russischen Laboratoriums beim Hirnforschungsinstitut in Moskau.

28 BArch Koblenz, R 73/228, Bl. 67–70, hier Bl. 67, von Dirksen an das AA v. 14.08.1933 (Durchschlag), betr. Tätigkeit des deutsch-russischen Laboratoriums beim Hirnforschungsinstitut in Moskau.

geurteilt hatte, dass die Erhaltung „nur aus politischen Rücksichten zu rechtfertigen" wäre; wissenschaftlich sei „nicht viel für uns zu erwarten".[29] Erst nach energischem Protest der Deutschen Botschaft[30] erklärte sich die Notgemeinschaft bereit, dem Unternehmen noch beratend zur Seite zu stehen, wollte aber selbst keine Wissenschaftler mehr nach Moskau entsenden.[31] Der Botschaft genügte das jedoch nicht. Im Oktober 1933 ersuchte sie das Auswärtige Amt, die Notgemeinschaft zu einer Weiterführung des Instituts zu veranlassen.[32]

Je schlechter die politischen Beziehungen zwischen Deutschland und der Sowjetunion im Laufe des Jahres 1933 wurden, desto mehr pochte die Deutsche Botschaft in Moskau auf die Weiterführung des Instituts für Rassenforschung, die auch eine politische Bedeutung habe. Das Institut sei einer der wenigen Fäden, „die uns auf kulturpolitischem Gebiete noch mit der Sowjetunion verbinden".[33] Dieser Faden dürfe nicht abreißen,[34] denn man würde „damit denjenigen unter den Sowjetpolitikern in die Hand spielen, die uns feindlich gesinnt sind und eine Abkehr von Deutschland zugunsten Frankreichs oder Polens bereits mit deutlichem Erfolge betreiben."[35]

Trotz des Insistierens der Deutschen Botschaft wurde kein Wissenschaftler mehr an das Institut entsandt. Im Sommer 1935 ging

29 BArch Koblenz, R 73/229, Bl. 28–32, hier Bl. 31, an die Notgemeinschaft gerichteter Bericht Naucks v. 13.07.1933.

30 Von Dirksen bat, „der Notgemeinschaft der deutschen [sic] Wissenschaft nochmals die Dringlichkeit der Aufrechterhaltung des Laboratoriums im gegenwärtigen Augenblick aus politischen und wissenschaftlichen Gesichtspunkten" nahezulegen. BArch Koblenz, R 73/228, Bl. 67–70, hier Bl. 70, von Dirksen an das AA v. 14.08.1933 (Durchschlag), betr. Tätigkeit des deutsch-russischen Laboratoriums beim Hirnforschungsinstitut in Moskau.

31 BArch Koblenz, R 73/229, Bl. 55–58, hier Bl. 58, [Notgemeinschaft] an das Reichsministerium des Innern v. 21.08.1933.

32 BArch Koblenz, R 73/228, Bl. 64–65, hier Bl. 65, von Twardowski an das AA v. 03.10.1933 (Durchschlag), betr. Tätigkeit des deutsch-russischen Laboratoriums beim Hirnforschungsinstitut in Moskau.

33 Ebd., Bl. 64.

34 So auch noch Anfang 1934 BArch Koblenz, R 73/228, Bl. 57–58, Nadolny (Deutsche Botschaft in Moskau) an das AA v. 16.01.1934 (Durchschlag), betr. deutsch-russisches Laboratorium in Moskau.

35 BArch Koblenz, R 73/228, Bl. 64–65, hier Bl. 64, von Twardowski an das AA v. 03.10.1933 (Durchschlag), betr. Tätigkeit des deutsch-russischen Laboratoriums beim Hirnforschungsinstitut in Moskau.

auch das Auswärtige Amt nicht mehr davon aus, dass die Arbeit am Institut weitergeführt werden würde und erkundigte sich bei der Notgemeinschaft, die inzwischen in Deutsche Forschungsgemeinschaft umbenannt worden war, wie mit den Institutsgegenständen zu verfahren sei.[36] Es ist nicht zu ermitteln, ob eine Rücksendung nach Deutschland – die DFG wollte diese Möglichkeit prüfen[37] – erfolgte.[38] Das sogenannte Rimpau-Laboratorium, das auf der Syphilis-Expedition verwendet worden war und später in der Deutschen Botschaft in Moskau untergestellt wurde, befand sich im Jahr 1938 immer noch dort: Gustav Hilger, der von 1923 bis 1941 als Legationsrat, später als Botschaftsrat in der Deutschen Botschaft in Moskau tätig war und sich unter anderem auch um kulturelle und wissenschaftliche Beziehungen zwischen Deutschland und der Sowjetunion kümmerte, erkundigte sich Ende Januar 1938 beim Auswärtigen Amt, „ob die Rückführung des [Rimpau-]Laboratoriums in die Wege geleitet werden soll, nachdem Aussichten für seine zweckdienliche Verwendung im deutschen Interesse in der UdSSR nicht mehr vorhanden sind."[39] Hier wird bereits erkennbar, was unten noch näher ausgeführt werden wird: 1938 war an eine wissenschaftliche Zusammenarbeit zwischen deutschen und sowjetischen Wissenschaftlern kaum noch zu denken. Im Laufe des Jahres wurde das Rimpau-Laboratorium und mit ihm möglicherweise das Inventar des Instituts für Rassenforschung nach Deutschland überführt.[40]

Im Fall gemeinsamer Grabungen deutscher und georgischer Archäologen zeigt sich ein ähnliches Verlaufsmuster wie beim Institut für Rassenforschung. Auch hier setzten sich das Auswärtige Amt und die Deutsche Botschaft in Moskau sowie der deutsche Generalkonsul in Tiflis vehement, aber letztlich erfolglos für die Weiterführung

36 BArch Koblenz, R 73/229, Bl. 10, AA an die DFG v. 22.08.1935.

37 BArch Koblenz, R 73/229, Bl. 7, Wildhagen i. V. des Präsidenten der DFG an das AA v. 14.10.1935.

38 Bis Dezember 1935 blieb eine weitere Nachricht der DFG aus. BArch Koblenz, R 73/229, Bl. 6, AA an die DFG v. 04.12.1935.

39 BArch Koblenz, R 73/228, Bl. 3–4, hier Bl. 4, Hilger an das AA v. 26.01.1938 (Durchschlag), betr. Überführung des sogenannten „Rimpau-Laboratoriums" nach Deutschland.

40 Weindling: Medical Co-operation, S. 199.

des Forschungsprojektes ein. Diese Entwicklung soll im Folgenden als zweites Beispiel nachverfolgt werden.

Im September 1928 schlossen die DGSO, die Notgemeinschaft und die Hauptverwaltung der wissenschaftlichen Institute der Georgischen Sozialistischen Sowjetrepublik ein Abkommen, das eine Intensivierung der kulturellen und wissenschaftlichen Beziehungen zwischen Georgien und Deutschland vorsah. Unter anderem wurden gemeinsame archäologische Grabungen in Nokalakevi und in Mzcheta – beides georgische Siedlungen – ins Auge gefasst.[41] Im September 1929 reiste der Archäologe und Rektor der Universität Freiburg Joseph Sauer mit einem Mitarbeiter nach Georgien, um sich vor Ort ein Bild zu machen.[42] Sein Bericht wurde in einer Besprechung zwischen Schmidt-Ott und deutschen Archäologen, die u. a. am Archäologischen Institut des Deutschen Reiches tätig waren, „mit lebhaftem Interesse" diskutiert.[43] Man vereinbarte, dass sich der Byzantinist Alfons M. Schneider vom Orient-Institut der Görresgesellschaft in Jerusalem[44] an den Grabungen in Nokalakevi und der Prähistoriker Wilhelm Unverzagt, Direktor des Museums für Vor- und Frühgeschichte in Berlin, an den Grabungen in Mzcheta beteiligen sollten.[45]

Die Grabungen in Nokalakevi wurden von November 1930 bis Februar 1931 unter Beteiligung Schneiders und mit finanzieller Unterstützung der Notgemeinschaft durchgeführt. Weitere Grabungen mussten 1931 zunächst zurückgestellt werden, da sie die Notgemeinschaft der Budgetkürzungen wegen nicht mehr finanzieren

41 BArch Koblenz, R 73/224, Bl. 264–265, hier Bl. 264, Vorläufiges Abkommen zwischen der wissenschaftlichen Hauptverwaltung der georgischen sozialistischen Sovietrepublik [sic] einerseits und der Deutschen Gesellschaft zum Studium Osteuropas und der Notgemeinschaft der Deutschen Wissenschaft zu Berlin andererseits v. 21.09.1928 (Abschrift). Vgl. Rosenfeld: *Sowjetunion und Deutschland 1922–1933*, S. 219; Schenk: Beziehungen, S. 30.

42 Schenk: Beziehungen, S. 39ff.

43 BArch Koblenz, R 73/230, Bl. 1–7, hier Bl. 2, Protokoll einer Besprechung über die Beteiligung an Grabungen auf sowjetrussischem Gebiet am 21. [handschriftliche Korrektur: 20.] Januar 1930, o. D.

44 Kirchhoff: *Wissenschaftsförderung*, S. 339.

45 BArch Koblenz, R 73/230, Bl. 1–7, hier Bl. 6–7, Protokoll einer Besprechung über die Beteiligung an Grabungen auf sowjetrussischem Gebiet am 21. [handschriftliche Korrektur: 20.] Januar 1930, o. D. Es wurden außerdem weitere Grabungen auf dem Gebiet der Sowjetunion ins Auge gefasst, auf die hier nicht näher eingegangen wird.

konnte.[46] Trotzdem wurde der Plan, Grabungen in Mzcheta durchzuführen, weiter verfolgt. Die georgische Seite versicherte dem deutschen Generalkonsul Karl Dienstmann im März 1932, „daß gegen die gemeinschaftliche Arbeit in Mzcheta georgischerseits keinerlei Bedenken bestehen."[47]

Im Sommer 1932 konkretisierten sich die Planungen. Aus unbekannten Gründen entschloss sich die Notgemeinschaft, nicht Unverzagt, sondern den Prähistoriker und Marburger Professor Gero Merhart von Bernegg nach Georgien zu schicken.[48] Da dieser dazu grundsätzlich, jedoch nicht mehr im laufenden Jahr bereit war, wurde der georgischen Seite der Vorschlag unterbreitet, die Grabungen im Frühjahr 1933 beginnen zu lassen.[49] In Georgien war man damit einverstanden.[50] Anfang 1933 fassten die georgischen Archäologen Mitte April des Jahres als Termin für den Beginn der Grabungen ins Auge,[51] verschoben ihn Ende Februar aber auf Anfang Mai und baten gleichzeitig, dass Merhart drei bis vier Monate in Georgien bleibe und ein Seminar für angehende Archäologen halte.[52] Das Zustandekommen der Kooperation schien gesichert.[53]

Am 1. April 1933 informierte Schmidt-Ott das Auswärtige Amt plötzlich, dass Merhart aus gesundheitlichen Gründen nicht nach Georgien fahren könne.[54] Dienstmann, der sich gerade in Moskau aufhielt, reagierte „mit sehr großem Bedauern".[55] Vermutlich an

46 Kirchhoff: *Wissenschaftsförderung*, S. 338ff.

47 BArch Koblenz, R 73/231, Bl. 238–241, hier Bl. 240, Dienstmann [an Schmidt-Ott?] v. 10.03.1932.

48 BArch Koblenz, R 73/231, Bl. 224–227, [Schmidt-Ott] an Merhart v. 23.07.1932 (Abschrift).

49 BArch Koblenz, R 73/231, Bl. 204–205, Dienstmann an [Šalva Nuc'ubije] (Vorsitzender der Georgischen Sektion der VOKS) v. 13.08.1932 (Abschrift).

50 BArch Koblenz, R 73/231, Bl. 206, Nuzubidse [Nuc'ubije] an [Dienstmann] v. 20.08.1932 (Abschrift).

51 BArch Koblenz, R 73/231, Bl. 182–183, Dienstmann an [Schmidt-Ott?] v. 20.01.1933.

52 BArch Koblenz, R 73/231, Bl. 141, Volkskommissariat für Auswärtige Angelegenheiten, der Bevollmächtigte bei der Regierung der Transkaukasischen Sozialistischen Föderativen Sowjetrepublik an das Deutsche Generalkonsulat in Tiflis v. 26.02.1933 (Übersetzung der Deutschen Botschaft in Moskau aus dem Russischen).

53 So auch BArch Koblenz, R 73/231, Bl. 125–127, hier Bl. 125, Schmidt-Ott an Zoelch (AA) v. 01.04.1933.

54 Ebd.

55 BArch Koblenz, R 73/231, Bl. 120–121, hier Bl. 120 (Vorder- und Rückseite), Dienstmann an [Schmidt-Ott?] v. 04.04.1933. Folgende Zitate ebd.

Schmidt-Ott gewandt machte er „pflichtgemäß […] auf Folgendes aufmerksam“:

> Euerer Exzellenz wird aus der Presse bekannt sein, daß man russischerseits über gewisse Vorgänge in Deutschland, über angebliche polizeiliche Übergriffe gegenüber einigen Filialen der Handelsvertretung, russischen Schiffen, der Verkaufs-Organisation Derop, sowie einzelnen Sowjetbürgern in der hiesigen Öffentlichkeit stark erregt ist und aus den Zusammenhängen ein antisowjetisches Vorgehen der neuen deutschen Regierung herauskonstruiert. Man kann von einer ernsten Spannung der beiderseitigen politischen Beziehungen sprechen. Unter diesen Umständen ist vorauszusehen, daß die georgische Regierung unsere Erklärung wegen der Erkrankung des Herrn von Merhart nicht für ernst nehmen und die Absage als eine politische Maßnahme ansprechen wird. Dies wird umso mehr verstimmen, als man mir gegenüber wiederholt betont hat, daß man glücklich ist, auf dem Gebiete der kulturellen Verständigung mit Deutschland gut zu stehen und diese Beziehungen ganz unabhängig von der Politik fortzusetzen hofft.

Der deutsche Botschafter von Dirksen schloss sich Dienstmann in allen Punkten an. Die Bitte, einen Ersatzmann zu finden, befürworte er „wärmstens und nachdrücklich“, da es „bedauerlich“ wäre, wenn die geplante deutsch-georgische Zusammenarbeit an der Erkrankung Merharts scheitern würde.[56] Auch von Dirksen befürchtete außerdem, dass die georgische Seite die Absage politisch interpretieren würde:

> Ich halte es für sehr wohl möglich, daß durch die kurz vor Beginn der Grabungen erfolgte Absage eine Verärgerung maßgeblicher georgischer Kreise entstehen kann, die mir im Interesse der politischen Beziehungen nicht erwünscht wäre.

An diesen Textstellen ist zweierlei bemerkenswert: Zum einen erwecken die Äußerungen von Dirksens und Dienstmanns zunächst den Anschein, als könnten politische und kulturelle Beziehungen als zwei klar voneinander getrennte Bereiche betrachtet werden, als könne man Beziehungen im kulturellen Bereich „ganz unabhängig von der Politik“ gestalten. Zum anderen sorgten sich beide aber gerade darum, das Fernbleiben des deutschen Wissenschaftlers könne politisch interpretiert werden. Indirekt bedeutet das wiederum zweierlei: Erstens waren der deutsche Botschafter in Moskau und der deutsche Generalkonsul in Tiflis ganz offensichtlich an guten politischen Beziehungen zur Sowjetunion und ihrer georgischen

56 BArch Koblenz, R 73/231, Bl. 101–102, hier Bl. 102, von Dirksen an das AA v. 10.04.1933 (Durchschlag; „eilt sehr“), betr. deutsch-georgische Ausgrabungen bei Tiflis mit Unterstützung der Deutschen Notgemeinschaft. Folgendes Zitat ebd.

Republik interessiert. Auch wenn sie es nicht offen sagten, sahen sie „gewisse Vorgänge in Deutschland“ wohl kritisch. Hinter diesen „Vorgängen“ nicht ein „antisowjetisches Vorgehen der neuen deutschen Regierung“ zu sehen, war eher Wunsch als nüchterne Analyse, und in jedem Fall war es auch ein politisches Statement, mit dem von Dirksen und Dienstmann ihre Position deutlich machten. Zweitens erkennt man bei genauerem Hinsehen, dass der Moskauer Botschafter und der Generalkonsul in Tiflis auswärtige Kulturpolitik eben doch als Bestandteil auswärtiger Politik sahen, denn sie wollten ja gerade durch eine bestimmte Gestaltung der deutsch-sowjetischen Wissenschaftsbeziehungen die im engen Sinn politischen Beziehungen (positiv) beeinflussen. Im Grunde unterstellten sie daher mit der Aussage, die georgische Seite hoffe, die wissenschaftlichen Beziehungen „unabhängig von der Politik fortzusetzen“, der georgischen Regierung ein gehöriges Maß an Naivität, während sie selbst die Interdependenz zwischen politischen und wissenschaftlichen Beziehungen sehr wohl erkannten.

Die georgische Regierung reagierte allerdings viel souveräner als angenommen. Vielleicht war es ihr bewusst, dass sie sich eine Blöße geben würde, wenn sie die Angelegenheit politisch und die Absage Merharts als bewusste Zurücksetzung interpretieren würde. Stattdessen drehte sie den Spieß um: Sie akzeptierte zunächst, dass ein Ersatzmann für Merhart geschickt würde, den sie spätestens im Herbst in Tiflis erwarte.[57] Als Ersatz für Merhart gelang es Schmidt-Ott, den jungen Archäologen Joachim Werner zu verpflichten, der über praktische Erfahrung bei Grabungen verfügte und Russisch sprach.[58] Wenige Tage vor seiner geplanten Abreise nach Georgien im Herbst 1933 sagten die Georgier die Ausgrabungen jedoch ab.[59] Als Begründung wurde angeführt,

57 BArch Koblenz, R 73/231, Bl. 99–100, Dienstmann an Schmidt-Ott v. 02.05.1933; BArch Koblenz, R 73/231, Bl. 84, von Dirksen an das AA v. 28.06.1933 (Durchschlag).

58 BArch Koblenz, R 73/231, Bl. 67–68, [Schmidt-Ott] an das AA v. 05.08.1933. Ein ausführlicher Lebenslauf Werners findet sich in BArch Koblenz, R 73/231, Bl. 62–65.

59 Werner sollte am 30./31. Oktober 1933 seine Reise antreten. Dies geht hervor aus einer Anfrage Schmidt-Otts an die Deutsch-Russische Luftverkehrs GmbH v. 24.10.1933 (Abschrift) auf „Verbilligung der Flugkosten“, da die Reise Werners „nach Auffassung des Auswärtigen Amtes im besonderen Interesse der Aufrechterhaltung von Beziehungen zwischen Deutschland und sowjetrussischen Gelehrten“ liege. BArch Koblenz, R 73/231, Bl. 23. Am 27. Oktober 1933 informierte das AA

> dass die Georgische Regierung bei der vorgeschrittenen Jahreszeit und dem Ausbleiben jeder Nachricht betr. die Entsendung des deutschen Archäologen zur Teilnahme an den Mzcheter Grabungen zu ihrem Bedauern annehmen müsse, dass mit einer Beteiligung des betreffenden deutschen Herren in diesem Jahre nicht mehr zu rechnen sei.[60]

Außerdem sei das Wetter ungewöhnlich kalt. Daher sei die Unternehmung auf das Frühjahr 1934 verschoben worden.[61] Im Mai 1934 berichtete Dienstmann dann nach Berlin, die Fortsetzung des Projekts sei unter dem Vorwand abgelehnt worden, dass vor einem Beginn der Arbeiten die Ergebnisse einer früheren Grabung durch den deutschen Archäologen Friedrich Bayern ausgewertet werden müssten. Dienstmann kommentierte diese Begründung sarkastisch, dass Bayern seine Grabungen in den Jahren 1877 und 1878 durchgeführt habe:

> Wenn in 56 bezw. 57 Jahren die Ergebnisse der Bayern'schen Forschungen nicht haben durchstudiert werden können, so ist anzunehmen, daß auch die forcierte Beschäftigung mit den Ergebnissen der damaligen Grabungen vor dem Ablauf vieler Jahre nicht beendet sein wird.[62]

Damit war dieses Kapitel deutsch-sowjetischer wissenschaftlicher Zusammenarbeit geschlossen.

2. Die „Einschaltung" der Deutschen Gesellschaft zum Studium Osteuropas

Der DGSO wurden wie der Notgemeinschaft in der Weltwirtschaftskrise die staatlichen Zuwendungen gekürzt. 1932 betrug der Gesamtetat etwas mehr als die Hälfte desjenigen von 1929.[63] Nachdem Hitler zum Reichskanzler ernannt worden war, geriet die Gesellschaft zusätzlich politisch unter Druck, obwohl sie in einer Denkschrift im April 1933 versicherte, sich in ihrer Arbeit „stets

die Notgemeinschaft, dass die Grabungen abgesagt worden seien. BArch Koblenz, R 73/231, Bl. 11, AA (Unterschrift unleserlich) an [Karl] Griewank (Notgemeinschaft) v. 27.10.1933.

60 BArch Koblenz, R 73/230, Bl. 64–65, hier S. 64, Dienstmann an das AA v. 23.10.1933 (Durchdruck), betr. deutsch-georgische Ausgrabungen. Ob die deutsche Seite die Georgier von der bevorstehenden Reise Werners tatsächlich nicht in Kenntnis gesetzt hatte oder ob diese Begründung nur vorgeschoben wurde, konnte nicht ermittelt werden.

61 Ebd.

62 BArch Koblenz, R 73/230, Bl. 19–20, Dienstmann an das AA v. 08.05.[1934], betr. deutsch-georgische Ausgrabungen bei Mzchet.

63 Mick: Kulturbeziehungen, S. 923.

ausschliesslich von nationalen Gesichtspunkten" habe leiten lassen.[64] Durchaus glaubhaft machte sie geltend, gegenüber der Sowjetunion schon immer eine Haltung eingenommen zu haben,

> die genau dem [sic] von Herrn Reichskanzler Hitler in seiner Reichstagsrede vom 22. März 1933 formulierten Richtlinien entspricht: Pflege guter Beziehungen zu Russland bei gleichzeitiger Bekämpfung des Kommunismus in Deutschland. Gerade die Vernichtung des Kommunismus in Deutschland hat den Weg frei gemacht für Beziehungen zu Russland, die durch innenpolitische Hemmungen nicht mehr gestört zu werden brauchen.

Vergleicht man dieses Bekenntnis mit früheren Äußerungen Hoetzschs, der die DGSO bis 1931 maßgeblich geprägt hatte, wird man den Autoren der Denkschrift nicht vorwerfen können, lediglich opportunistisch gehandelt zu haben: Das Zitat beschreibt die seit Langem verfolgten Ziele der Gesellschaft recht gut. Dass es nicht Hitlers tatsächlichen Intentionen entsprach, gute Beziehungen zur Sowjetunion zu unterhalten, sondern seine Reichstagsrede von tagespolitischen Überlegungen beeinflusst war, steht auf einem anderen Blatt.

Dass die Mitarbeiter der DGSO bereit waren, sich mit den neuen Machthabern zu arrangieren, zeigt sich auch darin, dass sie es sehr schnell verstanden, Nutzen aus der nationalsozialistischen Politik für die Interessen der Organisation zu ziehen. Im Mai 1933 richtete die DGSO ein in dieser Hinsicht entlarvendes Schreiben mit folgendem Inhalt an das Auswärtige Amt:

> Der „Völkische Beobachter" vom 21./22. Mai 1933 teilt mit, dass die Staatspolizei beabsichtigt, aus den beschlagnahmten marxistischen usw. Büchern einzelne Exemplare nicht zu vernichten, sondern zu Studienzwecken zur Verfügung zu stellen. Die Deutsche Gesellschaft zum Studium Osteuropas beabsichtigt, für ihre Studienbibliothek einen entsprechenden Antrag auf Ueberlassung von Schriften, die russische oder deutsch-russische Fragen betreffen und die vielleicht in Deutschland nur in wenigen Exemplaren vorhanden sind, zu stellen und wäre dankbar, wenn sie hierzu die Zustimmung des Auswärtigen Amtes erhielte.[65]

Es ist anzunehmen, dass die Bücher, von denen im Zitat die Rede ist, im Vorfeld der Bücherverbrennung am 10. Mai 1933

64 PA AA, R 65.801, unfol., Denkschrift über die Deutsche Gesellschaft zum Studium Osteuropas v. April 1933 (Abschrift v. Juli 1933). Folgendes Zitat ebd.

65 PA AA, R 65.801, unfol., DGSO an das AA v. 30.05.1933. Das AA hatte keine Bedenken dagegen, dass die DGSO einen solchen Antrag stellte. PA AA, R 65.801, unfol., [Friedrich] Stieve (AA) an die DGSO v. 08.06.1933.

beschlagnahmt worden sind. Die DGSO wollte von den Enteignungen profitieren.

Dennoch ließ Theodor Vahlen in seiner Funktion als Referent im Preußischen Kultusministerium[66] am 21. Juni 1933 das Büro der DGSO unangemeldet durchsuchen und von der einzig anwesenden Sekretärin verschiedene Auskünfte einholen.[67] Als Erklärung gab er später an, er habe feststellen wollen, „ob und gegebenenfalls welche Verbindung zwischen der Gesellschaft zum Studium Osteuropas und dem im vorigen Jahre liquidierten ‚russischen wissenschaftlichen Institut' bestanden habe."[68]

Möglicherweise aufgeschreckt durch diesen „Besuch"[69] vereinbarte Hoetzsch mit dem Preußischen Kultusministerium, in das Präsidium der DGSO und in die Redaktion der von der DGSO herausgegebenen Zeitschrift *Osteuropa* Vertreter der NSDAP aufzunehmen. Gegenüber dem Auswärtigen Amt gebrauchte Hoetzsch dafür die Formulierung, die Gesellschaft und die Zeitschrift „nicht gleich- aber einzuschalten"[70]. Auf diese Weise hoffte er, die DGSO vor weiteren unangemeldeten „Besuchen" und anderen Angriffen bewahren zu können.

Das Auswärtige Amt erklärte sich mit der Umgestaltung einverstanden.[71] Es unterstützte die Arbeit der DGSO auch weiterhin.

66 Später leitete der Mathematiker Vahlen von 1934–1937 das Amt Wissenschaft im REM. 1939–1943 fungierte er als kommissarischer Präsident der PAW. Vahlen, K. Theodor. In: Michael Grüttner: *Biographisches Lexikon zur nationalsozialistischen Wissenschaftspolitik*. Heidelberg: Synchron 2004, S. 176–177.

67 PA AA, R 65.801, unfol., Bericht von Margarete Bormann (Sekretärin der DGSO) v. 21.06.1933.

68 PA AA, R 65.801, Aufzeichnung [des AA?] v. 11.07.1933, betr. Durchsuchung des Büros der Gesellschaft. Das Russische Wissenschaftliche Institut war 1923 unter der Schirmherrschaft der DGSO in Berlin gegründet worden. Es bot etwa 40 Wissenschaftlern, die aus der UdSSR ausgewiesen worden waren, eine Arbeitsstätte. Camphausen: Rußlandforschung 1892–1933, S. 56ff. Kurz nach der Durchsuchung bei der DGSO wurde das Russische Wissenschaftliche Institut zunächst in einen eingetragenen Verein umgewandelt (womit Vahlen indirekt etwas zu tun hatte), später im Jahr setzte Goebbels Adolf Ehrt, den Leiter der Antikomintern, als Leiter ein. Voigt: *Hoetzsch. Wissenschaft und Politik*, S. 257–258.

69 Dies war angeblich die Wortwahl Vahlens. PA AA, R 65.801, unfol., Aufzeichnung [des AA?] v. 11.07.1933, betr. Durchsuchung des Büros der Gesellschaft.

70 PA AA, R 65.801, Aufzeichnung für den Herrn Staatssekretär [im AA] v. 09.10.1933, betr. Gleichschaltung der Gesellschaft zum Studium Osteuropas.

71 Ebd.

Außenminister Konstantin von Neurath bestätigte der DGSO im Februar 1934,

> dass das Auswärtige Amt Wert darauf legt, dass die „Deutsche Gesellschaft zum Studium Osteuropas" ihre Tätigkeit im Dienst der deutschrussischen Beziehungen [...] wie bisher in dem Sinn fortsetzt, wie er durch die mehrfachen Erklärungen des Herrn Reichskanzlers für die deutschrussischen Beziehungen vorgezeichnet ist.[72]

Derart gedeckt konnte die DGSO zunächst im Rahmen des Möglichen weiterarbeiten wie bisher. Anfang 1935 empfing sie beispielsweise den Leiter der VOKS, Aleksandr J. Arosev.[73] Mit ihm wurden auch konkrete Fragen der wissenschaftlichen Zusammenarbeit besprochen. Ein Bericht über das Treffen erwähnt den Bücheraustausch und ein medizinisches Institut in Moskau.[74] Damit könnte das Institut für Rassenforschung gemeint gewesen sein. Die DGSO fuhr diesem Bericht zufolge auch damit fort, sich an der Konzeption auswärtiger Kulturpolitik zu beteiligen. Es sei ihr bei dem Treffen darauf angekommen,

> auch den Russen zu zeigen, dass die Gesellschaft ausschliesslich auf dem Boden des neuen Deutschland steht und dass dieses, wie es durch Anwesenheit zahlreicher Parteimitglieder zum Ausdruck kam, positiv zu den wissenschaftlichen Beziehungen zwischen der Sowjetunion und Deutschland steht.[75]

An der ersten Hälfte dieses Zitates lässt sich das Bemühen ablesen, durch das Bekenntnis zum nationalsozialistischen Regime den Fortbestand der DGSO zu sichern. Die zweite Hälfte aber zeigt, dass die DGSO weiterhin den Anspruch hatte, die deutsche auswärtige Kulturpolitik in ihrem Sinne zu beeinflussen. Indem die DGSO Arosev vermittelte, dass das „neue Deutschland" an guten wissenschaftlichen Beziehungen zur Sowjetunion interessiert sei, schuf sie Fakten und bekräftigte den eigenen Standpunkt. Das Beispiel zeigt, dass die Veränderung der Ziele deutscher auswärtiger Kulturpolitik im Laufe der 1930er Jahre nicht automatisch erfolgte.

72 PA AA, R 65.801, unfol., von Neurath an Julius Curtius v. 24.02.1934.

73 PA AA, R 65.801, [Werner] Markert (DGSO) an Freudenberg (Kulturabteilung des AA) v. 17.01.1935, betr. Besuch von Aroseff [Arosev].

74 Ebd. In der Anlage dieses Schreibens befindet sich ein Durchschlag des erwähnten Berichtes an die Deutsche Botschaft in Moskau über das Treffen mit Arosev am 10.01.1935.

75 Ebd.

Vielmehr war die Neuausrichtung der auswärtigen Kulturpolitik gegenüber der Sowjetunion, die schließlich in den Abbruch aller Beziehungen mündete, das Ergebnis des Ringens um Einfluss verschiedener Gruppen. Auf der einen Seite standen Akteure, die meist schon in der Zeit der Weimarer Republik einflussreich gewesen waren und die Kulturpolitik geprägt hatten. Sie waren aus verschiedenen Motiven heraus an engen wissenschaftlichen und kulturellen Kontakten zur Sowjetunion interessiert – und diese Motive blieben auch in den 1930er Jahren stabil. Auf der anderen Seite mischten sich neue Akteure in die Debatte ein, die hauptsächlich aus weltanschaulichen Gründen eine Zusammenarbeit mit der Sowjetunion ablehnten. Hoetzsch und die DGSO erschienen diesen neuen Akteuren – nicht zu Unrecht[76] – als Repräsentanten der verhassten Rapallo-Politik. Am schärfsten formulierten der Leiter der Antikomintern[77], Adolf Ehrt, sowie einer seiner Assistenten, Hermann Greife, ihre Vorbehalte gegen die DGSO und deren Arbeit. Die DGSO, so Ehrt, sei ein „Produkt der Novemberrepublik und ihrer Rapallopolitik"; auch nach 1933 habe sie „ihre pro-bolschewistische Haltung bzw. ihre völlige Instinktlosigkeit beibehalten".[78] Greife stieß in dasselbe Horn, wenn er die DGSO als „Hort und Sammelbecken aller jüdisch-freimaurerisch-liberalistischen Sowjetfreunde und Salonbolschewisten" bezeichnete.[79] Diese zweite Akteursgruppe sollte sich bis 1937 weitgehend durchsetzen, bevor sich die Stimmung mit Abschluss des Hitler-Stalin-Paktes wieder drehte.

Das harte Ringen zeigt sich beispielhaft an der unruhigen Geschichte der DGSO. Im Frühjahr 1935 wurde Hoetzsch als Professor der Berliner Universität durch Vahlen zwangsemeritiert.[80] Hoetzsch

76 Auch heute findet sich in der Literatur noch die Charakterisierung Hoetzschs als „wissenschaftlicher Repräsentant der Rapallo-Politik". Dieses Zitat stammt aus Jürgen Elvert: *Mitteleuropa! Deutsche Pläne zur europäischen Neuordnung (1918–1945)*. Stuttgart: Steiner 1999, S. 95.

77 Die Antikomintern – offiziell ein Zusammenschluss deutscher antikommunistischer Verbände, tatsächlich integraler Bestandteil des Reichspropagandaministeriums – sammelte Informationen über kommunistische Parteien sowie über die Sowjetunion und agitierte gegen sie.

78 Ehrt an Martin (Geheimes Staatspolizeiamt (Gestapa)) v. Ende Sept. 1935, abgedruckt in Voigt: *Hoetzsch. Wissenschaft und Politik*, S. 339–340, hier S. 340.

79 Hermann Greife: *Sowjetforschung. Versuch einer nationalsozialistischen Grundlegung der Erforschung des Marxismus und der Sowjetunion*. Berlin / Leipzig: Nibelungen 1936, S. 62.

80 Vgl. Camphausen: *Rußlandforschung 1933–1945*, S. 19ff.; Voigt: *Hoetzsch.*

legte daraufhin sofort sein Amt in der DGSO nieder. Als Herausgeber der DGSO-Zeitschrift *Osteuropa* trat er ebenfalls zurück. Unklar war, was dies für die DGSO selbst bedeuten würde. Der frühere Außenminister Julius Curtius, der Hoetzsch als Präsident der DGSO nachfolgte, beklagte gegenüber dem Auswärtigen Amt, die Gesellschaft sei „in eine ausserordentlich schwierige Lage" geraten, denn die Mitarbeiter der Gesellschaft und der Zeitschrift sorgten sich um deren weiteren Bestand (und um ihre Arbeitsplätze).[81] Auch die Vertreter der verschiedenen Behörden im Beirat der DGSO, so Curtius, seien

> völlig desorientiert und erwarten eine Stellungnahme des Auswärtigen Amtes. Das Auswärtige Amt selbst […] hat die bisherige Lieferung von 75 Exemplaren der Zeitschrift „Ost-Europa" mit Schreiben vom 22. Mai 1935 abbestellt.[82]

Dass das Auswärtige Amt die Zeitschrift abbestellte, zeigt deutlich, wie groß die Verunsicherung auch dort war. Zu keiner Zeit machte das Amt einen Hehl daraus, dass es „aus außenpolitischen Gründen ein wesentliches Interesse" am Fortbestand der DGSO hatte.[83] Es schien aber zu befürchten, mit diesem Wunsch das Nachsehen in der Auseinandersetzung mit anderen Ministerien und Behörden zu haben. Um Klarheit zu schaffen, lud das AA daher Behörden- und Wirtschaftsvertreter zu einer Besprechung über die DGSO in ihren Amtssitz ein.[84] Die DGSO legte zu diesem Anlass einen umfangreichen Bericht über die Arbeit der letzten Jahre, insbesondere seit der

Wissenschaft und Politik, S. 262–263; Liszkowski: *Osteuropaforschung*, Bd. II, S. 309–310. Vgl. ebenso – auch zum Anlass der Entlassung – Jutta Unser: „Osteuropa". Biographie einer Zeitschrift. In: *Osteuropa* 25,8/9 (1975), S. 555–602, hier S. 590. Gegenüber Hoetzsch waren bis dahin und wurden weiterhin ähnliche Vorbehalte geäußert wie gegenüber der DGSO. Dem Präsidenten der DGSO wurde mitgeteilt, Hoetzsch sei „als wissenschaftlicher Repräsentant der Rapallo-Politik allmählich als untragbar erschienen". Zit. n. Liszkowski: *Osteuropaforschung*, Bd. II, S. 512. Von wem diese Einschätzung stammt, die offensichtlich während einer Beiratssitzung der DGSO am 28.05.1935 abgegeben wurde, ist bei Liszkowski nicht ersichtlich.

81 PA AA, R 65.801, unfol., Curtius (Präsident der DGSO) an das AA v. 25.05.1935, betr. Zukunft der Deutschen Gesellschaft zum Studium Osteuropas.

82 Ebd.

83 PA AA, R 65.801, unfol., [Bernhard Wilhelm] von Bülow (AA) an das REM v. 31.05.1935, betr. Zukunft der Gesellschaft.

84 BArch Berlin, R 153/1199, unfol., Schnellbrief des Auswärtigen Amtes an diverse Empfänger v. 14.06.1935, betr. Besprechung über die Deutsche Gesellschaft zum Studium Osteuropas.

Neuorganisation im Frühjahr 1934, sowie ein ausführliches Papier zur Ausrichtung der Zeitschrift *Osteuropa* vor.[85]

Dem Protokoll zufolge pflichteten in dieser Besprechung vom 21. Juni 1935 die Vertreter des Reichskriegs- und Reichsluftfahrtministeriums, des Reichsausschusses der Deutschen Industrie, des Werberats der deutschen Wirtschaft und des Reichswirtschaftsministeriums dem Vertreter des Auswärtigen Amtes bei, dass die DGSO fortbestehen müsse.[86] Die Geheime Staatspolizei (Gestapo) habe, so berichtete der Vertreter des Auswärtigen Amtes, ebenfalls „keinerlei Veranlassung zu einem Einschreiten gegen die Gesellschaft gefunden". Auch der Vertreter des REM erklärte, „dass bei seinem Ressort nach dem Ausscheiden von Professor Hoetzsch gegen das Fortbestehen der Gesellschaft keine Bedenken mehr bestünden." Einzig im Reichsministerium für Volksaufklärung und Propaganda (RMVP) blieb man noch skeptisch und behielt sich vor, eine „endgültige Stellungnahme des Propagandaministeriums zu der angeschnittenen Frage [...] demnächst zur Kenntnis zu bringen". In einer erneuten Besprechung wenige Tage später schlossen sich die Vertreter des Ministeriums dann der Mehrheitsmeinung an und sprachen sich für einen Fortbestand der DGSO aus. Der Vertreter des Reichskriegsministeriums betonte erneut „mit Nachdruck, dass die Gesellschaft wie bisher weiter arbeiten müsse".[87]

Das mögliche Aus für die DGSO war damit abgewendet. Im Leitorgan der nationalsozialistischen Presse, dem *Völkischen Beobachter*, wurde die DGSO etwa ein Jahr später sogar als „verdienstvoll" bezeichnet; ihre Zeitschrift *Osteuropa* habe „es verstanden, sich unentbehrlich für jeden zu machen, der am Ostraum Interesse

85 BArch Berlin, R 153/1199, unfol., Bericht über die Deutsche Gesellschaft zum Studium Osteuropas v. 13.06.1935 sowie BArch Berlin, R 153/199, unfol., Arbeitsplan der Zeitschrift „Osteuropa" v. 04.06.1935.

86 PA AA, R 65.801, unfol., Niederschrift Osters (AA) über eine am 21. Juni 1935 im Auswärtigen Amt abgehaltene Ressortbesprechung, o. D., betr. Gesellschaft zum Studium Osteuropas, vom AA am 25.06.1935 an diverse Empfänger versandt. Der Vertreter des Reichswirtschaftsministeriums betonte besonders das wirtschaftliche Interesse, „das Deutschland an der von der Gesellschaft geleisteten Arbeit habe." Dieses und die folgenden Zitate ebd. Die Niederschrift ist auch abgedruckt in „Osteuropa" im Spiegel des Moskauer Sonderarchivs. In: *Osteuropa* 55 (2005), S. 68–85, hier S. 80–81.

87 Niederschrift über eine am 1. Juli 1935 im Auswärtigen Amt abgehaltene Besprechung v. 01.07.1935, betr. Deutsche Gesellschaft für das [sic] Studium Osteuropas, abgedruckt in „Osteuropa" im Spiegel, S. 84–85, hier S. 85.

hat".[88] Die Position der DGSO war gefestigt. Zwar erschien kurz vor Kriegsbeginn im August 1939 das letzte Heft von *Osteuropa*. Doch anders, als selbst die neuere Literatur nahelegt,[89] wurden die DGSO sowie die Schriftleitung von *Osteuropa* auch in den folgenden Jahren nicht aufgelöst.[90] Noch im Mai 1943 lud die DGSO zu Vortragsabenden ein.[91] Auch die Schriftleitung der Zeitschrift *Osteuropa* wurde zumindest bis März 1940 nicht aufgelöst. Zusammen mit dem Generalsekretariat zog sie zu diesem Zeitpunkt in die Kurfürstenstraße (nahe Einemstraße) in Berlin-Tiergarten um.[92] Dass gleichwohl nach August 1939 die Zeitschrift nicht mehr erschien, hing zunächst mit dem Beginn des Zweiten Weltkrieges zusammen: Werner Markert, seit der Umorganisation der DGSO im Frühjahr 1934 Schriftleiter von *Osteuropa*,[93] wurde mit Kriegsbeginn als „Sachkenner der osteuropäischen Geschichte vom Oberkommando der Wehrmacht herangezogen und steht also im militärischen Dienst", wie ein Mitglied des Beirats der DGSO, der Historiker Albert Brackmann an seinen Breslauer Kollegen Hermann Aubin im Februar 1940 schrieb.[94] Obwohl Markert spätestens im Mai 1941 wieder in Berlin gewesen zu sein scheint,[95] kam bis Kriegsende kein Heft mehr heraus.

88 BArch Berlin, R 153/1199, unfol., Völkischer Beobachter v. 05.05.1936, zitiert nach einer von der DGSO herausgegebenen Übersicht „Aus neuen Urteilen der deutschen Presse über ‚Osteuropa. Zeitschrift für die gesamten Fragen des europäischen Ostens'".

89 Bei Dietrich Beyrau: Ein unauffälliges Drama. Die Zeitschrift „Osteuropa" im Nationalsozialismus. In: *Osteuropa* 55,12 (2005), S. 57–66, hier S. 66 heißt es, der von ihm untersuchte Aktenbestand gebe „keine Auskunft über die Auflösung der *Osteuropa-Gesellschaft* [Hervorhebung im Original] und das Ende ihrer Zeitschrift." Die Auflösung scheint Beyrau stillschweigend vorauszusetzen.

90 Das Aufgabenspektrum der DGSO hatte sich gleichwohl natürlich eklatant verändert und im Vergleich zur Weimarer Zeit erheblich verkleinert.

91 Siehe die Einladungen der DGSO zu Vortragsabenden in BArch Berlin, R 153/1199, deren letzte von Mai 1943 datiert.

92 BArch Berlin, R 153/1199, unfol., Mitteilung der DGSO, [Eingangsstempel v. 02.04.1940], betr. Umzug des Generalsekretariats der DGSO und der Schriftleitung der Zeitschrift „Osteuropa" in die Kurfürstenstraße, Berlin. Im selben Gebäude in der Kurfürstenstraße wurde auch die Zentralstelle Osteuropa untergebracht. Zur Zentralstelle Osteuropa siehe S. 103ff.

93 Unser: Osteuropa, S. 588.

94 BArch Berlin, R 153/1199, unfol., Brackmann an Aubin v. 08.02.1940, betr. Markert.

95 Ab diesem Zeitpunkt versandte er wieder die Einladungen der DGSO zu Vortragsabenden. Vgl. die im BArch Berlin, R 153/1199 gesammelten Einladungen.

3. Debatten um die Teilnahme an Kongressen

Zwischen 1935 und 1937 wurden deutsche Wissenschaftler zu mindestens drei internationalen wissenschaftlichen Kongressen in die Sowjetunion eingeladen.[96] Doch war ihre Teilnahme angesichts der verhärteten politischen Fronten zwischen Deutschland und der Sowjetunion von der deutschen Regierung auch erwünscht? Mit dieser Frage beschäftigten sich zahlreiche Behörden und Parteidienststellen der NSDAP. Ihre Debatten, die für jeden der drei Kongresse einen anderen Ausgang nahmen, sollen im Folgenden nachvollzogen werden.

Verschiedene Zuschriften an das REM und an Kultusministerien der Länder belegen, dass deutsche Physiologen eingeladen waren, im August 1935 zum 15. Internationalen Physiologen-Kongress nach Leningrad und Moskau zu kommen.[97] Aus dem Entwurf eines Antwortschreibens des REM geht hervor, dass das Ministerium im November 1934 die Teilnahme befürwortete, sich jedoch vorbehielt, die Mitglieder der deutschen Delegation auszuwählen.[98] Unumstritten war die Reise deutscher Wissenschaftler zu diesem Kongress innerhalb der Reichsregierung nicht. Andernfalls hätte es nicht einer Besprechung zur „Klärung der Frage der deutschen Beteiligung" an diesem Kongress bedurft, zu der das Reichs- und Preußische Innenministerium einige Monate später einlud.[99] Auch

96 Für die Jahre 1935 und 1936 konnte nicht geklärt werden, ob nicht etwa noch weitere internationale wissenschaftliche Kongresse in der Sowjetunion stattfanden. In der Liste internationaler Kongresse und Konferenzen (1914–1950) in Madeleine Herren / Sacha Zala: *Netzwerk Aussenpolitik. Internationale Kongresse und Organisationen als Instrumente der schweizerischen Aussenpolitik 1914–1950*. Zürich: Chronos 2002, S. 251–293 sind Kongresse in der Sowjetunion nicht enthalten, da die Schweiz keine diplomatischen Beziehungen zur Sowjetunion unterhielt. Vgl. ebd., S. 51ff. Im Jahr 1937 fand mindestens noch ein mathematischer Kongress in Moskau statt. Dies geht hervor aus BArch Berlin, R 4901/2729, Bl. 7–8, Aufstellung der Tagungen, Kongresse usw. im Jahre 1937, o. D. Ob an diesem Kongress deutsche Wissenschaftler teilnahmen bzw. teilnehmen durften, konnte nicht ermittelt werden.

97 BArch Berlin, R 4901/2949, Bl. 63, K. J. Anselmino, Dozent an der Medizinischen Akademie Düsseldorf, an den REM v. 17.05.1935; BArch Berlin, R 4901/2949, Bl. 43, Der Rektor der Universität Würzburg an das Bayerische Staatsministerium für Unterricht und Kultus (BStMUK) v. 16.04.1935, betr. Teilnahme an Internationalen Kongressen.

98 BArch Berlin, R 4901/2949, Bl. 6, Entwurf eines Schreibens [vermutlich Kerkhofs (REM)] an Emil Abderhalden v. November 1934, betr. Anfrage v. 22. Sept. 1934.

99 BArch Berlin, R 4901/2949, Bl. 39, Der Reichs- und Preußische Minister des Innern an den REM v. 25.02.1935, betr. Einladung zu einer Besprechung am 04.03.1935 zur Klärung der Frage der deutschen Beteiligung am Internationalen Physiologen-Kongress.

nach dieser Besprechung wurde die Teilnahme nicht verboten. Für Irritationen sorgte erst im Juli 1935 das Gerücht, die sowjetische Regierung nehme Einfluss auf die zugelassenen Kongresssprachen und sei nur dann bereit, die deutsche Sprache als Kongresssprache zuzulassen, wenn die deutsche Regierung zusichere, „auf künftigen internationalen Kongressen innerhalb Deutschlands die Zulassung der russischen Sprache zu befürworten."[100] Für den Fall, dass sich dieses Gerücht bewahrheiten sollte, wollte das Reichsinnenministerium sein Einverständnis zu einer Beteiligung deutscher Wissenschaftler am Kongress widerrufen.

Letztendlich konnten deutsche Wissenschaftler wie geplant am Kongress teilnehmen. Im Reisebericht des Tübinger Biochemikers Franz Knoop wird auf die Sprachenfrage noch einmal Bezug genommen, um nachträglich vollständig Entwarnung zu geben:

> Ich darf anfügen, daß im Gegensatz zu Gerüchten, die Russen hätten die deutsche Sprache abschaffen wollen, die Mehrzahl der russischen Vorträge in deutscher Sprache gehalten wurden, und daß die Diskussionen, wenigstens in der Gruppe der Biochemie, der ich allein folgen konnte, fast immer deutsch waren.[101]

Aus einem anderen Grund heikel war für die deutschen Behörden und Parteidienststellen die Frage, ob deutsche Wissenschaftler im August 1937 am 3. Internationalen Genetik-Kongress in Moskau teilnehmen sollten.[102] Der deutsche Entwicklungsbiologe Julius Schaxel, Leiter des Moskauer Severcov-Instituts für Evolutionsmorphologie der AN SSSR, der 1931 über die Schweiz in die UdSSR ausgewandert war[103] und bereits in anderem Zusammenhang aus seiner Abneigung gegen das nationalsozialistische Regime

100 BArch Berlin, R 4901/2949, Bl. 109–110, Der Reichs- und Preußische Minister des Innern an den REM (Schnellbrief) v. 08.07.1935, betr. Weiterleitung eines Schreibens an Herrn Prof. Kein, Göttingen. Das angegebene und das weitergeleitete Schreiben sind identisch; zur Weiterleitung wurde nur der REM als Adressat ergänzt. Vgl. dieses Dokument auch zum Folgenden.

101 BArch Berlin, R 4901/2949, Bl. 225–226, hier Bl. 225 (Rückseite), Knoop an das REM, betr. politische Entscheidung über die Abhaltung des nächsten internationalen Physiologenkongresses. In den Diskussionen über eine deutsche Beteiligung am später zu besprechenden Geologen-Kongress spielte die Sprachenfrage ebenfalls eine Rolle, allerdings eine nebensächliche.

102 Zu den Vorbereitungen für den 3. Internationalen Genetik-Kongress in Moskau siehe insb. Krementsov: *International Science*, insb. S. 34–52.

103 Valery N. Soyfer: Tragic History of the VII International Congress of Genetics. In: *Genetics* 165 (2003), S. 1–9, hier S. 7, Anm. 11.

öffentlich keinen Hehl gemacht hatte,[104] schlug in einem Rundbrief an potentielle (dabei aber vermutlich nicht in Deutschland tätige) Kongressteilnehmer im November 1935 vor, „die nationalsozialistische Rassenlehre auf dem Genetiker-Kongreß zur Diskussion zu stellen."[105] Ob die deutsche Regierung wusste, dass führende britische und amerikanische Genetiker Schaxels Vorschlag lebhaft unterstützten – sie wollten ihr Fach vom „faschistischen Nonsens" abgrenzen[106] –, ließ sich nicht ermitteln. Jedoch ging die Deutsche Botschaft in Moskau davon aus, dass die Rassenkunde tatsächlich auf dem Genetik-Kongress diskutiert werden sollte.[107] Mit dieser Vermutung lag sie richtig: Auf Drängen Schaxels und amerikanischer Genetiker hatten die Organisatoren des Kongresses eine Diskussion über Rassenkunde und Eugenik in das Programm aufgenommen.[108] In Deutschland befürchteten Behörden- und Parteivertreter daraufhin,

104 Schaxel hatte im Moskauer Radio gegen die Deutsche Kongress-Zentrale gewettert und gewarnt, sie sei der Versuch der deutschen Regierung, durch gezielte Einflussnahme im nationalsozialistischen Sinne „die internationalen kulturellen Beziehungen der Völker zu stören." BArch Berlin, R 4901/2949, Bl. 288–289, hier Bl. 288, Abschrift eines Vortrages von Professor Julius Schaxel (Funkauszug) v. 07.06.1936, betr. „Nichtarische Funktionsträger". Er bezog sich dabei auf den ebenso kritischen Aufsatz Nazi-Socialism and International Science. In: *Nature* 136 (1935), S. 927–928, dem allerdings das kommunistische Pathos von Schaxels Radiobeitrag fehlte. Er enthielt im Gegenteil auch einen Seitenhieb auf die sowjetische Wissenschaftspolitik. Eine Übersetzung des Aufsatzes ins Deutsche befindet sich im BArch Berlin, R 4901/2949, Bl. 286–287. Zur Deutschen Kongress-Zentrale siehe Madeleine Herren: „Outwardly ... an Innocuous Conference Authority": National Socialism and the Logistics of International Information Management. In: *German History* 20,1 (2002), S. 67–92; dies. / Zala: *Netzwerk*, S. 165–183.

105 BArch Berlin, R 4901/2949, Bl. 293–294, hier Bl. 293 (Rückseite), Rundbrief Schaxels v. November 1935 (Abschrift). Schaxels Rundbrief ist vermutlich über den slowenisch-kroatischen Biologen Boris Zarnik an die deutsche Regierung gelangt, denn das RMVP leitete eine ablehnende Antwort Zarniks an Schaxel gleichzeitig mit Schaxels Rundbrief dem REM zu. BArch Berlin, R 4901/2949, Bl. 292, RMVP an den REM v. 31.01.1936, betr. Professor Schaxel in Moskau (die Schreiben Schaxels und Zarniks in der Anlage dieses Schreibens, Bl. 293–295).

106 Doel / Hoffmann / Krementsov: National States, S. 64.

107 BArch Berlin, R 4901/2969, Bl. 36, Aktennotiz [Werner] von Tippelskirchs (Deutsche Botschaft in Moskau) v. 22.06.1936 (Abschrift), betr. Geologenkongreß und Genetikerkongreß in Moskau. Die Einschätzung von Tippelskirchs stützte sich auf einen Zeitungsartikel Schaxels in der Moskauer Zeitung *Izvestija*.

108 Zu den Einzelheiten siehe Nikolai Krementsov: Eugenics, Rassenhygiene, and Human Genetics in the Late 1930s: The Case of the Seventh International Genetics Congress. In: Solomon (Hrsg.): *Doing Medicine Together*, S. 369–404, hier S. 372ff.

> daß der Kongreß von sowjetischer Seite dazu benützt werden sollte, um die deutsche Rassenlehre vor der Weltöffentlichkeit anzuprangern und sie zum Ausgangspunkt und Mittel bolschewistischer Propaganda zu machen.[109]

Das Auswärtige Amt war daher der Meinung, „der Kongreß dürfe von deutscher Seite auf keinen Fall beschickt werden."[110] Dagegen hielten die Vertreter anderer Behörden und Parteidienststellen die Teilnahme am Kongress für „unbedingt wünschenswert, denn wir dürfen grundsätzlich keine Möglichkeit vorübergehen lassen, unsere neuen wissenschaftlichen Erkenntnisse vor aller Weltöffentlichkeit zu vertreten."[111] Außerdem stimmten alle darin überein, dass

> man der Weltöffentlichkeit keinesfalls Gelegenheit geben dürfte, zu behaupten, die deutsche Rassenlehre und ihre wissenschaftlichen und politischen Exponenten hätten durch ihr Fernbleiben den Beweis erbracht, daß sie sich nicht zutrauten und nicht dazu in der Lage wären, sich mit den Gegnern ihrer Lehre geistig auseinanderzusetzen.[112]

Schließlich einigte man sich darauf, auf die „Freunde Deutschlands" einwirken zu wollen, um sie zu einem gemeinsamen Boykott des Kongresses zu veranlassen. Sollte es nicht gelingen, diesen Plan zu verwirklichen, wollte man eine „deutsche Abordnung nur aus einer kleinen Zahl auserlesener Vertreter" zusammenstellen und sie mit „politische[n] und taktische[n] Instruktionen" nach Moskau schicken.

109 BArch Berlin, R 4901/2969, Bl. 48–50, hier Bl. 48–49, Aufzeichnung Gregors (AA) über eine Ressortbesprechung am 21.08.1936 (Abschrift), betr. deutsche Beteiligung am Genetiker-Kongress in Moskau. An der Besprechung nahmen Vertreter des REM, des Rassenpolitischen Amtes der NSDAP, des AA, des Gestapa, der Deutschen Kongress-Zentrale, des RMVP sowie ein Beauftragter des Stellvertreters des Führers teil. Siehe ebd., Bl. 48. Weitere Abschriften oder Kopien dieses und der im Folgenden angeführten Dokumente befinden sich vermutlich im GA RF, f. 501, op. 3, d. 341, l. 1–39. Krementsov: Eugenics, S. 375 zitiert aus dieser Quelle; die Zitate legen nahe, dass ihm die Aufzeichnung Gregors vorgelegen hat. Krementsov: *International Science*, S. 82 zitiert vermutlich ebenfalls aus den Dokumenten im GA RF, jedoch ohne Quellenangabe. Die Aktennotiz von Tippelskirchs (siehe S. 69, Anm. 107) scheint Krementsov nicht gekannt zu haben, denn er vermutet, dass es die Gestapo war, die auf Schaxels Aufsatz in der *Izvestija* hinwies und die Debatten über die Teilnahme deutscher Genetiker auslöste. Krementsov: Eugenics, S. 398, Anm. 29.

110 BArch Berlin, R 4901/2969, Bl. 55–57, hier Bl. 55, Aktenvermerk [des REM?] v. 22.08.1936 über die Sitzung im Auswärtigen Amt am 21.08.1936, betr. Frage der Teilnahme am 7. Internationalen Genetiker-Kongreß in Moskau.

111 Ebd., Bl. 56.

112 BArch Berlin, R 4901/2969, Bl. 48–50, hier Bl. 49, Aufzeichnung Gregors über eine Ressortbesprechung am 21.08.1936 (Abschrift), betr. deutsche Beteiligung am Genetiker-Kongress in Moskau. Folgende Zitate ebd.

Ende des Jahres erübrigten sich weitere Diskussionen: Die Sowjetunion sagte den Kongress plötzlich ab.[113]

Neben dem Genetik-Kongress war für Sommer 1937 in Moskau noch eine weitere wissenschaftliche Tagung angesetzt, der 12. Internationale Geologen-Kongress. Eine Ressortbesprechung über die Teilnahme deutscher Wissenschaftler an dieser Veranstaltung fand im März 1937 statt. Vergleicht man sie mit der Diskussion um die Teilnahme deutscher Wissenschaftler am Genetik-Kongress, die bereits im August 1936 geführt wurde, so gewinnt man den Eindruck, dass sich die deutsche Position zwischen Sommer 1936 und Frühjahr 1937 radikalisiert hatte. Im März 1937 war es nicht mehr umstritten, ob sich deutsche Wissenschaftler am Kongress beteiligen sollten oder nicht: Die Vertreter aller beteiligten Ressorts vertraten jetzt den Standpunkt,

> daß es […] bei der gegenwärtigen politischen Lage, vor allem im Hinblick auf die Verhaftungen zahlreicher Reichsdeutscher in der Sowjetunion nicht mit der Würde des Reiches vereinbar sei, wenn deutsche Gelehrte Einladungen in die Sowjetunion Folge leisten würden. Demgemäß sei eine deutsche Beteiligung an dem Internationalen Geologen-Kongreß in Moskau abzulehnen.[114]

Ein Erlass des REM vom Mai 1937 untersagte daraufhin die Teilnahme am Kongress.[115] Dieser Beschluss wurde auch in der Presse veröffentlicht.[116] Das Geheime Staatspolizeiamt versprach dem

113 Die Gründe für die Absage versucht Krementsov: *International Science*, S. 79ff. zu rekonstruieren. Als Hauptgrund macht Krementsov aus, dass die Vorbereitungen zum Kongress nicht so weit vorangeschritten waren, als dass der Kongress den propagandistischen Zielen seiner Initiatoren hätte dienen können. Die geplante Diskussion über Rassentheorien spielte möglicherweise ebenfalls eine Rolle, da kurz vor der Absage des Kongresses sowjetischen Genetikern in der sowjetischen Presse vorgeworfen wurde, sie hätten faschistische Ansichten zur Humangenetik. Dieser Vorwurf ist als Teil des Streits zwischen Trofim Lysenko und seiner Schule auf der einen und der „klassischen" Genetik auf der anderen Seite zu begreifen. Vgl. zu diesem zweiten Begründungsversuch auch Krementsov: Eugenics, S. 376ff. Dagegen gibt es keinen Hinweis darauf, dass die deutsche Debatte in der Sowjetunion bekannt war. Dass man in Deutschland auf eine Absage des Kongresses hoffte (wenn auch nicht damit rechnete), hat die sowjetische Entscheidung, den Kongress abzusagen, daher weder positiv noch negativ beeinflusst.

114 BArch Berlin, R 4901/2821, Bl. 182, AA an das REM, das Reichsinnenministerium, das RMVP, das Reichswirtschaftsministerium, den Stab des Stellvertreters des Führers und das Gestapa v. 23.03.1937.

115 BArch Berlin, R 4901/2821, Bl. 221, Runderlass des REM v. 14.05.1937 (vertraulich).

116 Vgl. die Sammlung von Presseausschnitten, BArch Berlin, R 4901/2821, Bl. 243ff.

REM, auch einen entpflichteten deutschen Professor (für den das Verbot des REM also nicht galt), der möglicherweise eine Einladung zum Kongress erhalten hatte, an der Ausreise nach Moskau zu hindern.[117]

Warum fiel den beteiligten Stellen im Frühjahr 1937 die Entscheidung, ob deutsche Wissenschaftler an einem Kongress in der Sowjetunion teilnehmen durften, so viel leichter als noch im Sommer 1936? Der Grund dafür ist gewiss nicht nur darin zu sehen, dass man im Fall des Genetik-Kongresses befürchtete, ein Fernbleiben deutscher Wissenschaftler könne als Angst vor der Auseinandersetzung mit Gegnern der nationalsozialistischen Rassenlehre gewertet werden. Auch das Verbot der Teilnahme am Geologen-Kongress wurde von Rednern auf dem Kongress und in der sowjetischen Presse teils hämisch, teils besorgt kommentiert.[118] Das nahm man im Frühjahr 1937 offensichtlich in Kauf; es war der Preis für die Politik offensiver Abgrenzung von der Sowjetunion, die die NS-Führung in dieser Zeit betrieb. Seit Beginn des Spanischen Bürgerkriegs hatte sie die Antikommunismuspropaganda noch einmal verschärft. Hitler hatte auf dem Reichsparteitag der NSDAP in Nürnberg im September 1936 in markigen Worten vor dem „Todfeind" Bolschewismus gewarnt. Mit diesem, der „das Gesunde, ja das Gesündeste auszurotten und das Verkommenste an seine Stelle zu setzen" trachte, könne man nicht paktieren.[119] Dies galt wenig später auch für den Bereich der Wissenschaft.

4. Die Entwicklung der nicht-institutionalisierten Kontakte

Die wissenschaftliche Zusammenarbeit zwischen Deutschland und der Sowjetunion in institutionalisierter Form nahm also in den 1930er Jahren einen rapiden Abschwung. Gemeinschaftsprojekte wurden eingestellt, internationale Kongresse nicht mehr besucht. Wie aber sah es mit den Arbeitsbeziehungen zwischen deutschen

117 BArch Berlin, R 4901/2821, Bl. 239, Gestapa an REM v. 10.06.1937 (Schnellbrief), betr. Internationaler Geologen-Kongress in Moskau.

118 BArch Berlin, R 4901/2821, Bl. 249–257, von Tippelskirch an das AA v. 30.07.1937 (Durchschlag), betr. XVII. Internationaler Geologenkongreß in Moskau.

119 Adolf Hitler: Die Schlußrede des Führers auf dem Kongreß. In: Ders.: *Reden des Führers am Parteitag der Ehre 1936*. München: Eher 1936, S. 64–80, hier S. 68.

und sowjetischen Wissenschaftlern auf persönlicher Ebene aus? Hielt man sich zur Durchführung längerer Forschungsprojekte oder zum Kennenlernen des Arbeitsstils der Berufskollegen noch an Universitäten und Instituten im jeweils anderen Land auf? Lud man Wissenschaftler des jeweils anderen Landes wie bisher zu nationalen Konferenzen ein? Konnten Wissenschaftler noch in Fachzeitschriften des jeweils anderen Landes publizieren? Tauschten sie weiterhin Forschungsergebnisse aus? Diskutierten sie per Brief oder bei persönlichen Treffen? Diesen Fragen wird im Folgenden vor allem am Beispiel der Beziehungen deutscher Wissenschaftler zu Mitgliedern der AN SSSR nachgegangen.

Die AN SSSR unterhielt eine Kommission, die Anträge auf Dienstreisen *(komandirovki)* ins Ausland prüfte.[120] Für das Jahr 1933 wurden zahlreiche Anträge auf Bewilligung längerer Dienstreisen nach Deutschland, d. h. meist von Forschungsaufenthalten an deutschen Universitäten und Instituten, gestellt. Diese Anträge sind im ARAN in einer Akte gesammelt, wobei sich leider nicht im Einzelnen nachprüfen lässt, ob jede der Reisen tatsächlich auch angetreten wurde.[121] Interessant ist jedoch, dass in der entsprechenden Akte für das Jahr 1934 insgesamt nur drei Hinweise auf Dienstreisen nach Deutschland auftauchen.[122] Die Zahl der Anträge scheint also innerhalb eines Jahres stark zurückgegangen und dann niedrig geblieben zu sein.

120 In Deutschland führte vermutlich erst das REM mit Runderlass v. 22.06.1935 (siehe BArch Berlin, R 4901/13127, unfol.) die zentrale Genehmigungspflicht für Auslandsreisen von Wissenschaftlern ein. Reisen nach Russland mussten bereits zuvor an das AA und spätestens seit Sommer 1934 auch an die Gestapo gemeldet werden. BArch Berlin, R 4901/13127, unfol., Aktennotiz Achelis' v. 11.07.1934. Lagen besondere Gründe vor, beispielsweise „ein besonderes amtliches Interesse an der Reise", mussten Auslandsreisen deutscher Gelehrter dem Auswärtigen Amt bereits seit Anfang 1931 angezeigt werden. UAM, Sen. 30/6, Bd. 7, unfol., BStMUK an die Rektorate der drei Landesuniversitäten v. 04.04.1931, betr. Beziehungen zum Ausland. Mit Runderlass v. 19.03.1937 (siehe PA AA, R 65.559, unfol. (Abschrift)) ermächtigte das REM die Hochschulrektoren, außer in bestimmten Ausnahmefällen selbst über Anträge zur Genehmigung geplanter Vortrags- und Studienreisen ins Ausland zu entscheiden. Nur einen Tag später revidierte das REM diese Lockerung für alle Reisen in die Sowjetunion und die Tschechoslowakei, nach Litauen, Lettland, Österreich und Polen. PA AA, R 65.559, Runderlass des REM v. 20.03.1937.

121 ARAN, f. 2, op. 1 (1933 g.), d. 32.

122 ARAN, f. 2, op. 1 (1934 g.), d. 21. Bei den drei Wissenschaftlern, die nach Deutschland fahren wollten, handelt es sich um A. A. Borisjak, I. A. Baryšnikov (zu beiden siehe ebd., l. 68ff.) und Aleksej N. Severcov (siehe ebd., l. 177).

Für das Jahr 1936 lassen sich keine Anträge auf Dienstreisen nach Deutschland mehr finden.[123] Dies ist zwar kein Beweis dafür, dass es keine Reisen mehr gab, aber ein Indiz, dass Forschungsaufenthalte sowjetischer Wissenschaftler in Deutschland Mitte der 1930er Jahre mindestens sehr viel seltener waren als noch wenige Jahre zuvor. Es ist anzunehmen, dass dieser Befund analog auch für Aufenthalte deutscher Wissenschaftler in der Sowjetunion gilt.[124]

Einladungen zu Gastvorträgen oder zur Teilnahme an nationalen Kongressen wurden nach 1933 noch vereinzelt ausgesprochen und angenommen. Hier sollen als Beispiel die Angehörigen der Universität München sowie wiederum die Mitglieder der AN SSSR dienen: Der Ingenieur Georg Müller hielt vermutlich 1934 auf Einladung der Gesellschaft Kultur und Technik[125] Gastvorlesungen in Russland.[126] Dem Münchner Chemiker Heinrich Wieland wurde im August 1934 die Genehmigung für eine Russlandreise erteilt, wobei der Zweck der Reise nicht genannt wurde.[127] Möglicherweise reiste er wie sein Kollege Otto Hönigschmidt zu einem im August 1934 anlässlich des 100. Geburtstags des russischen Chemikers Dmitrij I. Mendeleev stattfindenden Kongress der AN SSSR.[128] Der Pflanzenphysiologe und Agrochemiker Dmitrij N. Prjanišnikov wiederum

123 Vgl. ARAN, f. 2, op. 1 (1936 g.), d. 149 zu Dienstreisen in andere Länder.

124 Einzelne Wissenschaftler kamen allerdings auch 1934/35 noch in die Sowjetunion. So nahm Otto Hahn gemeinsam mit Lise Meitner (die die österreichische Staatsbürgerschaft hatte) im September 1934 an einem Chemie-Kongress in Moskau und Leningrad teil. Sie mussten das Gestapa von der Reise unterrichten, was bei Reisen in andere Länder nicht nötig war. Hachtmann: *Wissenschaftsmanagement*, S. 559, Anm. 305; Otto Hahn: *Mein Leben*. München: Bruckmann 1968, S. 147. Der Veterinärpathologe Paul Erich Lührs unternahm 1935 eine Forschungsreise nach Moskau. Vgl. Weindling: Medical Co-operation, S. 190. Die Reise Lührs' war bereits seit Anfang 1934 geplant gewesen. Vgl. PA AA, R 66.113, unfol., Deutsche Botschaft in Moskau an das AA v. 17.01.1934, betr. geplante Tätigkeit des Prof. Lührs in der UdSSR.

125 Siehe zur Gesellschaft Kultur und Technik S. 39.

126 Am 10. Juni 1934 wurde dem Rektor der Universität München vom BStMUK die Abschrift eines Briefes Vahlens (Preußisches Ministerium für Wissenschaft, Kunst und Volksbildung) an das AA, das Außenpolitische Amt der NSDAP, den Reichsstand der Deutschen Industrie, den VDI und die Hochschulreferenten v. 25.06.1934 zugeleitet. Vahlens Brief wiederum lag die Abschrift eines Berichts Müllers v. 11.06.1934 über seine Russlandreise bei. UAM, Sen. 387, unfol.

127 UAM, Sen. 387, unfol., BStMUK an den Rektor der Universität München v. 02.08.1934 (Abschrift), betr. Auslandsreise.

128 UAM, Sen. 387, unfol., BStMUK an die Kulturabteilung des AA v. 22.08.1934 (Abschrift), betr. Auslandsreisen deutscher Gelehrter.

nahm im Juli 1936 an einer Besprechung der Internationalen Bodenkundlichen Gesellschaft teil, d. h. an einer internationalen Tagung mit Teilnehmern aus diversen europäischen Ländern, die aber von Deutschland/Königsberg aus organisiert wurde.[129]

Auf die Frage, ob weiterhin in Fachzeitschriften des anderen Landes publiziert wurde, lassen sich nur mit großen Unsicherheiten behaftete Antworten geben. Grundsätzlich scheint es Mitte der 1930er Jahre noch möglich gewesen zu sein, Aufsätze in Zeitschriften des anderen Landes zu veröffentlichen. Von Regierungsseite wurde dies gleichwohl nicht immer gerne gesehen. So hielt es das Auswärtige Amt Ende 1934 beispielsweise nicht für wünschenswert, dass deutsche Wissenschaftler in der Zeitschrift der Gesellschaft Kultur und Technik (*Russisch-deutsche Zeitschrift der Wissenschaft und Technik*) publizierten,[130] und das REM lehnte es im Sommer 1936 ab, dass der seit Ende 1935 zwangsemeritierte Mediziner Harry Marcus einen Beitrag zu einer Festschrift der AN SSSR für den sowjetischen Anatom Aleksej N. Severcov (der bereits in München gearbeitet hatte) beisteuerte.[131]

Eindeutig erlaubt war bis Anfang 1937 der Briefkontakt. Stichproben legen allerdings nahe, dass dieser Weg der Kommunikation immer weniger für den wissenschaftlichen Austausch genutzt wurde.[132] Ab

129 ARAN, f. 632, op. 4, d. 278, l. 5, Teilnehmer-Liste der Besprechung v. 12.–19.07.1936. Prjanišnikov war möglicherweise sogar 1937 noch einmal in Deutschland. Vgl. ARAN, f. 2, op. 1 (1937 g.), d. 635, l. 56, 59.

130 UAM, Sen. 387, unfol., BStMUK an den Rektor der Technischen Hochschule München v. 22.12.1934 (Abschrift einer Abschrift), betr. die Beziehungen der deutschen Gelehrten zum Ausland. Zur Zeitschrift siehe auch S. 41. Sie erschien bis 1938. Lersch: *Kulturpolitik*, S. 154. Ob zu diesem späten Zeitpunkt noch Aufsätze deutscher Autoren gedruckt wurden, wurde nicht geprüft.

131 UAM, Sen. 387, unfol., Der Rektor der Universität München an Marcus v. 05.09.1936. Vgl. auch Bernhard Schoßig: Pasinger „Nachbarn“: eine archivalische „Begegnung“. In: Ders. (Hrsg.): *Ins Licht gerückt. Jüdische Lebenswege im Münchner Westen. Eine Spurensuche in Pasing, Obermenzing und Aubing*. München: Utz 2008, S. 117–120. Wie Schoßig zeigt, machte der Chef der Gestapo, Heinrich Müller, den Briefwechsel Marcus’ mit einem Moskauer Kollegen und mit der Witwe des Ende 1936 gestorbenen Severcov im März 1937 zum Gegenstand einer Anfrage beim Auswärtigen Amt. Ich danke Bernhard Schoßig für den Hinweis auf diesen Vorgang. Zur Biographie Marcus’ siehe Angela Scheibe-Jaeger: Das Leben des Prof. Dr. med. Harry Marcus. Ein geachteter Bürger und Soldat. In: Ebd., S. 107–115.

132 1934 war die Korrespondenz noch problemlos möglich. So stellte beispielsweise der Physiker Werner Heisenberg seinem Kollegen Sergej I. Vavilov, Mitglied der AN SSSR, im Juli 1934 per Brief eine fachliche Frage. ARAN, f. 596, op. 3,

etwa 1935/36 finden sich fast nur noch Glückwunschschreiben zum Geburtstag und ähnliche nicht-wissenschaftliche Korrespondenz.[133] Gleichwohl beweist ein Brief des Physikers Jonathan Zenneck, Vorsitzender der Deutschen Physikalischen Gesellschaft und Geschäftsführender Vorstand des Deutschen Museums, an den Physiker Vladimir K. Arkad'ev vom Oktober 1936, in dem sich Zenneck für die Übersendung von zwei Büchern Arkad'evs und von Sonderdrucken bedankt,[134] dass die Korrespondenz per Brief zumindest in Einzelfällen für den wissenschaftlichen Austausch weiterhin genutzt wurde.

Wie das Beispiel der Teilnahme deutscher Wissenschaftler an internationalen Kongressen in der Sowjetunion schon gezeigt hat, leitete der Beginn des Spanischen Bürgerkriegs den Abbruch noch bestehender Beziehungen zwischen deutschen und sowjetischen Wissenschaftlern ein. Im Februar 1937 untersagte das REM mit einem Runderlass den „wissenschaftliche[n] Schriftverkehr deutscher Gelehrter mit wissenschaftlichen Stellen oder Gelehrten in der Sowjetunion".[135] Ausnahmen von diesem Verbot, die jedoch nur dann in Betracht kämen, wenn der Briefverkehr „im staatlichen Interesse liegen könnte", behielt sich das REM vor.[136] Mindestens

d. 387, l. 1, Heisenberg an Wawilow [Vavilov] v. 17.07.1934. Vavilov antwortete und sandte Heisenberg Sonderdrucke. Für beides bedankte sich Heisenberg in einem weiteren Brief im Oktober 1934. ARAN, f. 596, op 3, d. 387, l. 2, Heisenberg an Wawilow [Vavilov] v. 05.10.1934.

133 Siehe beispielsweise die Glückwunschschreiben an Prjanišnikov anlässlich seines 70. Geburtstages von Emil Abderhalden, Physiologe in Halle, v. 20.10.1935 (ARAN, f. 632, op. 4, d. 61, l. 2) sowie von seinem aus politischen Gründen entlassenen Fachkollegen Friedrich Merkenschlager v. 29.10.1935 (handschriftlich) (ARAN, f. 632, op. 4, d. 276, unfol.). Auch der Direktor der Biologischen Reichsanstalt für Land- und Forstwirtschaft in Berlin-Dahlem, Otto Appel, hatte Prjanišnikov gratuliert, wie aus dem Entwurf eines Antwortschreibens Prjanišnikovs hervorgeht (ARAN, f. 632, op 4, d. 1, l. 1). Die Deutsche Botanische Gesellschaft schickte ein opulentes Glückwunschschreiben. ARAN, f. 632, op. 2, d. 65, unfol., R. Pilger (Vorsitzender der Deutschen Botanischen Gesellschaft) an Prjanišnikov v. 07.11.1935. Wissenschaftlicher Briefverkehr im engeren Sinn – Prjanišnikov hatte früher in regem Austausch mit deutschen Kollegen gestanden – lässt sich für das Jahr 1935 nicht mehr finden.

134 ARAN, f. 641, op. 4, d. 328, unfol., Zenneck an Arkad'ev v. 22.10.1936.

135 UAM, X–III–21, Bd. 5, unfol., Runderlass Werner Zschintzschs (Staatssekretär im REM) v. 19.02.1937 (vertraulich). Eine Abschrift des Runderlasses auch in UAM, Sen. 387, unfol.

136 Ebd.

vier Wissenschaftlern der Universität München wurde eine solche Ausnahmegenehmigung erteilt, so dass sie auch nach Februar 1937 den „wissenschaftlichen Schriftverkehr" mit sowjetischen Fachkollegen weiter pflegen oder neu aufnehmen konnten.[137] Es gab jedoch keinen Automatismus derart, dass jedem Antrag auf eine Ausnahmegenehmigung auch stattgegeben worden wäre. So wurde ein Gesuch des Paläontologen Ernst Stromer von Reichenbach, mit seinem sowjetischen Kollegen Aleksej A. Borisjak, Direktor des Paläontologischen Instiuts der AN SSSR, in wissenschaftlichen Schriftverkehr zu treten, beispielsweise abschlägig beschieden.[138] Die Ausnahmen waren tatsächlich Ausnahmen. Grundsätzlich war ab Februar 1937 die wissenschaftliche Zusammenarbeit mit sowjetischen Wissenschaftlern nicht mehr möglich.

Die einzige Form, in der wissenschaftliche Beziehungen zwischen Deutschland und der Sowjetunion zwischen 1937 und 1939 in erwähnenswertem Umfang weiterexistierten – egal, ob im institutionellen Rahmen oder auf persönlicher Ebene –, war der Austausch von Büchern und Zeitschriften. Seit November 1935 war allerdings auch der Buchaustausch der zentralen Kontrolle des REM unterworfen: Austauschwünsche mussten seitdem vom Ministerium genehmigt werden.[139] Im Juni 1936 übernahm die Reichstauschstelle, die

137 Im Einzelnen handelte es sich um folgende vier Wissenschaftler: Der Meteorologe und Klimatologe Rudolf Geiger erhielt die Erlaubnis, „den rein wissenschaftlichen Schriftverkehr und Schriftenaustausch mit den Mitgliedern des geophysikalischen Zentralobservatoriums in Leningrad" aufrecht zu erhalten, um mit sowjetischen Kollegen gemeinsam ein Klimahandbuch zu erarbeiten. UAM, X–III–21, Bd. 5, unfol., REM an das BStMUK v. 01.07.1937 (Durchschlag). Der Philologe Franz Dölger durfte seine wissenschaftlichen Beziehungen zum früheren Professor der Universität Leningrad, N. Bensevic [V. N. Benševič?], weiter pflegen. UAM, X–III–21, Bd. 5, unfol., REM an das BStMUK v. 01.07.1937. Der Mathematiker Oskar Perron konnte ebenfalls weiterhin mit sowjetischen Gelehrten korrespondieren. UAM, X–III–21, Bd. 5, unfol., REM an das BStMUK v. 05.08.1937 (Abschrift von Durchschlag). Vgl. auch UAM, X–III–21, Bd. 5, unfol., Perron an das Dekanat der Naturwissenschaftlichen Fakultät v. 12.12.1939. Der Forstwirtschaftler Ludwig Fabricius schließlich bekam sogar grünes Licht für die Neuaufnahme des wissenschaftlichen Schriftverkehrs (und des Schriftenaustausches) mit seinem Moskauer Kollegen A. B. Eitingen [Ėjtingon?]. UAM, X–III–21, Bd. 5, unfol., REM an das BStMUK v. 02.02.1938 (Durchschlag).

138 UAM, X–III–21, Bd. 5, unfol., REM an das BStMUK v. 19.03.1938 (vertraulich) (Abschrift von Abdruck).

139 Der entsprechende Runderlass v. 01.11.1935 konnte bislang nicht ermittelt werden, er wird jedoch erwähnt in PA AA, R 60.599, Bl. 105, Runderlass Zschintzschs (REM) v. 17.06.1936 (vertraulich).

dem REM unterstand, aber von einem Beamten der Preußischen Staatsbibliothek geleitet wurde,[140] die Aufgabe, den Tauschverkehr zu überprüfen.[141] Alle bestehenden Tauschbeziehungen mussten der Reichstauschstelle gemeldet werden. Vor dem Eingehen neuer Tauschbeziehungen war eine Genehmigung der Reichstauschstelle erforderlich, die Zweifelsfälle dem REM vorlegte.[142] Ab Oktober 1936 mussten außerdem alle ein- und ausgehenden Büchersendungen von und an die Sowjetunion über den Leipziger Büchergroßhändler Koehler & Volckmar abgewickelt werden.[143] Der Sinn dieser letztgenannten Regelung erschließt sich erst, wenn man weiß, dass der Sicherheitsdienst der SS (SD) bei Koehler & Volckmar in Zusammenarbeit mit der Gestapo ein geheimes „Russland-Lektorat" unterhielt, das alle Büchersendungen aus der und in die Sowjetunion überprüfte. Gegebenenfalls wurden die Sendungen zensiert oder ganz beschlagnahmt. Außerdem sammelte das Russland-Lektorat Informationen über alle deutschen Sender bzw. Empfänger und leitete sie an das SD-Hauptamt weiter.[144] Dabei wurden auch gezielt einzelne Forschungsinstitute am Bezug russischer Literatur gehindert, beispielsweise das Breslauer Osteuropa-Institut.[145] Ab Juli 1937 konnte der Umweg der Büchersendungen über Leipzig

140 Gerd-Josef Bötte: NS-Raubgut, Reichstauschstelle und die Preußische Staatsbibliothek. Internationales Symposium der Staatsbibliothek zu Berlin. In: *Bibliotheksmagazin* 3 (2007), S. 39–44, hier S. 42. Die Geschichte der Reichstauschstelle ist kompliziert: Sie war 1926 von der Notgemeinschaft gegründet worden. Formal unterstand sie in den ersten Jahren dem Reichsministerium des Innern, verwaltungsmäßig jedoch dem Generaldirektor der Preußischen Staatsbibliothek, Hugo Andres Krüß. Geleitet wurde sie von dem an die Notgemeinschaft abgeordneten Beamten der Preußischen Staatsbibliothek Adolf Jürgens. 1934 übernahm das REM von der Notgemeinschaft bzw. vom Reichsinnenministerium die Zuständigkeit für die Reichstauschstelle. Weiterhin jedoch war die Reichstauschstelle – obwohl eine Reichsbehörde – in der geschilderten Weise an die Preußische Staatsbibliothek angebunden. Siehe ebd.

141 PA AA, R 60.599, Bl. 105, Runderlass Zschintzschs (REM) v. 17.06.1936 (vertraulich).

142 Ebd. Vgl. (auch zum Folgenden) Zeil: Bemühungen, S. 159; Grau / Schlicker / Zeil: *Akademie*, Teil III, S. 79.

143 Rosenfeld: Kultur, S. 119.

144 Werner Schroeder: Der Buchhändler als Zensor. Erich Carlsohn und das Rußland-Lektorat des Sicherheitsdienstes der SS (SD). In: *Buchhandelsgeschichte* (1998), S. B 92–B 104.

145 Ebd., S. B 99 sowie S. B 103–104, Anm. 49.

entfallen, als sich das REM (bzw. die Reichstauschstelle) stattdessen verpflichtete,

> von allen aus der Sowjetunion eingehenden Sendungen dem Geheimen Staatspolizeiamt unverzüglich (fernmündlich) Anzeige zu machen und die Öffnung erst vorzunehmen, wenn der Beauftragte des Geheimen Staatspolizeiamts zur Prüfung des Inhalts eingetroffen ist.[146]

Auf eine Kontrolle der in die Sowjetunion abgehenden Sendungen war der „Reichsführer-SS" ebenfalls bereit zu verzichten,

> da ich durchaus keinen Zweifel hege, dass beide Tauschstellen [gemeint waren die Reichstauschstelle und der Deutsch-Ausländische Buchtausch] bei der Auswahl des für die Sowjetunion bestimmten deutschen Schrifttums die nötige Sorgfalt walten lassen.[147]

Die Zahl der Tauschpartner der PAW blieb auch über das Jahr 1937 hinaus konstant bzw. stieg sogar leicht an. Anfang 1937 berichtete die Preußische Akademie – wenn auch widerwillig[148] – der Reichstauschstelle im REM, dass sie 40 Tauschpartner im gesamten Gebiet der Sowjetunion habe.[149] Im Laufe des Jahres 1937 und im Januar 1938 ging sie vier neue Tauschbeziehungen ein, wie sie im Januar 1938 (nachträglich) der Reichstauschstelle meldete.[150] Die Reichstauschstelle erinnerte die Preußische Akademie daraufhin daran, dass der „Beginn neuer Austauschbeziehungen mit Russland [...] nach den jetzigen Bestimmungen von einer vorherigen Genehmigung

146 PA AA, R 60.598, Bl. 183–184, hier Bl. 183, [Wilhelm] Groh (REM) an [Hugo] Schimpke (AA) v. 09.07.1937 (geheim).

147 PA AA, R 60.598, Bl. 146–147, hier Bl. 147, Klein (im Auftrag des Reichsführers-SS und Chefs der deutschen Polizei) an das AA v. 11.06.1937, betr. Buchtausch der Reichstauschstelle und des Deutsch-Ausländischen Buchtausches mit der Sowjetunion. Ein- und Ausfuhren von Büchern in die bzw. aus der Sowjetunion, die nicht im Rahmen des Buchaustausches erfolgten, wurden weiterhin in Leipzig kontrolliert.

148 Im Protokoll der Sekretariatssitzung der PAW vom 10. Dezember 1936 heißt es, das Ausfüllen der von der Reichstauschstelle übersandten Fragebögen stoße auf erhebliche Schwierigkeiten. „Da [...] auch sonst Bedenken gegen die vorgeschlagene Regelung bestehen, beschließt das Sekretariat, zunächst mit der Reichsaustauschstelle [sic] in mündliche Verhandlungen einzutreten und dabei die Schwierigkeiten der Ausfüllung der Fragebogen darzulegen." ABBAW, PAW, II–XVI–81, Bl. 2, Auszug aus dem Protokoll der Sekretariatssitzung v. 10.12.1936.

149 ABBAW, PAW, II–XVI–81, Bl. 4, PAW an Jürgens v. 06.02.1937. Anlage des letztgenannten Schreibens sind 40 ausgefüllte Fragebögen, je einer für jeden Tauschpartner in der Sowjetunion.

150 ABBAW, PAW, II–XVI–81, Bl. 62, PAW an die Reichstauschstelle v. 26.01.1938.

der Reichstauschstelle abhängig" sei.[151] Gleichzeitig genehmigte sie nachträglich den Austausch mit den neuen Tauschpartnern.[152]

Auch mit Blick auf die Staatliche Lenin-Bibliothek *(Gosudarstvennaja biblioteka im. V.I. Lenina)* in Moskau lässt sich im Zeitraum 1936 bis 1938 keine Veränderung des Anteils deutscher Bücher an der Gesamtzahl der auf dem Tauschwege eingegangenen Titel feststellen. Er blieb mit 37 Prozent im Jahr 1936, 38 Prozent 1937 und 36 Prozent 1938 nahezu konstant.[153] Allerdings sagt dies noch nichts über die Entwicklung der absoluten Zahlen aus. Konkretes Datenmaterial konnte nur für Periodika gefunden werden, die die Lenin-Bibliothek bezog. Deren Gesamtzahl ging zwischen 1937 und 1938 von 576 auf 537 zurück. Die Zahl der aus Deutschland bezogenen Periodika sank im selben Zeitraum sogar etwas stärker von 313 auf 223.[154]

Wie diese Beispiele zeigen, blieb der Buchaustausch mit der Sowjetunion grundsätzlich möglich – auch noch, nachdem der wissenschaftliche Schriftverkehr mit dem erwähnten Runderlass des REM im Februar 1937 verboten worden war.[155] Über zwei Jahre lang bildete er die einzige Verbindung zwischen deutschen und sowjetischen Wissenschaftlern, die in größerem Umfang aufrechterhalten wurde.

151 ABBAW, PAW, II–XVI–81, Bl. 63, Jürgens an die PAW v. 31.01.1938.

152 Ebd. Weitere Beispiele für die Neuaufnahme von Tauschbeziehungen in UAM, Sen. 387, unfol.

153 Nevežin: Politika, S. 19. Ein starker Rückgang ist zwischen 1938 und 1939 zu verzeichnen. Siehe dazu S. 124. Für nach Deutschland abgehende Bücher konnten keine Zahlen gefunden werden. Da der Buchaustausch in der Regel auf dem Prinzip der Gegenseitigkeit beruhte, dürfte sich die Entwicklung hier ähnlich gestaltet haben.

154 Ebd., S. 19–20.

155 In der PAW herrschten nach Bekanntgabe des Erlasses vom 19.02.1937 gewisse Zweifel, ob „sich diese Verfügung nur auf diesen [den wissenschaftlichen Schriftverkehr] und nicht auf den Schriften*austausch* mit den wissenschaftlichen Gesellschaften und Instituten *Rußlands* bezieht [Hervorhebungen im Original]". ABBAW, PAW, II–V–104/II, Bl. 18, Protokoll der PAW über die Sitzung der Gesamt-Akademie v. 04.03.1937. Tatsächlich war der Runderlass des REM v. 19.02.1937 etwas missverständlich formuliert, da es einerseits hieß, die neue Regelung erfolge im „Nachgang" zum Runderlass v. 17.06.1936, der die Tauschbeziehungen zur Sowjetunion regelte, andererseits jedoch, dass die mit dem Erlass v. 17.06.1936 angeordnete „Berichterstattung über die Tauschbeziehungen nach Sowjetrußland an die Reichstauschstelle" durch den neuen Erlass „nicht berührt" werde. UAM, X–III–21, Bd. 5, unfol., Runderlass Zschintzschs (REM) v. 19.02.1937 (vertraulich).

Initiativen: Der Hitler-Stalin-Pakt als Voraussetzung für die Wiederbelebung deutsch-sowjetischer Wissenschaftsbeziehungen

Ein deutscher Entwurf des Nichtangriffsvertrages beginnt mit einer erstaunlichen Feststellung: „Die Erfahrung von Jahrhunderten beweist, daß zwischen dem deutschen und dem russischen Volk eine angeborene Sympathie besteht.“[1] Dieser Satz, den eventuell Reichsaußenminister Joachim von Ribbentrop in den Entwurf eingefügt hatte,[2] ist ein Hinweis darauf, welche Möglichkeiten der

1 Vertrag zwischen der deutschen Regierung und der Regierung der Union der Sozialistischen Sowjetrepubliken (Entwurf), zit. n. Lew A. Besymenski: *Stalin und Hitler. Das Pokerspiel der Diktatoren.* Berlin: Aufbau 2002, S. 222–223, hier S. 222. In der Endfassung des Vertrages findet sich der Satz nicht, denn Stalin weigerte sich, mit derartigen Freundschaftsversicherungen an die Öffentlichkeit zu treten, nachdem die sowjetische von der nationalsozialistischen Regierung sechs Jahre lang mit „Kübeln von Jauche“ überschüttet worden sei. Dieses Zitat Stalins findet sich in einer vor dem Nürnberger Gerichtshof zitierten Erklärung Friedrich Gaus', der als Leiter der Rechtsabteilung des AA an den Verhandlungen in Moskau am 23. August 1939 anwesend war. Auszug abgedruckt in *Der Prozess gegen die Hauptkriegsverbrecher vor dem Internationalen Militärgerichtshof, Nürnberg, 14. November 1945 – 1. Oktober 1946*, Bd. X: Verhandlungsniederschriften, 25. März 1946 – 6. April 1946. Nürnberg: Internationaler Militärgerichtshof 1947, S. 354–355, hier S. 354 (Sitzung am 01.04.1946, vormittags). Hilger, der an den Verhandlungen ebenfalls teilnahm, erinnert, Stalin habe von „Mülleimer[n] mit Unrat“ gesprochen. Gustav Hilger: Die deutsch-sowjetischen Beziehungen zwischen den beiden Weltkriegen. In: *Probleme deutscher Ostpolitik* 1 (1957), S. 27–51, hier S. 43.

2 So wiederum Gaus. *Prozess gegen die Hauptkriegsverbrecher*, Bd. X, S. 354.

Pakt eröffnete: Deutsche und „Russen“ sollten an die vermeintlich „jahrhundertealte Zusammenarbeit“[3] anknüpfen. Damit werde ein „natürlicher Zustand“[4] wiederhergestellt. Den Pakt mit diesen Worten zu begründen, wurden die deutschen Journalisten von Goebbels' Propagandaministerium angehalten.

Eine erneute Belebung der deutsch-sowjetischen Beziehungen auch im wissenschaftlichen Bereich war damit wieder denkbar geworden. Obwohl der Pakt am Verbot der Kontaktaufnahme mit sowjetischen Wissenschaftlern zunächst nichts änderte, ergriffen Wissenschaftler und Politiker die Initiative, um abgerissene Verbindungen erneut aufzunehmen oder neue Kontakte zu knüpfen. Der Abschluss des Paktes hatte die Handlungsspielräume beträchtlich erweitert und derartige Initiativen damit ermöglicht.

Der Pakt schuf dafür jedoch nur die Voraussetzungen: Erst weil diejenigen Akteure, die an wissenschaftlichen Beziehungen zur Sowjetunion interessiert waren, ihre Handlungsspielräume auch nutzten, konnte es zu einer (erneuten) Zusammenarbeit zwischen Deutschland und der Sowjetunion im wissenschaftlichen Bereich kommen. Wie sie dies taten, wird in diesem Kapitel untersucht.

1. Fürsprecher einer Zusammenarbeit

In den Monaten nach Abschluss des Paktes wurde an das REM, an das Auswärtige Amt und an die Deutsche Botschaft in Moskau von verschiedenen Seiten der Wunsch herangetragen, mit sowjetischen Wissenschaftlern in Kontakt zu treten bzw. alte Beziehungen wieder aufzunehmen. Einer der ersten Fürsprecher war der Präsident des Archäologischen Instituts des Deutschen Reiches, Martin Schede. Die deutsche Archäologie hatte in den späten 1920ern und Anfang der 1930er Jahre enge Beziehungen zur sowjetischen gepflegt.[5] An diese Tradition erinnerte Schede in einem Brief an

3 Presseanweisung v. 24.08.1939, zit. n. Moritz Florin: *Der Hitler-Stalin-Pakt in der Propaganda des Leitmediums. Der „Völkische Beobachter“ über die UdSSR im Jahre 1939*. Berlin: LIT 2009, S. 106. Zitat mit Kasusänderung.

4 Ebd.

5 Von diesen Beziehungen sind in der vorliegenden Arbeit nur die gemeinsamen Grabungen in Georgien zur Sprache gekommen (siehe S. 55). Darüber hinaus war das Deutsche Archäologische Institut mit dem Leiter der Antikensammlung der Ermitage in Leningrad und Professor für Kunstgeschichte Oskar F. Val'dgauer in Verbindung gestanden. Grau / Schlicker / Zeil: *Akademie*, Teil III, S. 78. Gemeinsam hatte man die Schriftenreihe „Archäologische Mitteilungen aus russischen Sammlungen“ herausgegeben. Vgl. S. 132.

den Deutschen Botschafter in Moskau Friedrich-Werner Graf von der Schulenburg Ende Oktober 1939, also etwa zwei Monate nach Abschluss des Hitler-Stalin-Paktes. Weiter hieß es in dem Schreiben: „Ich möchte kurz fragen: Werden sich [viel]leicht jetzt wieder Möglichkeiten solcher Zusammenarbeit ergeben? In diesem Fall sind wir sprungbereit!“[6]
Gut zwei Wochen später schrieb Schede ein weiteres Mal an von der Schulenburg und berichtete, dass auch in der Deutschen Morgenländischen Gesellschaft, deren Präsident er seit Kurzem sei, „die Neuanknüpfung der wissenschaftlichen Beziehungen dringend gewünscht“ werde. Er bat von der Schulenburg, in Erfahrung zu bringen, ob auch die russische Regierung, wie ihm zugetragen worden sei, die Anknüpfung wissenschaftlicher Beziehungen befürworte. „Wenn ja“, so Schede weiter, „wäre für off[ene] Zustimmung unserer Regierung zu sorgen, dann könnte die persönliche Fühlungnahme erfolgen, die ich auf den Gebieten, für die ich zuständig bin, gern selbst übernehmen würde.“[7]
Aus den beiden Briefen lassen sich sicherlich nicht alle Beweggründe Schedes, für eine Wiederbelebung der Wissenschaftsbeziehungen einzutreten, herauslesen. Eines seiner Motive nennt Schede aber ganz explizit, wenn er schreibt:

> Augenblicklich bin ich in der Sklaverei des Forschungsamtes des Luftfahrtministeriums mit verhältnismäßig untergeordneten Dingen und nicht ganz meinen [*unleserlich*] Kenntnissen und Erfahrungen entsprechend beschäftigt; doch hoffe ich einmal von da loszukommen.[8]

Wenn Schede daher die „Fühlungnahme“ mit der sowjetischen Wissenschaft „gern selbst übernehmen“ wollte, dann wohl nicht zuletzt deshalb, weil er mit seinem momentanen Beschäftigungsverhältnis unzufrieden war. Das Interesse an der Wiederbelebung der Wissenschaftsbeziehungen zur Sowjetunion war bei ihm also zumindest zum Teil ein persönliches. Darüber hinaus liegt nach allem, was über die Zusammenarbeit deutscher und sowjetischer Archäologen bis Anfang der 1930er Jahre bekannt ist, auch ein

6 PA AA, Moskau II/426, Bl. 4, hier Bl. 4 (Rückseite), Schede an von der Schulenburg v. 27.10.1939. Vgl. auch Rosenfeld: Kultur, S. 128.

7 PA AA, Moskau II/426, Bl. 1–2, hier Bl. 1 (Rückseite), 2, Schede an von der Schulenburg v. 13.11.[1939] [bei Schede irrtümlich „1938“; Eingangsstempel der Deutschen Botschaft in Moskau v. 19.11.1939].

8 Ebd., Bl. 2.

wissenschaftliches Interesse an Kontakten zu sowjetischen Kollegen auf der Hand.[9]

Einen anderen Antrieb hatte das Oberkommando der Kriegsmarine (OKM), gegenüber dem REM und dem AA im Oktober 1939 die wissenschaftlichen Beziehungen zur Sowjetunion zur Sprache zu bringen. Explizit wies es auf den militärischen Nutzen hin: „Das Oberkommando der Kriegsmarine muß sowjetrussische Veröffentlichungen auf meteorologisch-ozeanographischem Gebiet [...] für militärische Zwecke laufend verfolgen“. Um einen Schriftenaustausch mit sowjetischen Stellen in die Wege leiten zu können, ersuchte das OKM das REM, „daß die genannten Verfügungen von dort aus aufgehoben werden, soweit es die Belange der Kriegsmarine erforderlich machen.“ Dabei bezog sich das OKM darauf, „daß sich die politischen Beziehungen zur Sowjet-Union in der letzten Zeit grundlegend verändert haben“.[10]

Zwar stützte sich das OKM auf falsche Informationen, wenn es annahm, das REM habe jeglichen Schriftenaustausch mit der Sowjetunion untersagt.[11] Hier ist jedoch nur von Bedeutung, dass das OKM kurz nach Abschluss des Hitler-Stalin-Paktes das REM aufforderte, Erlasse aufzuheben, die den wissenschaftlichen Austausch behinderten (unabhängig davon, ob es diese Erlasse tatsächlich gab), und dass es dabei die veränderte Lage nach Abschluss des Hitler-Stalin-Paktes zum Argument machte.

Das OKM beließ es nicht bei diesem Wunsch nach Schriftenaustausch, sondern wollte darüber hinaus mit dem Arktischen Institut

9 Mindestens zum Teil galt Schedes Interesse dem Studienmaterial in der Sowjetunion, denn er bemühte sich nach dem Überfall auf die Sowjetunion darum, dass das Deutsche Archäologische Institut an der „Erfassung und Betreuung der Kulturgüter im besetzten Ostgebiet“ im südrussischen Küstenland beteiligt werde. BArch Berlin, R 4901/15177, Bl. 56, Schede an die Zentralstelle zur Erfassung und Bergung von Kulturgütern in den besetzten Ostgebieten v. 18.07.1942, betr. Erfassung und Betreuung der Kulturgüter im besetzten Ostgebiet. Vgl. auch Anja Heuß: Prähistorische „Raubgrabungen“ in der Ukraine. In: Achim Leube (Hrsg.): *Prähistorie und Nationalsozialismus. Die mittel- und osteuropäische Ur- und Frühgeschichtsforschung in den Jahren 1933–1945*. Heidelberg: Synchron 2002, S. 545–553, hier S. 552.

10 PA AA, R 60.599, Bl. 77, OKM an den REM (nachrichtlich an das AA) v. 04.10.1939, betr. Austausch wissenschaftlicher Veröffentlichungen mit der Sowjet-Union.

11 Wie geschildert (siehe S. 79–80) blieb der Austausch von Büchern und Zeitschriften auch nach 1937 erlaubt. Das OKM verwies auf ein nicht existentes Rundschreiben des REM. Dies teilte das REM dem AA mit: PA AA, R 60.599, Bl. 103, Groh an Schimpke v. 04.12.1939 (geheim).

der UdSSR in Kontakt treten und dort, vorgeblich für das Deutsche Seehandbuchwerk des Deutschen Hydrographischen Dienstes, die Eis- und Gezeitenverhältnisse der arktischen Meere und des Weißmeer-Ostsee-Kanals erfragen.[12] Die Deutsche Botschaft in Moskau, an die das AA das Schreiben des OKM übermittelte,[13] hatte sowohl Bedenken, das OKM als Absender einer derartigen Anfrage zu nennen, als auch die Eis- und Gezeitenverhältnisse des Kanals zu erfragen, da dies das Misstrauen der zuständigen sowjetischen Stellen wecken könne.[14] Stattdessen wandte sich die Botschaft an das Volkskommissariat für Auswärtige Angelegenheiten und erbat im Namen des Deutschen Hydrographischen Dienstes Informationen nur zu den Eis- und Gezeitenverhältnissen der arktischen Meere.[15]
Ob sich im ersten Vierteljahr nach Abschluss des Hitler-Stalin-Paktes weitere Fürsprecher für die Wiederbelebung der deutsch-sowjetischen Wissenschaftsbeziehungen einsetzten, konnte nicht ermittelt werden. Wichtig ist, *dass* es Initiativen gab, denn Ende November reagierte das REM darauf.

2. Meinungsumfrage des Reichswissenschaftsministeriums

Am 30. November 1939 sandte der Leiter des Amtes Wissenschaft im REM, Rudolf Mentzel, ein Rundschreiben an sämtliche Hochschulen und – über die dem REM nachgeordneten Reichsdienststellen – an alle akademischen Institutionen des Deutschen Reiches.[16] „Anfragen nach der Wiederaufnahme wissenschaftlicher Beziehungen zu Sowjetrußland" hatten ihn dazu veranlasst. Er wolle mit dem Rundschreiben klären, „inwieweit von deutscher Seite ein

12 PA AA, R 60.599, Bl. 90, OKM an das AA v. 14.10.1939, betr. Schreiben des O.K.M. an das Arktische Institut der U.S.S.R., Moskau sowie als Anlage zu diesem Schreiben Bl. 91, Briefentwurf Kurzes (Chef der Nautischen Abteilung des OKM) v. 14.10.1939, betr. Eis- und Gezeitenverhältnisse der Nordrussischen Meere.

13 PA AA, R 60.599, Bl. 92, [Paul] Roth (AA) an die Deutsche Botschaft in Moskau v. 25.10.1939 (Abschrift).

14 PA AA, R 60.599, Bl. 100, von Tippelskirch an das AA v. 23.11.1939.

15 PA AA, R 60.599, Bl. 100 (Rückseite), Verbalnote der Deutschen Botschaft in Moskau an das Volkskommissariat für Auswärtige Angelegenheiten v. 17.11.1939 (Abschrift) (Anlage zu: PA AA, R 60.599, Bl. 100, von Tippelskirch an das AA v. 23.11.1939).

16 ABBAW, PAW, II–XVI–81, Bl. 80 sowie UAM, X–III–21, Bd. 5, unfol., Rundschreiben Mentzels (REM) v. 30.11.1939 (streng vertraulich). Folgende Zitate ebd. Vgl. u. a. Oberkofler: *Wissenschaftsbeziehungen*, S. 27; Rosenfeld: Kultur, S. 128.

wissenschaftliches Interesse an der Wiederaufnahme wissenschaftlicher Beziehungen zu Sowjetrußland besteht". Daher bat er die angeschriebenen Rektoren und Direktoren, von Vertretern der einzelnen Fachgebiete an ihrer Hochschule oder ihrem Institut Stellungnahmen einzuholen.

Im Folgenden werden die Stellungnahmen der Professoren der Ludwig-Maximilians-Universität München ausgewertet sowie darüber hinaus diejenigen der Mitglieder der PAW, auf die bereits Rosenfeld hingewiesen hat, ohne jedoch eine genaue Analyse vorzunehmen.[17] Oberkofler zitiert ausführlich aus den Antworten von Angehörigen der Universität Innsbruck, die damit ebenfalls herangezogen werden können.[18] Es ist anzunehmen, dass sich ähnliches Material in weiteren Archiven akademischer Institutionen finden ließe.[19]

Einundsechzig Wissenschaftler der Universitäten München und Innsbruck sowie der PAW haben einzeln eine Stellungnahme abgegeben, ob in ihrem Fachbereich ein Interesse an Wissenschaftsbeziehungen zur Sowjetunion besteht. Zusätzlich antworteten insgesamt sechs Fakultäten kollektiv. Diese Auswahl ist selbstverständlich nicht repräsentativ. Insbesondere sind auch Vertreter verschiedener Fächer unterschiedlich stark vertreten. Die im Folgenden gezogenen Schlussfolgerungen sind daher vorläufig und müssten anhand der Antworten von Angehörigen weiterer wissenschaftlicher Institutionen überprüft werden. Einige Muster sind gleichwohl deutlich erkennbar.

17 Vgl. Rosenfeld: Kultur, S. 128, Anm. 142.

18 Oberkofler: *Wissenschaftsbeziehungen*, S. 27ff.

19 Gestützt auf eine „persönliche Mitteilung" Jochen Richters rechnen Günter Rosenfeld und Kurt Pätzold beispielsweise mehr als 30 Direktoren der Institute der Kaiser-Wilhelm-Gesellschaft zu den Befürwortern einer Wiederaufnahme der Wissenschaftsbeziehungen zur Sowjetunion. Rosenfeld / Pätzold: Einleitung, S. 66. Für einzelne Kaiser-Wilhelm-Institute hat mir dies Annette Vogt per E-Mail am 20.10.2010 bestätigt, wofür ich ihr herzlich danke. Wilhelm Rudorf, Direktor des Kaiser-Wilhelm-Instituts für Züchtungsforschung, bemühte sich 1940 mehrmals um eine Erlaubnis, Forschungsinstitute in der Sowjetunion besuchen zu dürfen. Hachtmann: *Wissenschaftsmanagement*, S. 807. Zu Rudorf siehe auch S. 161. – Im Bestand des REM im Bundesarchiv Berlin konnten die Antworten auf das Rundschreiben des REM nicht ermittelt werden. Sie sind vermutlich verloren gegangen.

Bei Rosenfeld heißt es, das Rundschreiben des REM sei auf eine „weitgefächerte positive Resonanz“ gestoßen.[20] Die Mehrheit der Mitglieder der PAW, deren Antworten Rosenfeld ausgewertet hat, hielt eine Wiederbelebung der Wissenschaftsbeziehungen zur Sowjetunion tatsächlich für „sehr wünschenswert“, „sehr erwünscht“ oder „dringend erwünscht“.[21] Lediglich der Biologe Fritz von Wettstein fand über den Buchaustausch hinausgehende Beziehungen „für die Entwicklung der deutschen wissenschaftlich-biologischen Forschung nicht notwendig“.[22] Analysiert man jedoch auch die Antworten der Angehörigen der Universitäten München und Innsbruck, findet man Rosenfelds Urteil nicht uneingeschränkt bestätigt. Von den dann insgesamt 61 Wissenschaftlern, deren individuelle Stellungnahmen vorliegen, waren in etwa genauso viele für die Wiederaufnahme wissenschaftlicher Beziehungen zur Sowjetunion wie dagegen. Zusätzlich erstatteten fünf Fakultäten der beiden hier untersuchten Universitäten geschlossen „Fehlanzeige“, das heißt alle Angehörigen beider juristischen Fakultäten, der medizinischen Fakultät der Universität Innsbruck, der veterinärmedizinischen Fakultät der Universität München sowie – bis auf zwei Professoren – deren philosophischer Fakultät hatten kein Interesse an der Zusammenarbeit mit der Sowjetunion. Lediglich eine der hier untersuchten sechs Fakultäten, die naturwissenschaftliche Fakultät der Universität Innsbruck, meldete, dass alle Fächer der Fakultät den Austausch mit sowjetischen Wissenschaftlern befürworteten.

In den Stellungnahmen, die ein wissenschaftliches Interesse an der Wiederaufnahme wissenschaftlicher Beziehungen zur Sowjetunion erkennen lassen, finden sich drei unterschiedliche Begründungsmuster.

Eine erste Gruppe argumentierte, eine Kooperation mit der Sowjetunion erschließe für deutsche Wissenschaftler sonst nicht zugängliches Studienmaterial. Derart äußerten sich Vertreter der Archäologie inklusive des Teilfachs Vor- und Frühgeschichte, der Geologie, der Meteorologie und der Namenkunde.[23] Auch der Slavist Max Vasmer

20 Rosenfeld: Kultur, S. 128.

21 ABBAW, PAW, II–XVI–81, Bl. 81ff.

22 ABBAW, PAW, II–XVI–81, Bl. 86, hier Bl. 86 (Rückseite), Wettstein an den Sekretär der Mathematisch-naturwissenschaftlichen Klasse der PAW v. 14.12.1939.

23 UAM, X–III–21, Bd. 5, unfol., Hans Zeiss (Vor- und Frühgeschichte) an

ging in diese Richtung, als er der „Sowjetwissenschaft" attestierte, dass „sie unerschöpfliches Material aus allen möglichen Gebieten andauernd veröffentlicht."[24] An einem wissenschaftlichen Austausch im engeren Sinn zeigten sich diese Wissenschaftler nicht interessiert. Eine zweite Gruppe von Befürwortern lobte dagegen die wissenschaftliche Leistung ihrer Fachkollegen in der Sowjetunion. Zu diesem Kreis gehörten wiederum Geologen und Meteorologen (die Bezugskreise können sich ja überschneiden), außerdem Botaniker, Zoologen, Paläontologen, Bodenkundler, Chemiker, Mathematiker, Physiker, Mechaniker und Geographen.[25] Schließlich gab es drittens eine kleine Fraktion, die ganz grundsätzlich den Gedanken der Internationalität von Wissenschaft hochhielt. „Die Pflege der wissenschaftlichen Beziehungen mit anderen Nationen kann nur förderlich sein und auf keinen Fall etwas schaden", so der Zoologe

den Rektor der Ludwig-Maximilians-Universität München (LMU München) v. 16.12.1939; UAM, X–III–21, Bd. 5, unfol., Joseph Schnetz (Namenkunde) an das Dekanat der Philosophischen Fakultät der LMU München v. 15.12.1939; UAM, X–III–21, Bl. 5, unfol., August Schmauß (Meteorologie) an den Dekan der Naturwissenschaftlichen Fakultät der LMU München v. 12.12.1939; UAM, X–III–21, Bd. 5, unfol., Max Storz (Geologie) an das Dekanat der Naturwissenschaftlichen Fakultät der LMU München v. 12.12.1939; ABBAW, PAW, II–XVI–81, Bl. 83–84, Gerhart Rodenwaldt (Archäologie) an den Präsidenten der PAW v. 11.12.1939; ABBAW, PAW, II–XVI–81, Bl. 87, Hans Stille (Geologie/Paläontologie) an die PAW v. 13.12.1939.

24 ABBAW, PAW, II–XVI–81, Bl. 81, Vasmer an den Präsidenten der PAW v. 16.12.1939.

25 UAM, X–III–21, Bd. 5, unfol., August Schmauß (Meteorologie) an den Dekan der Naturwissenschaftlichen Fakultät der LMU München v. 12.12.1939; UAM, X–III–21, Bd. 5, unfol., Gustav Krauß (Bodenkunde) an den Dekan der Staatswirtschaftlichen Fakultät der LMU München v. 15.12.1939; UAM, X–III–21, Bd. 5, unfol., Hans Krieg (Zoologie) an das Dekanat der Naturwissenschaftlichen Fakultät der LMU München v. 11.12.1939; UAM, X–III–21, Bd. 5, unfol., Oskar Perron (Mathematik) an das Dekanat der Naturwissenschaftlichen Fakultät der LMU München v. 12.12.1939; UAM, X–III–21, Bd. 5, unfol., Ferdinand Broili (Paläontologie) an den Dekan der Naturwissenschaftlichen Fakultät der LMU München v. 11.12.1939; UAM, X–III–21, Bd. 5, unfol., Friedrich von Faber (Botanik) an das Dekanat der Naturwissenschaftlichen Fakultät der LMU München v. 12.12.1939; UAM, X–III–21, Bd. 5, unfol., Fritz Machatschek (Geographie) an das Dekanat der Naturwissenschaftlichen Fakultät der LMU München v. 12.12.1939; ABBAW, PAW, II–XVI–81, Bl. 85, Max Bodenstein (Chemie) an den Sekretär der Physikalisch-mathematischen Klasse der PAW v. 11.12.1939; ABBAW, PAW, II–XVI–81, Bl. 87, Hans Stille (Geologie/Paläontologie) an die PAW v. 13.12.1939; ABBAW, PAW, II–XVI–81, Bl. 89, Georg Hamel (Mechanik/Mathematik) an den Sekretär der Mathematisch-naturwissenschaftlichen Klasse der PAW v. 10.12.1939; ABBAW, PAW, II–XVI–81, Bl. 90, Karl Wagner (Physik) an den Präsidenten der PAW v. 07.01.1940.

Karl von Frisch.[26] Der Mathematiker Oskar Perron wurde beinahe polemisch: Es gehe

> auf die Dauer nicht an, grosse von allen andern Nationen bewunderte Entdeckungen [...] einfach deshalb zu ignorieren, weil sie von einem Russen stammen. Das ist gerade, wie wenn die Engländer kein Auto fahren wollten, weil der Erfinder ein Deutscher war, oder wenn wir nichts vom Radium wissen wollten, weil es von einer Polin entdeckt wurde.

Sein Fachgebiet, die Mathematik, sei ohnehin

> ja eine objektive[,] von weltanschaulichen Bindungen nicht berührte Wissenschaft, bei der deshalb alle Kulturvölker ausnahmsweise am gleichen Strick ziehen. Uns wird nur die eigene wissenschaftliche Arbeit erschwert, wenn wir von gleichgerichteten Arbeiten anderer Forscher keine Kenntnis bekommen.

Seine Schlussfolgerung war eindeutig: Er habe „selbstverständlich den lebhaften Wunsch, die internationalen wissenschaftlichen Beziehungen völlig normalisiert zu sehen“.[27]

26 UAM, X–III–21, Bd. 5, unfol., von Frisch an den Dekan der Naturwissenschaftlichen Fakultät der LMU München v. 11.12.1939. Zu Karl von Frisch siehe Ulrich Kreutzer: *Karl von Frisch (1886–1982) – eine Biographie.* München: Dreesbach 2010.

27 UAM, X–III–21, Bd. 5, unfol., Perron an das Dekanat der Naturwissenschaftlichen Fakultät der LMU München v. 12.12.1939. Perron wurde zusammen mit zweien seiner Kollegen als „Münchner Dreigestirn der Mathematik“ bezeichnet. Freddy Litten: Perron, Oskar. In: *Neue Deutsche Biographie* 20 (2001), S. 196–197 [Onlinefassung]. http://www.deutsche-biographie.de/pnd116082410.html (Zugriff am 02.05.2014). Theodor Vahlen hatte einen Anlauf unternommen, Perrons Versetzung in den Ruhestand zu erreichen; dennoch behielt Perron bis zum Kriegsende sein Ordinariat. Er legte sich mit zahlreichen nationalsozialistischen Kollegen an und war für pointierte Äußerungen wie die zitierte bekannt. Beispielsweise hatte er sich in einem Brief an den Rektor der LMU München Philipp Broemser am 31. Mai 1939 mit folgender Begründung geweigert, an einer Veranstaltung des Reichsdozentenbundes teilzunehmen: „Da ich weder Mitglied einer Dozentenbundsakademie noch überhaupt des Dozentenbundes bin, kann meine Beteiligung wohl nur in der Rolle eines wissenschaftlichen Ehrengastes gedacht sein. Nun bin ich aber Mitglied verschiedener deutscher wissenschaftlicher Akademieen, und gegenüber diesen Körperschaften und ihren Mitgliedern hat der Reichsdozentenbundsführer in der Festrede bei Gründung der Dozentenbundsakademie Kiel seiner Verachtung dadurch Ausdruck gegeben, dass er erklärte, die deutschen Akademieen hätten seit Leibniz wissenschaftlich nichts geleistet und seien heute nur als Gesellschaften von verkalkten wissenschaftlichen Veteranen anzusehen. Zweierlei ist denkbar. Entweder der Reichsdozentenbundsführer hat mit dieser geringen Einschätzung recht oder er hat nicht recht. Im ersten Fall kann es dem Reichsdozentenbundsführer gewiss keine Freude machen, unter seinen Ehrengästen so minderwertige wissenschaftliche Persönlichkeiten zu sehen; ich möchte ihm diesen Anblick, was meine Person anbelangt, jedenfalls ersparen. Im zweiten Fall kann es aber mir nicht zugemutet werden, Ehrengast bei einem Mann zu sein, der die Akademieen und ihre Mitglieder zu Unrecht derart verunglimpft hat, und vermutlich

Wie sieht es auf der Seite derer aus, die kein Interesse an einer Zusammenarbeit mit sowjetischen Wissenschaftlern hatten? Viele der Wissenschaftler, die keinen Nutzen in einer Kooperation mit der Sowjetunion sahen, gaben keine Begründung für ihre Haltung. Nur ein einziges Mal wird in den hier ausgewerteten Stellungnahmen sowjetischen Forschungsarbeiten geringe Qualität attestiert.[28] Der Anthropologe Theodor Mollison hielt aufgrund des „weltanschauliche[n] Gegensatz[es] zu Sowjet-Rußland" eine engere Zusammenarbeit für unmöglich.[29] Der Rassenhygieniker Ernst Rüdin glaubte wohl aus demselben Grund nicht, „dass z. B. auf dem Gebiete der Rassenhygiene heute ein fruchtbarer Austausch von Ideen stattfinden wird."[30]

Einen Sonderfall stellt die Astronomie dar. Ihre Fachvertreter standen auch zwischen 1937 und 1939 in brieflichem Kontakt mit ihren sowjetischen Kollegen.[31] Wie der Direktor des Astronomischen

wehrlos zuzuhören, wenn die Ehrengäste abermals in der gleichen Weise verächtlich gemacht werden." Alle Angaben und Zitat nach Freddy Litten: Oskar Perron – Ein Beispiel für Zivilcourage im Dritten Reich. http://litten.de/fulltext/perron.htm (Zugriff am 02.05.2014), zuerst erschienen in *Frankenthal einst und jetzt* 1/2 (1995), S. 26–28. Der Brief ist Litten zufolge im UAM überliefert.

28 UAM, X–III–21, Bd. 5, unfol., Walther Gerlach (Physik) an das Dekanat der Naturwissenschaftlichen Fakultät der LMU München v. 11.12.1939.

29 UAM, X–III–21, Bd. 5, unfol., Mollison an das Dekanat der Naturwissenschaftlichen Fakultät der LMU München v. 14.12.1939.

30 UAM, X–III–21, Bd. 5, unfol., Rüdin an den Dekan der Medizinischen Fakultät der LMU München v. 27.12.1939.

31 Vgl. ABBAW, PAW, II–XVI–81, Bl. 88, Kopff an den Präsidenten der PAW v. 08.12.1939; UAM, X–III–21, Bd. 5, unfol., Wilhelm Rabe (Sternwarte München) an den Dekan der Naturwissenschaftlichen Fakultät der LMU München v. 12.12.1939. Möglicherweise lief der Kontakt über eine neutrale Verteilerstelle. So wurde der Austausch mit Astronomen in Großbritannien und in den USA auch während des Zweiten Weltkrieges aufrechterhalten, indem die Stockholmer Sternwarte als Mittlerin fungierte. Vgl. die Einträge o. A. auf der Homepage des Astronomischen Rechen-Instituts, das heute zum Zentrum für Astronomie der Universität Heidelberg gehört: Unterstellung des Astronomischen Rechen-Instituts unter die deutsche Kriegsmarine. http://www.zah.uni-heidelberg.de/de/ari/ueber-das-ari/geschichte-des-ari-wip/unterstellung-des-astronomischen-rechen-instituts-unter-die-deutsche-kriegsmarine (Zugriff am 02.05.2014); Text eines Briefes des Direktors der Stockholmer Sternwarte, Professor Bertil Lindblad, an den Direktor des Astronomischen Rechen-Instituts, Professor August Kopff, vom 21. September 1942. http://www.zah.uni-heidelberg.de/de/ari/ueber-das-ari/geschichte-des-ari-wip/unterstellung-des-astronomischen-rechen-instituts-unter-die-deutsche-kriegsmarine/text-eines-briefes-des-direktors-der-stockholmer-sternwarte-professor-bertil-lindblad-an-den-direktor-des-

Rechen-Instituts in Berlin-Dahlem, August Kopff, erklärte, sei für die astronomische Arbeit der Austausch von Beobachtungen von Planeten und Kometen unabdingbar.[32]

Fasst man die Ergebnisse zusammen, so ergibt sich folgender Befund: Insgesamt gab es an den drei hier untersuchten wissenschaftlichen Einrichtungen keine Mehrheit für die erneute Zusammenarbeit mit der Sowjetunion. Dabei zeigten sich allerdings große Unterschiede zwischen den Disziplinen: Geisteswissenschaftler standen einer Zusammenarbeit mit sowjetischen Kollegen meist kritisch gegenüber. Wenn sie sich für eine Kooperation aussprachen, so waren sie in der Regel am Studienmaterial interessiert, das sich in der Sowjetunion finden ließ, weniger am geistigen Austausch mit sowjetischen Kollegen. Juristen und die meisten Mediziner meldeten ohne Begründung, keinerlei wissenschaftliches Interesse an einer Kooperation zu haben. Natur- und Technikwissenschaftler dagegen erkannten häufig die Leistungen ihrer sowjetischen Kollegen an und waren fast durchweg an einem fachlichen Austausch interessiert. Nur aus ihren Reihen kommen auch jene Stimmen, die sich ganz grundsätzlich für Kooperationen mit Kollegen gleich welchen Landes aussprachen und aus diesem Grund auch den Austausch mit sowjetischen Wissenschaftlern begrüßten.

3. Verhandlungen in Moskau

Während das REM noch mit der Frage beschäftigt war, ob an Wissenschaftsbeziehungen zur Sowjetunion in Deutschland überhaupt Interesse bestünde, wurden im Umfeld des Außenministers von Ribbentrop bereits konkrete Schritte unternommen, um die wissenschaftliche Zusammenarbeit mit der Sowjetunion wieder in Gang zu bringen.

Besonders aktiv zeigte sich dabei (Bruno) Peter Kleist, der seit 1936 der Dienststelle Ribbentrop angehörte und dort ab 1938 als Hauptreferent für die Sowjetunion zuständig war.[33] Nach eigenen

astronomischen-rechen-instituts-professor-august-kopff-vom-21-september-1942 (Zugriff am 02.05.2014). Es ist jedoch wahrscheinlicher, dass deutsche und sowjetische Astronomen zwischen 1937 und 1939 direkt, ohne Einschaltung einer Mittlerinstanz, kommunizieren konnten.

32 ABBAW, PAW, II–XVI–81, Bl. 88, Kopff an den Präsidenten der PAW v. 08.12.1939. An darüber hinausgehenden Beziehungen hatte Kopff kein Interesse.

33 Kleist, geboren am 29.01.1904, hatte in Danzig und Berlin die Schule besucht und Fremdsprachen und Jura studiert. Er wurde 1932 in Halle promoviert. Vgl.

Angaben war der SS-Sturmbannführer[34] „alter Parteigenosse“ und hatte die Partei bereits vor 1933 aktiv unterstützt.[35] Bevor Kleist zur Dienststelle Ribbentrop wechselte, leitete er die Berliner Vertretung der Deutschen Ostmesse, Königsberg,[36] die sich ein Büro mit der Geschäftsstelle der DGSO und der Redaktion der Zeitschrift *Osteuropa* teilte.[37] 1937 wurde er zudem Generalsekretär der Deutsch-Polnischen Gesellschaft, worauf unten näher eingegangen wird. 1941 wechselte Kleist in Alfred Rosenbergs Reichsministerium für die besetzten Ostgebiete.

Kleist befürwortete eine Osteuropapolitik, die nicht-jüdische, antikommunistisch eingestellte Osteuropäer zur Zusammenarbeit mit

die Angaben zu seiner Person in der Einleitung von Kleists Erinnerungen: Peter Kleist: *Zwischen Hitler und Stalin. 1939–1945.* Bonn: Athenäum 1950, S. 7–16, hier S. 15; Archiv des Instituts für Zeitgeschichte, München (Archiv des IfZ), Zeugenschrifttum, ZS-1106 (Dr. Peter Kleist), Protokoll zu Interrogation Nr. 2530 (Stenographin: Lilly Daniel), Vernehmung des Dr. Bruno Peter Kleist, Ministerialdirigent, am 8. Januar 1948 durch Joseph Tancos.

34 Vgl. Archiv des IfZ, Nachlass Kleist, Fa 226/28, unfol., Einladungsliste des Reichsministeriums für die besetzten Ostgebiete v. 25.11.1942.

35 PA AA, R 65.801, unfol., Kleist an [Franz Xaver] Hasenöhrl (RMVP), (Abschrift) [Eingangsstempel des AA v. 03.07.1935].

36 Martin Burkert: *Die Ostwissenschaften im Dritten Reich*, Teil I: Zwischen Verbot und Duldung. Die schwierige Gratwanderung der Ostwissenschaften zwischen 1933 und 1939. Wiesbaden: Harrassowitz 2000, S. 386. Möglicherweise war Kleist zudem eine Zeit lang Geschäftsführer der Deutschen Hochschule für Politik in Berlin. Siehe beispielsweise Otto Bräutigam: Aus dem Kriegstagebuch des Diplomaten Otto Bräutigam. Eingeleitet und kommentiert von H. D. Heilmann. In: Götz Aly / Peter Chroust / H. D. Heilmann / Hermann Langbein: *Biedermann und Schreibtischtäter. Materialien zur deutschen Täter-Biographie.* Berlin: Rotbuch 1987, S. 123–187, hier S. 171, Anm. 54, von dort übernommen von Andreas Zellhuber: *„Unsere Verwaltung treibt einer Katastrophe zu…“. Das Reichsministerium für die besetzten Ostgebiete und die deutsche Besatzungsherrschaft in der Sowjetunion 1941–1945.* München: Vögel 2006, S. 74, Anm. 322.

37 Kleist gehörte auch dem Arbeitsausschuss oder dem Beirat der DGSO sowie dem „Schriftleitungsausschuss“ der DGSO-Zeitschrift „Osteuropa“ an; diese Verbindung ist von Bedeutung für den Abschnitt „Gründung der Zentralstelle Osteuropa“ (S. 103–115). Unser: Osteuropa, S. 592–593; Hoover Institution Archives, Stanford (HIA), Ehrenfried Schuette Collection, Collection Number 81065-10.V, Ehrenfried Schütte typescript v. März 1981: „‚Osteuropa‘ im Dritten Reich“. Die Aufzeichnung Schüttes ist als Antwort auf den Aufsatz Unsers entstanden und stellt eine Verteidigung des Agierens der Mitarbeiter der DGSO und der Redaktion der Zeitschrift *Osteuropa* dar. Schütte, ein späterer Mitarbeiter Kleists (siehe S. 110), übernahm laut seiner Aufzeichnung die Leitung der „Berliner Vertretung“, als Kleist in die Dienststelle Ribbentrop wechselte. Er war also mit den Mitarbeitern der DGSO und den Redakteuren von *Osteuropa* persönlich bekannt.

deutschen Stellen bewegen konnte. Im Juli 1941 gab Kleist eine von seinem Mitarbeiter Ehrenfried Schütte entworfene Denkschrift „an geeignete SS-Stellen" weiter.[38] Darin wird mit Blick auf die baltischen Staaten festgestellt, dass „auf die natuerlichen Gefuehle der Bevölkerung" Rücksicht genommen werden müsse, da man „auf den guten Willen dieser Völker zur gemeinsamen Arbeit unter deutscher Führung angewiesen" sei.[39] Gut ein Jahr später forderte Kleist in einer weiteren Denkschrift, in den besetzten Gebieten „die Bevölkerung zu gewinnen". Kleist verband dies mit einer deutlichen Kritik an der bisherigen deutschen Politik:

> Wir haben uns durch einen fluechtigen und in völkischen Fragen geradezu blinden Schulbegriff von „Russland" so verwirren lassen, dass wir die Einwohner der Sowjetunion, d. h. des buntesten Völkergefängnisses dieser Erde, allesamt als ein- und dasselbe Volk bezeichnen.

Bei einem Ukrainer, Georgier, Esten oder Letten rufe es „Erstaunen" hervor, wenn er von den Deutschen als „Russe" bezeichnet würde.[40] Dafür sei die deutsche Politik nicht sensibel genug. Sie habe die „Völker [...] beiseite geschoben" und „brutal in die Opposition getrieben", so Kleist ein weiteres halbes Jahr später im Dezember 1942 in einem Entwurf für einen Vortrag bei Rosenberg.[41] Die „bonzenhafte Unterscheidung zwischen ‚Herrenvolk' und ‚Heloten'" wirke empörend auf die „Völker". Indem er die Metapher vom „Völkergefängnis" wieder aufgriff, dessen „Zertrümmerung" die „Völker der Sowjet-Union" von Adolf Hitler erwartet hätten, rügte Kleist, dass es dazu wegen der Reduzierung der deutschen Politik auf das Militärische nicht gekommen sei: „Zum ersten Mal [...] wurde von der Waffe der Politik kein Gebrauch gemacht, so dass der andere Arm der Zange, die Wehrmacht, ins Leere schlug."

38 Archiv des IfZ, Nachlass Kleist, F 146, unfol., Denkschrift v. 07.07.1941 (Kopie). Das Zitat stammt aus einer handschriftlichen – vermutlich nachträglichen – Ergänzung Schüttes zu Beginn des Dokuments. Schütte überließ die Dokumente im Jahr 1987 dem Archiv des Instituts für Zeitgeschichte. Vgl. Archiv des IfZ, Nachlass Kleist, F 146, unfol., Schütte an das Institut für Zeitgeschichte v. 18.08.1987.

39 Archiv des IfZ, Nachlass Kleist, ED 165, unfol. (Kopie auch in F 146, unfol.), Denkschrift v. 07.07.1941.

40 Archiv des IfZ, Nachlass Kleist, ED 165, unfol. (Kopie auch in F 146, unfol.), Denkschrift v. 17.08.1942.

41 Archiv des IfZ, Nachlass Kleist, ED 165, unfol., Entwurf Kleists für einen persönlichen Vortrag beim Herrn Reichsminister für die besetzten Ostgebiete v. 04.12.1942. Folgende Zitate ebd.

Es muss hervorgehoben werden, dass Kleist die Behandlung der osteuropäischen Bevölkerung als Menschen zweiter Klasse nicht aus ethischen, sondern aus taktischen Gründen kritisierte. Auch Kleist war für eine „Neuordnung“ Osteuropas unter deutscher Führung, die auch den – von ihm nach Kriegsende geleugneten[42] – Mord an den Juden umfasste. Dass er den Holocaust billigte, zeigt sein Notizkalender, in dem er im Herbst 1941 die Zahl der von Einsatzgruppen im Reichskommissariat Ostland erschossenen Juden notierte und zufrieden feststellte, dass die Einsatzgruppen Litauer zur „Mitarbeit“ heranzögen: „Wenn auf diesem heikelsten Gebiet die Selbstverwaltung eingeschaltet wird, gibt es keine Ausrede mehr für alle anderen Gebiete“.[43] Der Historiker Hans Buchheim kommt zu dem Schluss, Kleist sei „Befürworter einer hegemonialen Ostpolitik Deutschlands [… gewesen], welche den unterworfenen Völkern ihre nationale Eigenart und ein gewisses Maß an politischer Freiheit“ gelassen hätte.[44] Politik „ohne die Völker“ zu betreiben, kritisierte das NSDAP-Mitglied als Verrat an „unseren Grundgesetzen“.[45] Man darf davon ausgehen, dass diese Haltung auch sein Vorgehen bei der Anbahnung wissenschaftlicher Kooperation mit der Sowjetunion in der Pakt-Zeit beeinflusste.

Wiederholt musste sich Kleist gegen den Vorwurf verteidigen, er sei „Pro-Bolschewist“. So findet sich dieser Vorwurf in einem undatierten, vermutlich zwischen 1937 und 1939 entstandenen Vermerk Martin Bormanns.[46] Bereits 1935 hatte auch Eberhard Taubert,

42 Elke Mayer: *Verfälschte Vergangenheit. Zur Entstehung der Holocaust-Leugnung in der Bundesrepublik Deutschland unter besonderer Berücksichtigung rechtsextremer Publizistik von 1945 bis 1970*. Frankfurt am Main u. a.: Lang 2003, S. 170–183.

43 Christian Gerlach: *Kalkulierte Morde. Die deutsche Wirtschafts- und Vernichtungspolitik in Weißrußland 1941 bis 1944*. Hamburg: Hamburger Edition 2000, S. 581, Anm. 488. Ich danke Dieter Pohl für den Hinweis, dass Kleist in dieser Publikation erwähnt wird.

44 Hans Buchheim: Zu Kleists „Auch du warst dabei“. In: *Vierteljahrshefte für Zeitgeschichte* 2,2 (1954), S. 177–192, hier S. 189.

45 Archiv des IfZ, Nachlass Kleist, ED 165, unfol., Entwurf Kleists für einen persönlichen Vortrag beim Herrn Reichsminister für die besetzten Ostgebiete v. 04.12.1942.

46 Archiv des IfZ, Nachlass Kleist, Fa 226/28, unfol., Vermerk Bormanns [vermutlich zwischen 1937 und 1939] über die Dienststelle des Außerordentlichen und Bevollmächtigten Botschafters des Deutschen Reiches, ihre Mitarbeiter und politischen Auswirkungen. Bormann verband diese Kritik an Kleist damit, dass er weiteren Personen und Institutionen, die sich mit Osteuropa und der Sowjetunion beschäftigten, ebenfalls Sympathien für den Kommunismus unterstellte. So nannte er beispielsweise die Zeitschrift *Osteuropa* der DGSO „kulturbolschewistisch“.

der in Goebbels' RMVP das Antikomintern-Referat leitete, Kleist Sympathien für den Bolschewismus unterstellt, wogegen sich dieser energisch verwahrt hatte.[47] An Kleists strikt antibolschewistischer Einstellung besteht tatsächlich kein Zweifel.[48] Allerdings zog Kleist aus dieser Position anders als Bormann und Taubert den Schluss, dass eine „intensive Entwicklung der Sowjetforschung"[49] der Schlüssel zum Erfolg im politischen Kampf gegen den Bolschewismus sei. Dies ist die Begründung dafür, warum er sich – wie gleich gezeigt werden wird – aktiv für die Wiederaufnahme der Wissenschaftsbeziehungen zur Sowjetunion einsetzte: Die Zusammenarbeit mit sowjetischen Wissenschaftlern sollte die „Ostforschung" stärken.

Im Januar 1940 reiste Kleist nach Moskau. Dort traf er mit dem Vize-Präsidenten der VOKS, Grigorij M. Chejfec, zusammen, um mit ihm über die Wiederbelebung kultureller Beziehungen zwischen Deutschland und der Sowjetunion zu sprechen. Es ist nicht klar, in wessen Namen Kleist verhandelte – im Namen des Auswärtigen Amtes, der Dienststelle Ribbentrop oder des Außenministers von Ribbentrop selbst. Das Gesprächsprotokoll der VOKS nennt ihn den „Referenten für kulturelle Fragen des deutschen Auswärtigen Amtes".[50] Ob er diesen Titel tatsächlich offiziell trug, konnte nicht ermittelt werden. In einer weiteren internen Aufzeichnung der VOKS erscheint Kleist als von Ribbentrops Referent für kulturelle

47 PA AA, R 65.801, unfol., Kleist an Hasenöhrl, (Abschrift) [Eingangsstempel des AA v. 03.07.1935].

48 Über seine Doktorarbeit mit dem Titel „Die völkerrechtliche Anerkennung Sowjetrußlands" hatte sich das sowjetische Volkskommissariat für Auswärtige Angelegenheiten bei der Deutschen Botschaft in Moskau beschwert, weil sie „sowjetfeindlich" sei. PA AA, R 65.801, unfol., Kleist an Hasenöhrl, (Abschrift) [Eingangsstempel des AA v. 03.07.1935]. Vgl. auch Aufzeichnung der Unterredung des Leiters der 2. Westabteilung im NKID [Volkskommissariat für Auswärtiges] Stern mit dem Legationsrat Hilger v. 04.08.1934 (geheim), abgedruckt in *Deutschland und die Sowjetunion 1933–1941*, Bd. 1, Dok. 489, S. 1299–1302, hier S. 1302. Kleist listete in genanntem Schreiben an Hasenöhrl noch weitere „Beweise" für seine antibolschewistische Einstellung auf. Er tat sich auch nach 1945, weiterhin fest im rechtsextremen Milieu verhaftet, als Antikommunist und insbesondere als Kritiker der Neuen Ostpolitik Willy Brandts hervor.

49 Kleist: *Hitler*, S. 135.

50 GA RF, f. 5283, op. 5, d. 750, l. 6–9, Protokoll Chejfec' über eine Besprechung mit dem Referenten für kulturelle Fragen des deutschen Auswärtigen Amtes, Dr. Kleist, bei der VOKS am 27.01.[1940], o. D. Zitat aus der Überschrift des Protokolls auf l. 6. Vgl. Rosenfeld: Kultur, S. 126–127; Nekrich: *Pariahs*, S. 165ff.

Fragen.[51] Wie unten gezeigt werden wird, bemühte sich Kleist bereits in dieser Zeit, umfassende Zuständigkeiten für die kulturellen Kontakte zur Sowjetunion zu bekommen, aber wenig spricht dafür, dass ihm das im Januar 1940 bereits gelungen war. Rosenfeld schreibt, Kleist sei nach seiner Rückkehr aus Moskau durch von Ribbentrop zum „Kulturreferenten" an der Deutschen Botschaft in Moskau ernannt worden,[52] was aber insofern verwunderlich wäre, als Kleist sich nicht dauerhaft in Moskau aufhielt. Fest steht zumindest, dass Kleist nach seiner Rückkehr nach Berlin von Ribbentrop persönlich von dem Treffen berichtete.[53]

Inhalt und Verlauf der Besprechung mit Chejfec lassen sich anhand des Protokolls der VOKS gut rekonstruieren.[54] Kleist schlug Chejfec vor, sich auf die Diskussion von Kooperationsprojekten zu konzentrieren, die sich in kurzer Zeit realisieren ließen. Im Bereich der wissenschaftlichen Beziehungen regte Kleist an, den Buchaustausch zu intensivieren, die von Hoetzsch herausgegebene Aktenpublikation zur Vorgeschichte und Geschichte des Ersten Weltkrieges voranzutreiben, den Austausch von Wissenschaftlern zu initiieren, sie zu Vorträgen im jeweils anderen Land einzuladen und Ausstellungen zu zeigen, insbesondere eine deutsche Automobil- und Straßenbauausstellung in Moskau. Von großem Interesse für die deutsche Seite sei die Arbeit sowjetischer Polarforscher, ließ Kleist seine Gesprächspartner wissen. Es ist zu vermuten, dass er die Anfrage des OKM kannte und deshalb dieses Fachgebiet besonders erwähnte. Außerdem hob er die Naturwissenschaften, die Medizin und die Mathematik als diejenigen Disziplinen hervor, die an einer deutsch-sowjetischen Zusammenarbeit interessiert sein könnten. Wichtig sei es, so Kleist, seine Vorschläge schnell zu realisieren, damit „das Eis gebrochen" werde für weitere Projekte kultureller – und damit auch

51 GA RF, f. 5283, op. 5, d. 750, l. 11–12, Protokoll Chejfec' über eine Besprechung im Narkomindel [Volkskommissariat für Auswärtiges] am 14.03.1940 über Fragen der kulturellen Beziehungen mit Deutschland, o. D.

52 Rosenfeld: Kultur, S. 126.

53 PA AA, R 61.311, unfol., Aktennotiz [Kleists] v. 20.02.1940, betr. Vortrag beim Reichsaußenminister (RAM) am 18.02.1940.

54 Zum Folgenden siehe GA RF, f. 5283, op. 5, d. 750, l. 6–9, Protokoll Chejfec' über eine Besprechung mit dem Referenten für kulturelle Fragen des deutschen Auswärtigen Amtes, Dr. Kleist, bei der VOKS am 27.01.[1940], o. D. Vgl. auch Rosenfeld: Kultur, S. 126–127.

wissenschaftlicher – Zusammenarbeit.[55] Nur mit Letzterem zeigte sich von Ribbentrop nicht einverstanden: Er wünschte sich ein „vorsichtiges und langsames Vorgehen."[56]

4. Festlegung der politischen Leitlinien

Wie oben dargelegt, hatte von Ribbentrop gegen die „vorsichtige" Wiederbelebung kultureller und wissenschaftlicher Beziehungen zur Sowjetunion nichts einzuwenden. In einer mündlichen Weisung, die Fritz von Twardowski schriftlich festhielt und sich noch einmal von Ribbentrop bestätigen ließ, gab der Reichsaußenminister Mitte März 1940 folgende Devise für das weitere Vorgehen aus:

> Da die Sowjet-Union für uns politisch und wirtschaftlich äusserst wichtig ist, sind einzelne kulturelle Veranstaltungen in nicht zu grossem Rahmen erwünscht. Dabei soll die Aufeinanderfolge der Veranstaltungen in nicht zu schnellem Tempo erfolgen. In erster Linie ist an Ausstellungen, Musik, Theater etc. gedacht. Ein enger geistig-kultureller Kontakt ist bei der Gegensätzlichkeit der Weltanschauung, die sich durch die politische Freundschaft nicht geändert hat, nicht erwünscht. Er ist nur zuzulassen, wo direkte deutsche Interessen es erfordern.[57]

55 GA RF, f. 5283, op. 5, d. 750, l. 6–9, hier l. 8, Protokoll Chejfec' über eine Besprechung mit dem Referenten für kulturelle Fragen des deutschen Auswärtigen Amtes, Dr. Kleist, bei der VOKS am 27.01.[1940], o. D.

56 PA AA, R 61.311, unfol., Aktennotiz [Kleists] v. 20.02.1940, betr. Vortrag beim RAM am 18.02.1940. Im Volkskommissariat für Auswärtiges fand Mitte März 1940 eine Besprechung zwischen dem Leiter der Abteilung Zentraleuropa des Volkskommissariats für Auswärtige Angelegenheiten A. M. Aleksandrov, seinem Stellvertreter Bitjaev, dem Vorsitzenden der VOKS Vladimir S. Kemenov und Chejfec über Fragen der kulturellen Beziehungen mit Deutschland statt. Im Wesentlichen ging es in diesem Treffen um die von Chejfec und Kleist besprochenen Kooperationsprojekte. Kleists Vorschlag, eine Automobil- und Straßenbauausstellung in Moskau zu zeigen, nahmen sie an. Den Fragen des Buchaustausches und der Aktenedition sollte die VOKS weiter nachgehen. Vortragsreisen sowjetischer Wissenschaftler nach Deutschland und deutscher Wissenschaftler in die Sowjetunion hielt man für zweckmäßig. Insbesondere wollte man einen sowjetischen Polarforscher auf eine Vortragsreise nach Deutschland schicken. GA RF, f. 5283, op. 5, d. 750, l. 11–12, Protokoll Chejfec' über eine Besprechung im Narkomindel [Volkskommissariat für Auswärtiges] am 14.03.1940 über Fragen der kulturellen Beziehungen mit Deutschland, o. D.

57 PA AA, R 60.606, unfol., Aufzeichnung von Twardowskis v. 18.03.1940 (ganz geheim). Die Weisung hatte von Ribbentrop vermutlich in einer Besprechung mit von Twardowski und Kleist am 16.03.1940 gegeben. Vgl. PA AA, R 61.311, unfol., Kleist an Behrends (Volksdeutsche Mittelstelle) v. 09.09.1940. Hermann Behrends war nicht nur Werner Lorenz' Stellvertreter in der Volksdeutschen Mittelstelle, sondern auch in der Vereinigung zwischenstaatlicher Verbände und Einrichtungen, einem Dachverband der deutschen zwischenstaatlichen Gesellschaften, deren

Mit „geistig-kulturellem Kontakt“ waren auch Wissenschaftsbeziehungen gemeint. Wie schon beim Treffen mit Kleist nach dessen Rückkehr aus Moskau gab von Ribbentrop auch im Gespräch mit von Twardowski die Erlaubnis, diese Beziehungen wieder aufzunehmen. Gleichwohl betonte er wiederum, dass ein enger Austausch zwischen der deutschen und der sowjetischen Wissenschaft nur zugelassen werden solle, wenn ein deutsches Interesse es erforderlich mache. Explizit genehmigte er die Straßenbauausstellung.[58] Außerdem gab er grünes Licht für Veranstaltungen, deren Durchführung offenbar die sowjetische Botschaft vorgeschlagen hatte. Interessant ist selbstverständlich auch, dass der Außenminister die Notwendigkeit, kulturelle (und damit auch wissenschaftliche) Beziehungen zur Sowjetunion zuzulassen, mit politischen und wirtschaftlichen Interessen begründete. Kultur und Wissenschaft wurden hier zum Mittel, um andere Ziele zu erreichen.

Von Ribbentrop erklärte sich gegenüber von Twardowski zudem einverstanden, dass die Kulturabteilung des Auswärtigen Amtes eine „Ressortbesprechung für die Abgrenzung und Feststellung des erwünschten deutsch-sowjetischen Kulturaustausches auf wissenschaftlichen und sonstigen Gebieten“[59] einberief. Die Notwendigkeit für eine derartige Besprechung war der Tatsache geschuldet, dass er und sein Ministerium sowie die Dienststelle Ribbentrop – genauso wie in der ersten Hälfte der 1930er Jahre – beileibe nicht die einzigen staatlichen oder politischen Akteure waren, die Einfluss auf die Gestaltung dieser Beziehungen zu nehmen versuchten. Vermutlich hofften der Außenminister und seine Mitarbeiter, mit der Einberufung einer Ressortbesprechung ihren Führungsanspruch auf diesem Gebiet zu untermauern.

Tatsächlich fand wenige Tage später, am 29. März 1940, die anvisierte Besprechung über die Aufnahme kultureller und wissenschaftlicher Beziehungen zur Sowjetunion statt. Es nahmen nicht

Präsident Lorenz seit 1938 war; dies erklärt, warum Kleist in dieser Angelegenheit an ihn schrieb. Annette Hack: Die gleichgeschaltete Deutsch-Japanische Gesellschaft (1933–1945). In: Günther Haasch (Hrsg.): *Die Deutsch-Japanischen Gesellschaften von 1888 bis 1996*. Berlin: Edition Colloquium 1996, S. 123–224, hier S. 169, Anm. 131.

58 PA AA, R 60.606, unfol., Aufzeichnung von Twardowskis v. 18.03.1940 (ganz geheim).

59 Ebd.

weniger als zehn Behörden und Parteidienststellen teil. Zusätzlich zum Auswärtigen Amt und zur Dienststelle Ribbentrop waren vertreten: das Reichsministerium des Innern, das Oberkommando der Wehrmacht, das Außenpolitische Amt der NSDAP, das RMVP, die Reichsführung-SS, das Reichsministerium der Justiz, das REM sowie das Reichssicherheitshauptamt. Das Auswärtige Amt dominierte die Veranstaltung schon allein durch die Anzahl der Vertreter, die es zu dieser Besprechung schickte, darunter viele Mitarbeiter der Kulturabteilung. Die Hälfte der Anwesenden bestand aus Mitarbeitern des Auswärtigen Amtes. Dazu kamen noch zwei Vertreter der Dienststelle Ribbentrop. Einer von ihnen war Kleist.[60] Folgt man dem Protokoll, oblag den Vertretern von Ribbentrops auch die Gesprächsführung. Von Twardowski eröffnete die Besprechung, indem er sinngemäß die Ansichten seines Vorgesetzten referierte:[61] Die wichtigen politischen und wirtschaftlichen Beziehungen zur Sowjetunion würden auch die Anbahnung kultureller Beziehungen notwendig erscheinen lassen. Deutschland sei an der Herstellung solcher Beziehungen, die auf den Grundsätzen des Austauschs und der Gegenseitigkeit beruhen müssten, an und für sich interessiert. Doch zöge der fortbestehende „weltanschauliche Gegensatz zwischen Nationalsozialismus und Bolschewismus" den deutsch-sowjetischen kulturellen Beziehungen Grenzen. Es seien daher nicht „alle Kategorien von kulturellen Austauschbeziehungen in Gang zu bringen, an denen Deutschland künstlerisches oder wissenschaftliches Interesse hat." Stattdessen sei eine Beschränkung auf wenige Bereiche und konkrete Veranstaltungen beabsichtigt. Von Twardowski nannte wiederum die Straßenbauausstellung sowie „eine Zusammenarbeit auf wissenschaftlichem Gebiet in beschränktem Ausmaß".[62] Alle Austauschbeziehungen sollten durch eine Zentralstelle koordiniert werden, womit von Twardowski auf Pläne

60 PA AA, R 60.606, Bl. 38, Verzeichnis der Teilnehmer an der Besprechung vom 29.03.1940 (Anlage zu PA AA, R 60.606, Bl. 36–37, Aufzeichnung [Wilhelm] Nöldekes (AA) über die Besprechung vom 29.03.1940 betr. die Aufnahme kultureller Beziehungen zur Sowjetunion v. 03.04.1940 (geheim)). Auffällig ist, dass kein Vertreter des Reichswirtschaftsministeriums teilnahm.

61 Zum Folgenden PA AA, R 60.606, Bl. 36–37, hier Bl. 36, 36 (Rückseite), Aufzeichnung Nöldekes über die Besprechung vom 29.03.1940 betr. die Aufnahme kultureller Beziehungen zur Sowjetunion v. 03.04.1940 (geheim).

62 Ebd., Bl. 36 (Rückseite).

anspielte, eine solche Zentralstelle unter der Aufsicht des Auswärtigen Amtes zu gründen.[63]

Kleist weihte die Anwesenden anschließend in die Pläne für eine russische Volkskunstausstellung in Berlin ein, die bereits für Ende April ins Auge gefasst war (letztendlich aber nicht verwirklicht wurde).[64] Dann wandte sich die Aufmerksamkeit wissenschaftlichen Beziehungen zu. Der Vertreter des Reichsministeriums des Innern nannte zunächst ein spezielles Fachgebiet, auf dem Deutschland „an einer engeren wissenschaftlichen Zusammenarbeit […] sehr interessiert" sei: das der Kartographie und Geodäsie. Unter anderem sei bei der „Grenzziehung im Osten" bereits „ein Austausch kartographischen und geodätischen Materials notwendig gewesen".[65] Daraufhin ergänzte der Vertreter des REM, dass allgemein „an der Aufnahme wissenschaftlicher Beziehungen mit der Sowjetunion deutscherseits ein ausgesprochenes Interesse besteht."[66] Vermutlich stützte er sich dabei auf die Antworten zum Rundschreiben seines Ministeriums vom 30. November 1939.[67] Er fuhr fort:

> Obgleich bei einem Austausch auf wissenschaftlichen Gebieten [handschriftlich eingefügt: „mit"] der Sowjetunion Deutschland in der Mehrzahl der Fälle der Gebende sein würde, wäre man doch sehr interessiert, über die Leistungen der sowjetrussischen Wissenschaft auf bestimmten Gebieten (wie z. B. der Arktisforschung) und allgemein über deren Bestrebungen und Ziele unterrichtet zu werden.[68]

Diese Argumentation bedient das Vorurteil von der geistigen Überlegenheit der Deutschen über andere „Völker". Womöglich kam er

63 Siehe dazu S. 103ff.

64 PA AA, R 60.606, Bl. 36–37, hier Bl. 36 (Rückseite), Aufzeichnung Nöldekes über die Besprechung vom 29.03.1940 betr. die Aufnahme kultureller Beziehungen zur Sowjetunion v. 03.04.1940 (geheim). Die Sowjetunion war aber auf der Leipziger Messe im September 1940 mit einem Pavillon vertreten. Nekrich: *Pariahs*, S. 170; Meldungen aus dem Reich Nr. 122 v. 09.09.1940. In: Heinz Boberach (Hrsg.): *Meldungen aus dem Reich 1938–1945. Die geheimen Lageberichte des Sicherheitsdienstes der SS*, Bd. 5: Meldungen aus dem Reich Nr. 102 vom 4. Juli 1940 – Nr. 141 vom 14. November 1940. Herrsching: Pawlak 1984, S. 1549–1563, hier S. 1551–1552.

65 PA AA, R 60.606, Bl. 36–37, hier Bl. 37, Aufzeichnung Nöldekes über die Besprechung vom 29.03.1940 betr. die Aufnahme kultureller Beziehungen zur Sowjetunion v. 03.04.1940 (geheim).

66 Ebd.

67 Vgl. S. 85–91.

68 PA AA, R 60.606, Bl. 36–37, hier Bl. 37, Aufzeichnung Nöldekes über die Besprechung vom 29.03.1940 betr. die Aufnahme kultureller Beziehungen zur Sowjetunion v. 03.04.1940 (geheim).

damit auch den Vorbehalten gegenüber der Zusammenarbeit mit der Sowjetunion ein Stück weit entgegen, um ihnen „den Wind aus den Segeln zu nehmen". So war beispielsweise Taubert, der Kleist Nähe zum Bolschewismus unterstellt hatte und dessen Abteilung im RMVP die Antikomintern unterstand, bei dem Treffen anwesend. Der explizite Hinweis auf die Arktisforschung rührte mit einiger Wahrscheinlichkeit von der genannten Anfrage des OKM her.[69]

Eine längere Passage des Protokolls muss in voller Länge zitiert werden. Sie hält die Ergebnisse der Besprechung fest und gibt Auskunft darüber, wie die Anwesenden die wissenschaftliche Zusammenarbeit mit der Sowjetunion gestalten wollten.

> Es besteht […] Einverständnis darüber, daß eine Wiederbelebung der zahlreichen vorher [„vorher" handschriftlich durchgestrichen und ersetzt durch „früher"] bestehenden unmittelbaren und unkontrollierbaren individuellen wissenschaftlichen Beziehungen zwischen den deutschen und sowjetischen Persönlichkeiten und Instituten nicht erwünscht ist. Unmittelbare Beziehungen sollen vielmehr tunlichst nur von einer Stelle oder eventuell einigen wenigen hierzu ausdrücklich ermächtigten Wissenschaftlern aufgenommen werden, um auf diese Weise die Übersicht über den wissenschaftlichen Verkehr und Austausch sowie eine Kontrolle zu ermöglichen.
>
> Der Vertreter des Reichswissenschaftsministeriums empfiehlt eine Aufteilung nach einzelnen Sachgebieten mit je einem Experten, der zu untersuchen hätte, an welchen von Sowjetgelehrten bearbeiteten wissenschaftlichen Fragen ein Interesse besteht. Was den wissenschaftlichen Verkehr mit der Sowjetunion betrifft, wird jedoch auch darauf zu achten sein, daß alle Fäden bei einer Zentralstelle zusammenlaufen.[70]

Zunächst ist festzuhalten: Angesichts einer Situation, die dadurch gekennzeichnet war, dass zwar auf der einen Seite diverse politische, wirtschaftliche, militärische und wissenschaftliche Gründe dafür sprachen, wissenschaftliche Beziehungen zur Sowjetunion wieder aufzunehmen, in der man aber auf der anderen Seite den fortbestehenden „weltanschaulichen Gegensatz zwischen Nationalsozialismus und Bolschewismus" weiter betonte, flüchteten sich die Teilnehmer des Treffens in ein „Ja, aber". Die Wissenschaftsbeziehungen zur Sowjetunion sollten zwar wieder aufgenommen, gleichzeitig aber einer rigiden politischen Kontrolle unterworfen werden.

69 Vgl. S. 84–85.

70 PA AA, R 60.606, Bl. 36–37, hier Bl. 37, 37 (Rückseite), Aufzeichnung Nöldekes über die Besprechung vom 29.03.1940 betr. die Aufnahme kultureller Beziehungen zur Sowjetunion v. 03.04.1940 (geheim).

Dafür sahen die Vertreter der zehn Behörden und Parteidienststellen entweder vor, einige wenige Wissenschaftler zu ermächtigen, die Wissenschaftsbeziehungen zur Sowjetunion zu gestalten, oder eine „Zentralstelle“ zu gründen, die sich dieser Aufgabe zu verschreiben hätte.

Welche der beiden Lösungen schließlich zum Zuge kommen sollte, wurde nicht klar festgelegt. Es ist symptomatisch für die nationalsozialistische Herrschaftsstruktur, dass schließlich beide umgesetzt wurden – von zwei unterschiedlichen Stellen: dem Auswärtigen Amt bzw. ihm nahestehenden Personen und Institutionen und dem REM. Beide Ministerien hatten damit ihren Anspruch auf Mitgestaltung der deutsch-sowjetischen Wissenschaftsbeziehungen verteidigen können. Doppelstrukturen, die bereits des Öfteren zu Auseinandersetzungen zwischen dem REM und dem AA geführt hatten, blieben erhalten.

Zum Instrument des Auswärtigen Amtes wurde die Zentralstelle Osteuropa, die wesentlich auf die Initiative Kleists zurückging. Sie soll im folgenden Abschnitt näher beleuchtet werden. Das REM auf der anderen Seite ernannte – wie es sein Vertreter in der Besprechung vorgeschlagen hatte – Experten für einzelne Fachbereiche, die eine einheitliche Koordination und Lenkung der Wissenschaftsbeziehungen zur Sowjetunion sicherstellen sollten. Diese Initiative ist Thema des übernächsten Abschnittes der vorliegenden Arbeit.

Das bisher unbekannte Protokoll der Besprechung am 29. März 1940 ist eine zentrale Quelle für die Geschichte der deutsch-sowjetischen Wissenschaftsbeziehungen, denn während dieses Treffens wurde das weitere Vorgehen deutscher Behörden und Parteidienststellen in der Frage der wissenschaftlichen Beziehungen zur Sowjetunion festgelegt. Zwar war offengehalten, wie die Beschlüsse der Runde genau umgesetzt werden sollten. Dies machte die parallelen Initiativen des REM und des AA möglich. Dennoch stimmte man in den Zielen überein und war sich einig, dass die Wiederbelebung der Beziehungen vorsichtig und kontrolliert erfolgen müsse. Rosenfelds Urteil, dass sich die Wiederbelebung der deutsch-sowjetischen kulturellen – und damit der wissenschaftlichen – Beziehungen von deutscher Seite aus schwierig gestaltet hätten, „da in der Reichsregierung unterschiedliche Positionen vertreten wurden",[71] kann daher nicht ohne Weiteres zugestimmt werden. Vielmehr beweist das Treffen am 29. März 1940, dass die rivalisierenden Instanzen in der Lage waren, sich auf eine Linie zu verständigen. Lediglich in der Umsetzung gingen das Auswärtige Amt und das REM verschiedene Wege, wie im Folgenden gezeigt werden wird.

5. Gründung der Zentralstelle Osteuropa

Die Idee, eine Zentralstelle zur Koordinierung aller kulturellen und wissenschaftlichen Kontakte zur Sowjetunion zu gründen, entstand nicht erst während des Treffens am 29. März 1940, sondern hat eine längere Vorgeschichte. Wiederum spielt Kleist darin eine entscheidende Rolle. Neben seiner Tätigkeit in der Dienststelle Ribbentrop war er wie erwähnt Generalsekretär der Deutsch-Polnischen Gesellschaft.[72] Im Sommer 1939 schlug Kleist von Ribbentrop vor – vermutlich angesichts der gespannten politischen Beziehungen zwischen Deutschland und Polen –, die Gesellschaft zu suspendieren.[73] Der Reichsaußenminister ordnete aber an, „dass die Gesellschaft in ihrer bisherigen Form erhalten bleiben und ihre Tätigkeit offiziell nicht eingestellt werden solle."[74] Auch nach Kriegsbeginn blieb die Gesellschaft anders als beispielsweise die Deutsch-Englische Gesellschaft vorerst bestehen.[75]

71 Rosenfeld: Kultur, S. 124.

72 PA AA, R 61.310, unfol., Bericht der Treuhand-Vereinigung Aktiengesellschaft, Berlin (Wirtschaftsprüfungsgesellschaft) über eine Prüfung der Bücher und des Abschlusses zum 31. März 1939 der Deutsch-Polnischen Gesellschaft e. V., Berlin v. 15.06.1939; PA AA, R 61.310, unfol., Bericht der Deutschen Revisions- und Treuhandaktiengesellschaft, Berlin über die bei der Deutsch-Polnischen Gesellschaft, Berlin vorgenommene Sonderprüfung v. 20.07.1939. Die Deutsch-Polnische Gesellschaft ist nicht zu verwechseln mit der Deutsch-Polnischen Verbindungsstelle. Laut einer Notiz Kleists war letztere „seinerzeit vom Propaganda-Ministerium unter Bruch der gemeinsamen Abmachungen über die Gründung der ‚Deutsch-Polnischen Gesellschaft' als Gegengründung gebildet worden." PA AA, R 61.311, unfol., Notiz Kleists für [Paulus] von Stolzmann (AA) v. 17.01.1940.

73 PA AA, R 61.311, unfol., Notiz Kleists für Lorenz v. 14.07.1939 (Abschrift), betr. Deutsch-Polnische Gesellschaft.

74 Ebd. Dieser Entschluss hatte vermutlich mit den im Folgenden geschilderten neuen Aufgaben der Deutsch-Polnischen Gesellschaft noch nichts zu tun. Kleist sprach ebd. von „Sonderaufgaben", die die Gesellschaft übertragen bekommen habe. Worin diese „Sonderaufgaben" bestanden, konnte nicht ermittelt werden.

75 Siehe den Briefwechsel zwischen dem Leiter der Kulturpolitischen Abteilung

Warum wurde die Deutsch-Polnische Gesellschaft auch nach dem Überfall auf Polen nicht suspendiert? Die Antwort findet sich in einem weiteren Schreiben Kleists an Lorenz vom Oktober 1939:

> Um die offiziellen Beziehungen Deutschlands zur Sowjet-Union zu verbreitern und zu unterbauen, ist die Gründung einer zwischenstaatlichen Gesellschaft erwogen worden. Da es im vorliegenden Falle nicht zweckmässig erschien, eine „Deutsch-Russische Gesellschaft" zum Zwecke der „kulturellen Annäherung" zu gründen, hat der Herr Reichsaussenminister angeordnet, die Deutsch-Polnische Gesellschaft, die in Zukunft ihre Räume nicht mehr voll ausnutzen dürfte, als juristische und räumliche Grundlage für eine breitere Ostarbeit zu benutzen und die spätere Gründung einer „Zentralstelle für den Osten" ins Auge zu fassen.[76]

Von Ribbentrop suspendierte die Deutsch-Polnische Gesellschaft also deshalb nicht, damit sie in Zukunft statt der kulturellen Zusammenarbeit mit Polen diejenige mit der Sowjetunion begleiten könne. Den Bedarf dafür sah von Ribbentrop offensichtlich gegeben, wenngleich er vor dem Hintergrund der langjährigen Feindschaft zwischen dem nationalsozialistischen Deutschland und der stalinistischen Sowjetunion davor zurückschreckte, eine Deutsch-Russische Gesellschaft zu diesem Zeitpunkt neu zu gründen.[77] Der Nukleus einer solchen Deutsch-Russischen bzw. Deutsch-Sowjetischen Gesellschaft sollte daher die Deutsch-Polnische Gesellschaft werden, die von Ribbentrop – ohne also die Sowjetunion namentlich zu erwähnen – „Zentralstelle für den Osten" nennen wollte.

Mit der Ausarbeitung dieses Planes des Reichsaußenministers befasste sich in der Folgezeit sein Hauptreferent für die Sowjetunion und Generalsekretär der Deutsch-Polnischen Gesellschaft, Peter

des AA und dem Präsidenten der Vereinigung zwischenstaatlicher Verbände und Einrichtungen: PA AA, R 61.310, unfol., von Twardowski an Lorenz v. 31.10.1939 (Abschrift); PA AA, R 61.280, Bl. 99–100, Lorenz an von Twardowski v. 11.11.1939.

76 PA AA, R 61.311, unfol., Kleist an Lorenz (sowie wortgleich an dessen Mitarbeiter [Rudolf] Grosche) v. 25.10.1939 (Abschrift). Grosche berichtete über den Inhalt des Schreibens tags darauf in der Vorstandssitzung der Stiftung Deutsches Auslandswerk (über die Stiftung erfolgte die Finanzierung der zwischenstaatlichen Gesellschaften). Das Protokoll der Sitzung ist enthalten in PA AA, R 61.276, Bl. 22–33, hier Bl. 26.

77 Darüber hinaus zog man aus „steuerlichen und finanziellen Gründen" eine Umeiner Neugründung vor. PA AA, R 27.159a, unfol., Notiz Nabersbergs für den RAM (vorgelegt über Lorenz) v. 05.05.1941.

Kleist.[78] Das erste Konzept zur „Gründung einer zwischenstaatlichen Gesellschaft als Arbeitsinstrument eines eventuellen kulturellen und wissenschaftlichen Austausches" mit der Sowjetunion,[79] das Kleist Mitte Januar 1940 aufsetzte, sah für die bisherige Deutsch-Polnische Gesellschaft nur eine Nebenrolle als Finanzierungsstelle vor. Nach außen hin sollte dagegen die DGSO, die durch die Umbesetzung der Leitung „aktiviert" werden sollte, als die zu schaffende zwischenstaatliche Gesellschaft auftreten und „darüber hinaus als Gutachter [sic] und Beobachtungsstelle für den gesamten deutsch-russischen wissenschaftlichen, kulturellen und gesellschaftlichen Austausch" fungieren. Der bisherige Mitarbeiterstab der Deutsch-Polnischen Gesellschaft – also auch Kleist selbst – sollte dieses neue Aufgabengebiet übernehmen.[80]

Kleist führte in zwei Denkschriften[81] fünf Gründe für die Etablierung eines „Russland-Sonderreferats" oder einer „Zentralstelle für die Arbeit mit dem Osten" an: Erstens sollte sichergestellt werden, dass von Ribbentrop und seine Diplomaten und nicht etwa andere konkurrierende staatliche oder parteiamtliche Stellen die Kultur- und Wissenschaftsbeziehungen zur Sowjetunion kontrollierten. Zweitens verwies Kleist darauf, dass auch die Sowjetunion die „Auslandsarbeit" im kulturellen und wissenschaftlichen Bereich straff zusammenfasse bzw. zentralisiere. Damit spielte er auf die VOKS an, die in der Tat diese Funktion ausübte und als ein Modell für die in Deutschland geplante Organisation gesehen werden kann. Kleist beschwor die Gefahr einer „Ausspielung der gesamten Energien des Sowjetstaates gegenüber den einzelnen privaten deutschen

78 Bereits im Juni 1939 war Kleist vom Reichsaußenminister beauftragt gewesen, „zwischenstaatliche Gesellschaften für die drei baltischen Staaten zu gründen." PA AA, R 61.279, Bl. 276, Kleist an von Stolzmann v. 06.06.1939. Dieses Vorhaben wurde jedoch nach dem Abschluss des Hitler-Stalin-Paktes und dem deutschen Überfall auf Polen „zum mindesten bis zur Klarstellung der Verhältnisse in Polen" zurückgestellt. PA AA, R 61.279, Bl. 319, Aufzeichnung von Stolzmanns und Grosches (AA) v. 19.09.1939.

79 PA AA, R 61.311, unfol., Aufzeichnung Kleists v. 15.01.1940, betr. Deutsche Gesellschaft zum Studium Osteuropas. Folgende Zitate ebd.

80 Zu Kleists Verbindung mit der DGSO siehe S. 92.

81 PA AA, R 61.311, unfol., Aufzeichnung Kleists v. 15.01.1940, betr. Deutsche Gesellschaft zum Studium Osteuropas; PA AA, R 61.311, unfol., Aufzeichnung [Kleists] vom 15.01.1940, betr. Sonderaufgaben auf dem Gebiete der Sowjet-Union. Zitate im Folgenden aus diesen Aufzeichnungen (z. T. mit Kasusänderung).

Institutionen" herauf, die drohe, wenn nicht auch auf deutscher Seite die Zusammenarbeit mit der Sowjetunion zentral koordiniert werde. Drittens argumentierte Kleist, die ideologischen Differenzen zwischen Nationalsozialismus und Bolschewismus machten die Kontrolle aller Kontakte notwendig. Dies war ja bereits in der Ressortbesprechung am 29. März 1940 ein zentrales Argument gewesen. Interpretationsbedürftig sind schließlich der vierte und der fünfte Grund, „innenpolitische Gründe" sowie die „Unzugänglichkeit und Unzulänglichkeit des Sowjetmaterials". „Innenpolitische Gründe" für die Gründung einer „Zentralstelle" könnten zum Beispiel die generelle Tendenz zur Zentralisierung von Kompetenzen im NS-Staat oder die Notwendigkeit, dem weitverbreiteten Misstrauen gegen Ostforschungseinrichtungen zu begegnen, gewesen sein. Mit „unzugänglichem und unzulänglichem Sowjetmaterial" waren möglicherweise auf Russisch verfasste (unzugängliche) oder ideologisch gefärbte (unzulängliche) Publikationen gemeint. Die Zentralstelle hätte diese Texte also übersetzen und zensieren müssen.

In späteren Konzepten Kleists spielte die DGSO zunächst nur noch eine untergeordnete,[82] schließlich keine Rolle mehr.[83] Aus den Akten geht nicht hervor, was ihn zu dieser Änderung bewog. Belegt ist indes, dass er bis Mitte März 1940 ein neues Konzept ausarbeitete, in dem die neu zu schaffende Zentralstelle Osteuropa allein mit den skizzierten Aufgaben betraut werden sollte.[84] Die DGSO zog zwar in das Haus der bisherigen Deutsch-Polnischen Gesellschaft und zukünftigen Zentralstelle um,[85] blieb aber organisatorisch unabhängig.

Von Anfang an hatte Kleist die Einrichtung der Zentralstelle auch als Möglichkeit beschrieben, den Führungsanspruch von Ribbentrops und seines Ministeriums sicherzustellen. Die „Initiative in diesen neuen Arbeitsbereichen", so Kleist, solle „allein vom Aussenminister" ausgehen.[86] Kleist hielt von Ribbentrop auch in der

82 PA AA, R 61.311, unfol., Notiz Kleists für Lorenz v. 20.02.1940.

83 PA AA, R 61.311, unfol., Aufzeichnung Kleists für von Twardowski v. 11.03.1940, betr. Umwandlung der Deutsch-Polnischen Gesellschaft in eine Zentralstelle Osteuropa.

84 Ebd.

85 Vgl. S. 66.

86 PA AA, R 61.311, unfol., Aufzeichnung Kleists v. 15.01.1940, betr. Sonderaufgaben auf dem Gebiete der Sowjet-Union. Vgl. auch PA AA, R 61.311, unfol.,

Gründungsphase der Zentralstelle ständig auf dem Laufenden. Anfang Januar und Mitte Februar sprach er jeweils persönlich mit dem Reichsaußenminister über seine Pläne.[87] Mitte März hatte Kleist gemeinsam mit von Twardowski einen weiteren Termin bei von Ribbentrop. Auch bei dieser Gelegenheit wurde „die Umwandlung der DPG [Deutsch-Polnischen Gesellschaft] in die ‚Zentralstelle Osteuropa' erwähnt und wiederum gebilligt".[88] Es kann also keine Rede davon sein, dass Kleist gegen den Widerstand von Ribbentrops „in aller Stille" die Gründung der Zentralstelle vorangetrieben hätte. Das Gegenteil war der Fall.

Wie geschildert fand der Plan, eine derartige Zentralstelle einzurichten, auch die Zustimmung der Teilnehmer der Besprechung am 29. März 1940.[89] Neben dem Protokoll gibt es dafür als weiteren Beleg einen Brief Kleists. Darin teilte Kleist mit, dass der Plan auf dem Treffen „eine allseitige Billigung fand [und] dessen recht baldige Verwirklichung von allen beteiligten Stellen gefordert wurde."[90] Bereits Mitte April 1940 wurde die neue Zentralstelle Osteuropa (ZO) in das Vereinsregister eingetragen.[91]

Notiz Kleists v. 29.04.1940 (Abschrift), betr. Zentralstelle Osteuropa, wo es heißt, die Zentralstelle Osteuropa solle „zum Kontroll- und Führungsorgan aller deutschen Beziehungen zur Sowjet-Union [werden], soweit sie nicht durch die aussenpolitische Führung auf rein politischem oder wirtschaftlichem Gebiet bereits in den Händen des Reichsaussenministers liegt."

87 PA AA, R 61.311, unfol., Notiz Kleists für von Ribbentrop v. 16.01.1940; PA AA, R 61.311, unfol., Aktennotiz [Kleists] v. 20.02.1940, betr. Vortrag beim RAM am 18.02.1940.

88 PA AA, R 61.311, unfol., Kleist an Behrends v. 09.09.1940.

89 Vgl. S. 101–102.

90 PA AA, R 61.311, unfol., Kleist an die Vereinigung zwischenstaatlicher Verbände und Einrichtungen v. 04.04.1940, betr. Umgründung der Deutsch-Polnischen Gesellschaft.

91 In einer Notiz, die von Ribbentrop zu seinem Geburtstag am 30. April 1940 überreicht wurde, behauptete Kleist, die Eintragung in das Vereinsregister sei am 29. April 1940 erfolgt. PA AA, R 61.311, unfol., Notiz Kleists v. 29.04.1940 (Abschrift), betr. Zentralstelle Osteuropa. Dies ist ein Irrtum oder eine absichtlich falsche Datierung. Das korrekte Datum ist der 17. April 1940. So PA AA, R 61.311, unfol., Kleist an Nabersberg (Vereinigung zwischenstaatlicher Verbände und Einrichtungen) v. 04.05.1940 (Abschrift), betr. Umgründung der Deutsch-Polnischen Gesellschaft; PA AA, R 61.393, unfol., Bericht der Deutschen Revisions- und Treuhand-Aktiengesellschaft, Berlin über die bei der Zentralstelle Osteuropa, Berlin vorgenommene Prüfung der Einnahmen und Ausgaben für die Zeit vom 1. April 1939 bis zum 31. März 1940 v. 19.08.1940. Auch die Satzung, die sich in der Akte unmittelbar hinter Kleists Notiz befindet, ist auf den 17. April 1940 datiert.

Das hier auf der Grundlage der Quellen gezeichnete Bild von der Gründungsgeschichte der ZO unterscheidet sich erheblich von demjenigen, das Kleist in seinen nach 1945 verfassten Erinnerungen präsentiert. Dort behauptet er, seine „wiederholten Versuche, ihn [von Ribbentrop] zur Bildung eines Rußlandkommitees zu bewegen“, das ziemlich exakt die Aufgaben hätte haben sollen, die die Zentralstelle Osteuropa letztlich hatte, hätten „unangenehm“ auf den Außenminister gewirkt und dieser hätte ihm befohlen, sich „zurückzuhalten“.[92] Weiter notiert Kleist:

> Ich versuchte in der Zwischenzeit, die deutsch-polnische Gesellschaft zu einer Art Hilfsorganisation für die aus dem sowjetisch besetzen Polen geflohenen polnischen Persönlichkeiten umzuwandeln. Aber auch das führte bald zu Mißhelligkeiten und zur Schließung der Gesellschaft. Ich entwickelte in aller Stille aus dem bestehenden Apparat eine „Zentralstelle Osteuropa“, in der ich einerseits die deutschen Ostkenner sammeln, andererseits aber einen Mittelpunkt für die antisowjetischen, nationalen Elemente aus dem sowjetischbesetzten oder bedrohten Osteuropa schaffen wollte.[93]

Mit dieser Darstellung schreibt Kleist die Wirklichkeit um. Die Schließung der Deutsch-Polnischen Gesellschaft hatte Kleist selbst vorgeschlagen; von Ribbentrop verbot sie. Nicht Kleist entwickelte „in aller Stille“ die Zentralstelle Osteuropa, sondern die Idee kam von Ribbentrop selbst. Kleist hatte ihn auch in der Gründungsphase ständig auf dem Laufenden gehalten. Auch wenn es mit seinem Ansatz, die Bevölkerung der Sowjetunion auf die deutsche Seite zu ziehen, überein gestimmt hätte, gibt es keinen Anhaltspunkt, dass Kleist jemals erwog, die Zentralstelle zum „Mittelpunkt für die antisowjetischen, nationalen Elemente aus dem sowjetischbesetzten oder bedrohten Osteuropa“ zu machen, ebenso wenig dafür, dass Kleist die Deutsch-Polnische Gesellschaft „zu einer Art Hilfsorganisation für die aus dem sowjetisch besetzten Polen geflohenen polnischen Persönlichkeiten“ umgestalten wollte. Die Struktur, die für die ZO entwickelt wurde, wäre für ein solches Vorhaben nicht geeignet gewesen. Mit den Quellen stimmt das Zitat nur darin

92 Kleist: *Hitler*, S. 105–106.

93 Ebd., S. 106. Ähnlich behauptete Kleist in einer Vernehmung im Januar 1948, die Zentralstelle Osteuropa habe hauptsächlich der „Verbindung mit Estland, Lettland und Litauen“ gedient. Archiv des IfZ, Zeugenschrifttum, ZS-1106 (Dr. Peter Kleist), Protokoll zu Interrogation Nr. 2530 (Stenographin: Lilly Daniel), Vernehmung des Dr. Bruno Peter Kleist, Ministerialdirigent, am 8. Januar 1948 durch Joseph Tancos.

überein, dass in der Zentralstelle Osteuropa die „deutschen Ostkenner" gesammelt werden sollten. Tatsächlich wollte Kleist, wie bereits ausgeführt, eine „einheitliche Zusammenfassung" der Arbeit zahlreicher mit der Sowjetunion befasster Forschungsinstitute und Wirtschaftsverbände in der ZO erreichen.[94] Ab März plante er zu diesem Zweck einen Arbeitsausschuss für die ZO, dem alle im Bereich der Osteuropaforschung tätigen Institutionen angehören sollten und der es ermöglicht hätte, den Mitgliedern Direktiven des AA zukommen zu lassen.[95] Die Satzung der ZO sprach später diplomatisch von „Anregungen für die einheitliche Ausrichtung der Beziehungen zu den osteuropäischen Staaten".[96] Freilich trat der Arbeitsausschuss dann wohl nie zusammen.

Neben diesem Ausschuss sah die Satzung – wie Kleist es ebenfalls bereits im März 1930 angedacht hatte[97] – als weitere Organe der ZO ein Präsidium und einen Beirat vor. Dem von der Deutsch-Polnischen Gesellschaft übernommenen Präsidium traten, wie vom AA empfohlen, „Persönlichkeiten […], die auf kulturellem Gebiet tätig sind", bei.[98] Neu hinzu kamen daher als Vizepräsidenten der

94 PA AA, R 61.311, unfol., Aufzeichnung Kleists v. 15.01.1940, betr. Sonderaufgaben auf dem Gebiete der Sowjet-Union. Zitat mit Kasusänderung.

95 Eine von Kleist im März 1940 aufgestellte und bis zum Juni 1940 überarbeitete Liste der gewünschten Mitglieder des Arbeitsausschusses sah zuletzt Vertreter der folgenden 13 Institutionen vor (Fehler in der Bezeichnung der Institute wurden von mir korrigiert): Deutsche Gesellschaft zum Studium Osteuropas; Osteuropa-Institut zu Breslau; Seminar für osteuropäische Geschichte und Landeskunde an der Friedrich-Wilhelms-Universität Berlin; Auslandshochschule Berlin; Ostland-Institut, Danzig; Ukrainisches Wissenschaftliches Institut, Berlin; Oststelle [?], Berlin (ev. könnte die Publikationsstelle Berlin-Dahlem gemeint sein); Russland-Ausschuss der Deutschen Wirtschaft; Werberat der deutschen Wirtschaft; Deutsche Ostmesse, Königsberg; Wirtschaftsinstitut für Russland und die Oststaaten, Königsberg; Institut für ostdeutsche Wirtschaft, Königsberg; Leipziger Messamt. PA AA, R 61.311, unfol., Vorschlag für die Zusammensetzung des Arbeitsausschusses [Eingangsstempel des AA v. 20.06.1940]. Die ältere Liste vom März 1940 ist enthalten in PA AA, R 61.311, unfol., Aufzeichnung Kleists für von Twardowski v. 11.03.1940, betr. Aufbau der Zentralstelle Osteuropa. Vgl. auch PA AA, R 61.311, unfol., Aufzeichnung Kleists für von Twardowski v. 11.03.1940, betr. Umwandlung der Deutsch-Polnischen Gesellschaft in eine Zentralstelle Osteuropa.

96 Mehrere Ausfertigungen der Satzung vom 17.04.1940 finden sich in PA AA, R 61.311, unfol., Zitat aus Art. 12 der Satzung. Vgl. die Satzung auch zum Folgenden.

97 PA AA, R 61.311, unfol., Aufzeichnung Kleists für von Twardowski v. 11.03.1940, betr. Aufbau der Zentralstelle Osteuropa.

98 PA AA, R 61.311, unfol. Zitat aus der Notiz Lohmanns (AA) für [Karl Georg] Pfleiderer und [Hans Ulrich] Granow (AA) vom 03.07.1940, betr. Präsidium der

kommissarische Präsident der Preußischen Akademie der Wissenschaften (und ehemalige Leiter des Amtes Wissenschaft im REM), Theodor Vahlen, und der Generaldirektor der Preußischen Staatsbibliothek Hugo Andres Krüß sowie darüber hinaus der ehemalige Landrat Manfred Bilke[99]. Als neuer Generalsekretär fungierte Ehrenfried Schütte, nachdem Kleist diesen Posten geräumt hatte und stattdessen geschäftsführender Vizepräsident geworden war. Für Schütte war bereits ab April 1940 eine Gehaltssumme im Etat der ZO vorgesehen, er trat also unmittelbar nach der offiziellen Umgründung seine Stelle an.[100] Als Präsidenten hatte sich von Ribbentrop ursprünglich den Präsidenten des Werberates der deutschen Wirtschaft und Honorarprofessor an der Technischen Hochschule Berlin, Heinrich Hunke, gewünscht, der auch Ministerialrat im

Zentralstelle Osteuropa. Zur Zusammensetzung des neuen Präsidiums siehe PA AA, R 61.311, unfol., Vermerk Schüttes [v. 01.11.1940] über Aufbau und bisherige Tätigkeit der „Zentralstelle Osteuropa", Anlage 1. (Das Datum 01.11.1940 wird genannt in PA AA, R 61.311, unfol., Arbeitsbericht der „Zentralstelle Osteuropa" (Schütte) [nicht später als 21.11.1941] für die Zeit vom 1.11.40 – 31.10.41. In jedem Fall kann der Vermerk nicht später als am 06.11.1940 entstanden sein, da er als Anlage zu PA AA, R 61.311, unfol., Schütte an Heinevetter v. 06.11.1940 (Abschrift) versandt wurde.) Zur Zusammensetzung des alten Präsidiums siehe PA AA, R 61.310, unfol., Bericht der Treuhand-Vereinigung Aktiengesellschaft, Berlin über eine Prüfung der Bücher und des Abschlusses zum 31. März 1939 der Deutsch-Polnischen Gesellschaft e. V., Berlin vom 15.06.1939.

99 Nach PA AA, R 61.311, unfol., Schütte an [Josef] Bühler (Staatssekretär der Regierung des Generalgouvernements in Krakau) vom 17.02.1941 (Abschrift) war Bilke zu diesem Zeitpunkt auch für das Reichssicherheitshauptamt tätig. Dies deckt sich mit der Erinnerung Walter Schellenbergs, damals Gruppenleiter im Reichssicherheitshauptamt. Nach dem Krieg gab Schellenberg den Alliierten gegenüber an, dass Bilke für ihn als Informant gearbeitet habe. Reinhard R. Doerries: *Hitler's Last Chief of Foreign Intelligence. Allied Interrogations of Walter Schellenberg*. London / Portland, OR: Cass 2003, Appendix I. Amt IV/Gruppe IV.E, Organisation and Cases, S. 207–221, hier S. 209. Gerhard Rühle, Referatsleiter im AA, gab sein Amt als Vizepräsident, das er in der Deutsch-Polnischen Gesellschaft innegehabt hatte, dagegen auf.

100 PA AA, R 61.393, unfol., Bericht der Deutschen Revisions- und Treuhand-Aktiengesellschaft, Berlin über die bei der Zentralstelle Osteuropa, Berlin vorgenommene Prüfung der Einnahmen und Ausgaben für die Zeit vom 1. April 1939 bis zum 31. März 1940 v. 19.08.1940. Ein Lebenslauf Schüttes vom März 1936 befindet sich in BArch Koblenz, R 73/14561, Bl. 48–50. Vgl. außerdem den Eintrag zu Schütte in Otto J. Groeg (Hrsg.): *Who's Who in Germany. The German Who's Who from Book & Publishing LTD., 4th Edition. A Biographical Dictionary Containing Some 15500 Biographies of Prominent People in and of Germany and 2400 Organizations, M–Z.* Ottobrunn: Who's Who 1972, S. 1362.

RMVP war.[101] Er wurde jedoch nie berufen. Dies dürfte u. a. darauf zurückzuführen sein, dass Martin Luther, seit Mai 1940 der Leiter der neuen, aus dem Sonderreferat Deutschland hervorgegangenen Abteilung Deutschland des AA, im Oktober 1940 eindringlich davor warnte, Hunke zum Präsidenten zu machen: „Auf Grund der Erfahrungen, welche das Auswärtige Amt mit Herrn Prof. Hunke bisher gehabt hat, habe ich gegen seine Ernennung die schwersten Bedenken.[102] Welcher Art die offenbar schlechten Erfahrungen mit Hunke waren, sagte Luther nicht. Seine Skepsis ist vermutlich darauf zurückzuführen, dass Hunke Mitarbeiter von Goebbels war und Luther befürchtete, Goebbels könnte dem AA Kompetenzen streitig machen – und das im Zusammenhang mit der Gründung der ZO nicht zum ersten Mal.[103] Von Ribbentrop entschied daraufhin, „dass der Präsidentenposten der Zentralstelle Osteuropa bis auf weiteres unbesetzt bleiben soll."[104] Anfang März 1941 sah man Theodor Vahlen als Präsidenten der ZO vor.[105] Im Februar 1941 versuchte das RMVP die Einstellung eines weiteren, offenbar von ihm zu bestimmenden Mitarbeiters in der ZO zur Voraussetzung für die Herausgabe eines Erlasses zu machen, dass auch sämtliche

101 PA AA, R 61.311, unfol., Notiz Kleists für Lorenz vom 20.02.1940.

102 PA AA, R 61.311, unfol., Mitteilung Luthers für von Twardowski vom 07.10.1940.

103 Im AA hatte bis kurz vor der Ressortbesprechung am 29. März 1940 für Unmut gesorgt, dass das RMVP die Deutsch-Polnische Verbindungsstelle in eine „Deutsche Verbindungsstelle für den Ostraum" umwandeln wollte. Diese Verbindungsstelle hätte in direkter Konkurrenz zur ZO gestanden. Für die Kulturpolitische Abteilung des AA protestierte von Stolzmann gegenüber dem Präsidenten der Vereinigung zwischenstaatlicher Verbände und Einrichtungen, Lorenz, gegen das Ansinnen, indem er hervorhob, dass die „Frage, ob und wie nach dem Osten [...] unter den gegebenen Verhältnissen kulturpolitisch gearbeitet werden solle", der Entscheidung des Reichsaußenministers unterliege und im AA zur Zeit eingehend geprüft werde. Das RMVP gab das Projekt schließlich auf. PA AA, R 61.311, unfol., Notiz Kleists für von Stolzmann vom 17.01.1940; PA AA, R 61.311, unfol., von Stolzmann an Lorenz vom 22.01.1940 (Durchschlag als Konzept), Zitat aus diesem Dokument; PA AA, R 61.311, unfol., Lohmann und von Stolzmann an die Vereinigung zwischenstaatlicher Verbände und Einrichtungen e. V. vom 06.03.1940 (Konzept).

104 PA AA, R 61.311, unfol., Notiz Lohmanns vom 12.02.1941 (handschriftlich). Das AA versuchte später, Hunke auch als Präsidenten der Deutschen Akademie zu verhindern. Vgl. Michels: *Deutsche Akademie*, S. 163.

105 PA AA, R 61.311, unfol., Nabersberg an das AA vom 02.05.1941, betr. Zentralstelle Osteuropa; PA AA, R 61.311, unfol., Notiz [Walther] Kiesers für von Twardowski vom 29.04.1941 (Abschrift).

den Geschäftsbereich des RMVP betreffenden Beziehungen zur Sowjetunion über die ZO zu laufen hätten.[106]

Der Beirat der ZO, der sich gemäß Geschäftsordnung mindestens einmal im Vierteljahr zu treffen und das Präsidium zu beraten hatte, wurde im Sommer 1940 besetzt,[107] und zwar mit „Vertretern derjenigen Ämter und Behörden, die an der zwischenstaatlichen Arbeit nach Osteuropa, insbes[ondere] der Sowjetunion, Anteil haben".[108] Im Juli 1940 vereinbarten Kleist und Schütte mit einem Vertreter des AA, welche Behörden gebeten werden sollten, einen Vertreter in den Beirat zu entsenden.[109] Daraufhin sandte die ZO entsprechende Einladungsschreiben an die ins Auge gefassten Beiratsmitglieder.[110] Die beiden anderen Gremien bestanden nur auf dem Papier: Informationen über etwaige Mitglieder der ZO – jeder „deutsche Reichsbürger" konnte der Satzung zufolge „nach schriftlicher Aufforderung durch den Präsidenten" Mitglied werden – oder über eine Mitgliederversammlung gibt es nicht.

Ende September 1940 hielt man die Vorbereitungen für „soweit vorgeschritten [sic], dass die offizielle Einschaltung der Zentralstelle erfolgen kann."[111] Das Auswärtige Amt bat nun die Deutsche Botschaft in Moskau, das sowjetische Volkskommissariat für Auswärtige Angelegenheiten von der Errichtung der ZO und ihren Aufgaben in Kenntnis zu setzen.[112] Schütte schlug in einem Vermerk, den das AA der Botschaft weiterleitete, vor, den sowjetischen Stellen gegen-

106 PA AA, R 61.311, unfol., Notiz Kleists für Nabersberg vom 20.02.1941, betr. Zentralstelle Osteuropa.

107 Zur Zusammensetzung des neuen Präsidiums siehe PA AA, R 61.311, unfol., Vermerk Schüttes (ZO) [v. 01.11.1940] über Aufbau und bisherige Tätigkeit der „Zentralstelle Osteuropa", Anlage 2.

108 Siehe PA AA, R 61.311, unfol., Geschäftsordnung des Beirats, o. D. Vgl. auch PA AA, R 61.311, unfol., Kleist an die Vereinigung zwischenstaatlicher Verbände und Einrichtungen v. 04.04.1940 (Abschrift), betr. Umgründung der Deutsch-Polnischen Gesellschaft.

109 PA AA, R 61.311, unfol., Notiz Lohmanns für Pfleiderer und Granow vom 03.07.1940, betr. Beirat der Zentralstelle Osteuropa. Eine Vorschlagsliste für die Zusammensetzung des Beirats befindet sich im Anhang dieses Schreibens.

110 Siehe als Beispiel PA AA, R 61.311, unfol., Kleist (ZO) an Roth (AA) vom 10.07.1940 sowie PA AA, R 61.311, unfol., Antwort Roths vom 31.07.1939 (Reinkonzept), mit der er die Einladung annahm.

111 PA AA, R 61.311, unfol., AA an die Deutsche Botschaft in Moskau v. 30.09.1940 (Abschrift).

112 Ebd.

über anzugeben, die Einrichtung der ZO sei erfolgt, um „für die Sowjetseite den kulturellen Verkehr mit den zahlreichen deutschen Stellen und Persönlichkeiten möglichst reibungslos und intensiv zu gestalten" und der sowjetischen Seite die Arbeit zu erleichtern, wie die VOKS es für die deutsche Seite leiste.[113] Die Deutsche Botschaft griff diese Anregungen auf und informierte am 21. Oktober 1940 gleichzeitig das Volkskommissariat und die VOKS über die Gründung der ZO und deren Aufgaben. Dabei bat die Botschaft die VOKS, „sich in Zukunft mit Anfragen, Vorschlägen und Wünschen nicht mehr unmittelbar an einzelne Stellen oder Persönlichkeiten in Deutschland [zu] wende[n], sondern in diesen Fällen die Vermittlung der Zentralstelle in Anspruch" zu nehmen.[114] Das REM verfügte am selben Tag in einem Runderlass, dass der „wissenschaftliche Schriftwechsel mit sowjetrussischen Wissenschaftlern und wissenschaftlichen Einrichtungen in Sowjetrussland […] durch die Hand der ‚Zentralstelle Osteuropa'" zu gehen habe.[115] Entsprechende Hinweise wurden in den folgenden Wochen auch in wissenschaftlichen Fachzeitschriften abgedruckt.[116] Die enge Anbindung an das AA bzw. die Dienststelle Ribbentrop wurde dabei jeweils verschwiegen.

Ihre Position als Vermittlungsstelle zwischen deutschen und sowjetischen Wissenschaftlern nahm die ZO also erst ab Herbst 1940 ein. Selbst Schütte gesteht in einem im November 1940 versandten Vermerk ein, dass sich die Tätigkeit der ZO bis dato im Wesentlichen auf die Vorbereitung der Straßenbauausstellung in Moskau, die Organisation einiger kleinerer Veranstaltungen, auf denen über Reisen in die Sowjetunion berichtet wurde, sowie auf die Auswertung sowjetischer Zeitungen und Zeitschriften für einen regelmäßig

113 PA AA, R 61.311, unfol., Vermerk Schüttes [v. 12.09.1940] (zur Weiterleitung an die Deutsche Botschaft in Moskau).

114 GA RF, f. 5283, op. 5, d. 754, l. 49, Hilger an die VOKS v. 21.10.1940; GA RF, f. 5283, op. 5, d. 754, l. 50, Deutsche Botschaft [in Moskau] an das Volkskommissariat für Auswärtige Angelegenheiten v. 21.10.1940 (Durchschlag). Vgl. auch PA AA, R 61.311, unfol., Hilger an das AA v. 22.10.1940; Rosenfeld: Kultur, S. 129; Nekrich: *Pariahs*, S. 165.

115 UAM, Sen. 30/6, Bd. 7, unfol., Runderlass Zschintzschs (REM) v. 21.10.1940. Auf diesen Runderlass wird unten ausführlicher eingegangen.

116 Diese Aussage stützt sich nur auf das Beispiel des *Journal of Molecular Medicine*, wäre also anhand weiterer Zeitschriften zu überprüfen. Tagesgeschichte. In: *Journal of Molecular Medicine* 20,4 (1941), S. 112.

erscheinenden Kulturbericht beschränkt hatte.[117] Innerhalb des verbleibenden halben Jahres bis zum Überfall auf die Sowjetunion sei ihr aber, wie Schütte in einem späteren Arbeitsbericht schrieb, „eine fast vollständige Zusammenfassung des deutsch-sowjetischen Kulturverkehrs“ gelungen.[118] Trotzdem nannte Walter Lohmann, der Leiter des Referats Zwischenstaatliche Gesellschaften in der Kulturpolitischen Abteilung des AA, die Tätigkeit der ZO noch im März 1941 „wenig umfangreich“[119].

Die Mitarbeiter der ZO waren vor dem deutschen Überfall auf die Sowjetunion über die Angriffspläne informiert und an seiner Vorbereitung beteiligt gewesen, wie Schütte in einem Arbeitsbericht festhielt:

> Durch das Auswärtige Amt, die Dienststelle Ribbentrop und das Oberkommando der Wehrmacht wurde die „Zentralstelle Osteuropa“ in gewisse Vorbereitungsmassnahmen des Sowjetkrieges eingeschaltet, die auch nach dem Ausbruch des Krieges noch weiter liefen.[120]

Welcher Art diese „Vorbereitungsmaßnahmen“ genau waren, konnte nicht ermittelt werden. Schütte gab in seinem Arbeitsbericht nur an, die ZO habe ihre Unterlagen und das Material, das sie über die Sowjetunion gesammelt hatte, „ständig für die verschiedensten amtlichen Stellen ausgewertet.“[121] Doch ist die Tatsache, *dass* die ZO über die Kriegsplanungen informiert war, hochinteressant und wirft ein besonderes Licht auf die bis in die Tage vor Kriegsbeginn scheinbar kollegiale Zusammenarbeit mit der VOKS und anderen sowjetischen Stellen. Die ZO spielte das Doppelspiel der NS-Führung mit, die zur Tarnung der Angriffsvorbereitungen nicht nur die wirtschaftlichen, sondern eben auch die kulturellen und wissenschaftlichen Beziehungen zur Sowjetunion weiterlaufen ließ.[122]

117 PA AA, R 61.311, unfol., Vermerk Schüttes [v. 01.11.1940] über Aufbau und bisherige Tätigkeit der „Zentralstelle Osteuropa“.

118 PA AA, R 61.311, unfol., Arbeitsbericht der „Zentralstelle Osteuropa“ (Schütte) [nicht später als 21.11.1941] für die Zeit vom 1.11.40 – 31.10.41.

119 PA AA, R 61.311, unfol., Lohmann an die Dienststelle Ribbentrop, Hauptreferat Zwischenstaatliche Organisation v. 05.03.1941 (Durchdruck).

120 PA AA, R 61.311, unfol., Arbeitsbericht der „Zentralstelle Osteuropa“ (Schütte) [nicht später als 21.11.1941] für die Zeit v. 1.11.40 – 31.10.41.

121 Ebd.

122 Zum Einsatz der Wirtschaftsbeziehungen zur Tarnung der Vorbereitungen des „Fall Barbarossa“ siehe Heinrich Schwendemann: *Die wirtschaftliche Zusammenarbeit zwischen dem Deutschen Reich und der Sowjetunion von 1939 bis 1941. Alternative zu Hitlers Ostprogramm?* Berlin: Akademie 1993, S. 305ff.

Nach Beginn des deutsch-sowjetischen Krieges wurde die Zentralstelle Osteuropa nicht aufgelöst. Wie es im Wirtschaftsprüfungsbericht vom 23. Oktober 1942 heißt, verlagerte sich ihr Aufgabengebiet nach Kriegsbeginn insofern, „als von da ab die vordem mehr staatlich-politische Interessenwahrnehmung nunmehr einer völkisch-politischen Platz gemacht hat."[123] Auch hierzu fehlen genauere Informationen. Insbesondere ist unklar, was mit „völkisch-politischer Interessenwahrnehmung" gemeint war. Im genannten Bericht wird nur gesagt, dass damit eine Annäherung an das Reichsministerium für die besetzten Ostgebiete erfolgt sei, das konsequenterweise zum 1. April 1942 die Finanzierung der ZO übernahm.[124] Auf die konkrete Tätigkeit der Zentralstelle nach Beginn des Feldzuges gegen die Sowjetunion habe ich nur einen Hinweis gefunden: Das Institut für Grenz- und Auslandsstudien in Berlin erhielt 1941/42 und 1942/43 „Zahlungen für kartographische Sonderaufträge" u.a. von der ZO. Angesichts der Institutsgeschichte ist zu vermuten, dass diese „Sonderaufträge" mit deutschen Raum- und Bevölkerungsplanungen in Osteuropa im Zusammenhang standen.[125]

6. Wiederzulassung wissenschaftlicher Beziehungen

Während der Ressortbesprechung vom 29. März 1940 war neben der Gründung einer Zentralstelle als weitere Möglichkeit zur Koordination der wissenschaftlichen Beziehungen zur Sowjetunion vorgeschlagen worden, einigen wenigen Wissenschaftlern diese Aufgabe

123 PA AA, R 61.394, unfol., Bericht der Deutschen Revisions- und Treuhand-Aktiengesellschaft, Berlin über die bei der Zentralstelle Osteuropa e.V., Berlin vorgenommene Prüfung des Jahresabschlusses zum 31. März 1942 v. 23.10.1942.

124 Ebd. Der Zentralstelle Osteuropa war in dieser Zeit wohl die Sammlung Leibbrandt angeschlossen. Michael Fahlbusch: *Wissenschaft im Dienst der nationalsozialistischen Politik? Die „Volksdeutschen Forschungsgemeinschaften" von 1931–1945*. Baden-Baden: Nomos 1999, S. 599.

125 Carsten Klingemann: Angewandte Soziologie im Nationalsozialismus. In: *1999. Zeitschrift für Sozialgeschichte des 20. und 21. Jahrhunderts* 4,1 (1989), S. 10–34, hier S. 16. Auch Kleist persönlich widmete sich nach dem Überfall auf die Sowjetunion als Leiter der Abteilung I 2 (Ostland) des Reichsministeriums für die besetzten Ostgebiete solchen Themen. Vgl. beispielsweise Bericht Dr. Wetzels v. 07.02.1942 über die Sitzung am 4.2.1942 bei Dr. Kleist über die Fragen der Eindeutschung, insbesondere in den baltischen Ländern, abgedruckt in Helmut Heiber: Der Generalplan Ost. In: *Vierteljahrshefte für Zeitgeschichte* 6,3 (1958), S. 281–325, hier S. 293–296.

zu übertragen. Der Vertreter des REM hatte dabei eine Aufteilung nach einzelnen Sachgebieten empfohlen.[126]

Mit einem Runderlass setzte das REM diese Idee am 21. Oktober 1940 in die Tat um.[127] Dem Erlass kommt große Bedeutung zu, weil er denjenigen vom Februar 1937 aufhob, mit dem das REM den wissenschaftlichen Schriftverkehr mit der Sowjetunion untersagt hatte. „Die wissenschaftlichen Beziehungen zu Sowjetrußland werden wiederaufgenommen", lautete der erste Satz des neuen Runderlasses. Allerdings wurden zahlreiche Ausnahmen von dieser Regel festgelegt und Kontrollmechanismen eingebaut. Die vielleicht folgenreichste Klausel war das kategorische Verbot jeglicher „[w]eltanschauliche[r] Auseinandersetzungen mit der sowjet-russischen Wissenschaft". Um diese Maßgabe durchzusetzen, durften Wissenschaftler zahlreicher Fachbereiche keine Kontakte aufnehmen, außer sie hatten eine Ausnahmegenehmigung des REM. Für eine Reihe weiterer „stark weltanschaulich bestimmter" Disziplinen bestanden Sonderregelungen. Darauf wird im Kapitel VI näher eingegangen.

Für alle übrigen Fachgebiete regelte der Erlass detailliert, unter welchen Voraussetzungen der Kontakt zur sowjetischen Wissenschaft zulässig war. Keine Änderungen gab es für den Buchaustausch, der weiterhin über die Reichstauschstelle erfolgen musste. Wissenschaftliche Reisen in die Sowjetunion sowie Einladungen von sowjetischen Wissenschaftlern nach Deutschland, insbesondere auch Besichtigungen von wissenschaftlichen Instituten durch sowjetische Wissenschaftler oder eine Beschäftigung sowjetischer Wissenschaftler in Instituten, mussten in jedem Einzelfall vom REM genehmigt werden. Die Zustimmung des REM war darüber hinaus erforderlich, bevor deutsche Wissenschaftler Mitglied in sowjetischen wissenschaftlichen Gesellschaften werden oder deutsche Gesellschaften sowjetische Wissenschaftler aufnehmen konnten.

Eine besondere Rolle kam 57 im Runderlass namentlich genannten Wissenschaftlern zu. Sie sollten erstens „einen Überblick über die bisherigen Leistungen der sowjetrussischen Wissenschaft auf ihren

126 Siehe S. 101–102.

127 UAM, Sen. 30/6, Bd. 7, unfol., Runderlass Zschintzschs (REM) v. 21.10.1940 (vertraulich), betr. die wissenschaftlichen Beziehungen zu Sowjetrußland. Vgl. diesen Erlass auch zum Folgenden. Alle Zitate in den folgenden Absätzen ebd.

Gebieten […] erarbeiten" und ihren Kollegen zugänglich machen. Zweitens oblag ihnen die Weiterleitung der für sowjetische Wissenschaftler bestimmten Post (Briefe und Sonderdrucke), die Wissenschaftler ihres Fachbereiches verschickten, an die Zentralstelle Osteuropa, die dann wiederum für die Beförderung in die Sowjetunion sorgen sollte. Drittens mussten die im Runderlass genannten Wissenschaftler – gegebenenfalls mithilfe der ZO – Auskünfte über die sowjetische Wissenschaft erteilen. Viertens schließlich waren Veröffentlichungen sowjetischer Wissenschaftler in deutschen Zeitschriften und deutscher Wissenschaftler in sowjetischen Zeitschriften von ihnen zu genehmigen.

Wer waren diese Wissenschaftler? Nach welchen Kriterien waren sie ausgewählt worden? Diesen Fragen wird im Folgenden exemplarisch nachgegangen.

Für den medizinischen Fachbereich der Hygiene erklärte das REM Heinz Zeiss für zuständig. In den Augen der Beamten in Rusts Ministerium war Zeiss vermutlich der perfekte Kandidat, da er sowohl die sowjetische Wissenschaftsgemeinde bestens kannte[128] als auch „politisch zuverlässig" war. Auf seine Biographie bis Anfang der 1930er Jahre wurde bereits eingegangen.[129] Nach über zehnjährigem Aufenthalt in Moskau setzte er seine Karriere in Deutschland fort. Seit 1937 war er Ordinarius für Hygiene an der Universität Berlin und leitete das Hygienische Institut.[130] Zeiss prägte den Begriff der „Geomedizin". Damit bezeichnete er einen Zweig der Medizin, der die Besonderheiten eines geographischen Raumes zur Erklärung von Krankheiten heranzieht.[131] Seine Forschungen, so Zeiss in einem Aufsatz aus dem Jahr 1932, seien von großer Bedeutung für die deutsche Ostpolitik. Geomedizinische Erkenntnisse müss-

128 Einen Teil des Auftrags, einen Überblick über den Stand der Sowjet-Forschung in seinem Fachbereich zu erarbeiten, hatte Zeiss bereits erfüllt, indem er 1931 einen Bericht über den „augenblickliche[n] Stand medizinisch-geographischer Forschungen in der Sowjetunion" veröffentlicht hatte, der allerdings nur wenige Hinweise auf sowjetische Literatur enthielt. Heinz Zeiss: Der augenblickliche Stand medizinisch-geographischer Forschungen in der Sowjetunion, Sonderdruck aus der Münchner medizinischen Wochenschrift 1931, Nr. 35, S. 1476, enthalten in BArch Koblenz, R 73/223, Bl. 66–71.

129 Siehe S. 34, Anm. 45.

130 Schleiermacher: Hygieniker, S. 17.

131 Vgl. Heinz Zeiss: Die Notwendigkeit einer deutschen Geomedizin. In: *Geopolitik* 9,8 (1932), S. 474–484.

ten insbesondere bei der „Ostsiedlung" berücksichtigt werden, denn:

> Dem Landmann Ostpreußens sind andere Krankheiten eigen als dem Metallarbeiter Solingens oder dem Bergmann aus der Ruhr. Der Stoffwechsel des Körpers [...] arbeitet anders im Rheinland und in Westfalen denn in Ostpreußen. [...] Daher werden sich die Siedler geistig und körperlich stark anpassen und umstellen müssen. Genau wie bei versetzten Tieren und Pflanzen werden sich bei den versetzten Menschen neue Immunitätsverhältnisse bilden, besonders wetterharte Sorten herausgezüchtet [sic] werden.[132]

Nach dem Überfall auf die Sowjetunion stellte er die Bedeutung seiner Forschungen für die deutsche Ostpolitik noch deutlicher heraus.[133] Der Geomedizin käme, so Zeiss 1943, bei der „Erschließung des Ostraumes für unser Reich und seine Zukunft" eine „führende und richtungsweisende Stellung zu",[134] ja sie habe sogar eine „lebenswichtige Aufgabe" zu erfüllen, „ohne die es eine militärische, politische, kulturelle und wirtschaftliche Erschließung des Ostraumes nicht geben wird."

Die „Schlüsselfigur der deutschen Ostraum- und Germanisierungsplanungen",[135] der Agrarwissenschaftler und Raumplaner Konrad Meyer, der die Erarbeitung von „Planungsgrundlagen" für die Bevölkerungspolitik im besetzten Polen sowie später deren Erweiterung zum „Generalplan Ost" leitete, gehörte ebenfalls zu den im Runderlass des REM genannten Wissenschaftlern.[136] Das REM hatte mit ihm einen Wissenschaftler und langjährigen REM-Mitarbeiter – bis 1938 war Meyer Referent für Allgemeine Biologie, Land- und Veterinärwissenschaften des REM gewesen (danach nur noch Referent „zur besonderen Verwendung") – zum

132 Zeiss: Die Notwendigkeit einer deutschen Geomedizin, S. 482.

133 Vgl. Schleiermacher: Hygieniker, S. 32.

134 Heinz Zeiss: Die Geomedizin des Ostraumes. In: *Deutsches Ärzteblatt* 73 (1943), S. 140–142, hier S. 140, zit. n. Schleiermacher: Hygieniker, S. 32–33. Folgende Zitate ebd., z. T. mit Kasusänderung.

135 Heinemann / Oberkrome / Schleiermacher / Wagner: *Wissenschaft, Planung, Vertreibung*, S. 16.

136 Dort fälschlicherweise als „Conrad Meyer". Zu Konrad Meyer und der Raumplanung im „Dritten Reich" siehe Ariane Leendertz: *Ordnung schaffen. Deutsche Raumplanung im 20. Jahrhundert.* Göttingen: Wallstein 2008, insb. S. 107–186; Isabel Heinemann: Wissenschaft und Homogenisierungsplanungen für Osteuropa. Konrad Meyer, der „Generalplan Ost" und die Deutsche Forschungsgemeinschaft. In: Dies. / Patrick Wagner (Hrsg.): *Wissenschaft – Planung – Vertreibung. Neuordnungskonzepte und Umsiedlungspolitik im 20. Jahrhundert.* Stuttgart: Steiner 2006, S. 45–72.

Ansprechpartner sowjetischer Agrarwissenschaftler gemacht, dessen Forschungsthemen sich um die „völkische Neuordnung“ Osteuropas, die Schaffung von „Lebensraum“ für das „deutsche Volk“ durch Kolonisation und Vertreibung bzw. „zahlenmäßige Erdrückung“ der „Fremdvölkischen“ drehten.[137] Der Schluss liegt nahe, dass die Zusammenarbeit Meyers mit der sowjetischen Wissenschaft geopolitischen Zwecken dienen sollte – konnte doch Meyer die in der Zusammenarbeit gewonnenen Erkenntnisse in seine Raumpläne einfließen lassen.

Auch der Berliner Slavist Max Vasmer stellte sich bereitwillig in den Dienst der politischen Führung des NS-Regimes. Der überzeugte Antibolschewist, der bereits in den 1920er Jahren als scharfer Kritiker der sowjetischen Regierung hervorgetreten war und der DGSO vorgeworfen hatte, „Sowjetpropaganda“ zu betreiben,[138] war einer der Wissenschaftler, die das nationalsozialistische Deutschland im Ausland repräsentieren sollten. So forderte das REM ihn im Jahr 1938 auf, eine Gastprofessur in Washington, D.C. anzutreten.[139] Im Zweiten Weltkrieg fungierte Vasmer, der seine eigenen Forschungen als „durchaus geeignet, unsere politischen Ansprüche auf eine Vorherrschaft in Osteuropa auch wissenschaftlich zu stützen“, bezeichnete,[140] als Fachgruppenleiter für „russische Sprachen“ (Ukrainisch, Ruthenisch, Russisch) in Rosenbergs Zentrale für Ostforschung.[141] Für den Posten des Koordinators der Beziehungen zwischen der deutschen und der sowjetischen Slavistik wird Vasmer in den Augen des REM insbesondere sein Antibolschewismus „qualifiziert“ haben. Darüber hinaus war er ein auch

137 Heinemann: Wissenschaft und Homogenisierungsplanungen, S. 46–48.

138 Vasmer an Richter (Preußisches Kultusministerium) v. 11.12.1928, abgedruckt in Voigt: *Hoetzsch. Wissenschaft und Politik*, Anhang, Dok. 11, S. 328–330, hier S. 329. Insbesondere hatte er auch die Teilnahme marxistischer Historiker an der von der DGSO organisierten Russischen Historikerwoche in Berlin im Jahr 1928 bedauert. Camphausen: Rußlandforschung 1892–1933, S. 100. Vgl. auch Mick: Kulturbeziehungen, S. 920.

139 Marie-Luise Bott: „Deutsche Slavistik“ in Berlin? Zum Slavischen Institut der Friedrich-Wilhelms-Universität 1933–1945. In: Vom Bruch (Hrsg.): *Universität*, S. 277–298, hier S. 294.

140 Ebd., S. 296. Allerdings verfolgte Vasmer mit diesem „Bekenntnis“ im Jahr 1942 ein bestimmtes Interesse: Er wollte die von ihm herausgegebene *Zeitschrift für slavische Philologie* – ohne Erfolg – davor bewahren, eingestellt zu werden.

141 Bott: Slavistik, S. 285; Fahlbusch: *Wissenschaft*, S. 600.

im Ausland hochangesehener Wissenschaftler, der vor dem Ersten Weltkrieg in Russland studiert hatte und möglicherweise aus dieser Zeit noch Kontakte zu sowjetischen Wissenschaftlern hatte. Ähnlich wie Zeiss und Meyer vereinte Vasmer in seiner Person fachliche Kompetenz und politische Linientreue.

Unter den Technikwissenschaftlern war der Bauingenieur und Wasserwirtschaftsexperte Adolf Ludin. Er hatte in den 1920er Jahren mehrere Studienreisen in die südliche Sowjetunion unternommen und die Regierung der Transkaukasischen Sozialistischen Föderativen Sowjetrepublik bei Projekten zur Wasserkraftnutzung beraten.[142] Auch in den späten 1930er Jahren und Anfang der 1940er Jahre hatte Ludin, der 1936 in die PAW aufgenommen wurde,[143] das Interesse an der Region nicht verloren, wie beispielsweise ein Aufsatz in der Zeitschrift *Deutsche Wasserwirtschaft* von 1940 zeigt, in dem er die Binnenwasserstraßen Russlands beschreibt.[144] Mit der sowjetischen Botschaft in Berlin scheint Ludin zumindest in losem Kontakt gestanden zu haben.[145] Ein besonderes politisches Engagement für oder geistige Nähe zum Nationalsozialismus konnte in seinem Fall nicht festgestellt werden.

Als letztes Beispiel sei auf den Ozeanographen Georg Wüst eingegangen. Seit 1936 Professor und Abteilungsleiter am Institut für Meereskunde der Universität Berlin, wechselte er bereits im September 1939 als Referent für Ozeanographie, Geophysik, Eisdienst, Marinegeographie und Meeresgeologie zur Nautisch-Wissenschaftlichen Abteilung der Kriegsmarine.[146] Möglicherweise setzte sich das OKM dafür ein, dass das REM ihm die Zuständigkeit für die

142 Universitätsarchiv TU Berlin, Nachlass Ludin, 427 Lu 62, unfol., Aktennotiz Ludins v. 10.09.1945, betr. wissenschaftliche Beziehungen Ludins zu China und zum Überseeausland überhaupt. Vgl. auch die Reiseberichte in Universitätsarchiv TU Berlin, Nachlass Ludin, 427 Lu 41, unfol.

143 Universitätsarchiv TU Berlin, Nachlass Ludin, Biographische Angaben.

144 Der Aufsatz ist enthalten in Universitätsarchiv TU Berlin, Nachlass Ludin, 427 Lu 1, unfol.

145 Anlässlich des 17. Jahrestages der Gründung der Sowjet-Republiken war Ludin am 07.11.1934 in der sowjetischen Botschaft in Berlin zu einem Tee eingeladen. Einladungskarte [Okt. 1934] in Universitätsarchiv TU Berlin, Nachlass Ludin, 427 Lu 92.

146 Biographische Angaben zu Wüst finden sich im Anhang I (CD-ROM) von Flachowsky: *Notgemeinschaft*. Vgl. auch die Akte „Allgemeine Angelegenheiten des Instituts für Meereskunde, 1938–1944“, BArch Berlin, R 4901/14583.

deutsch-sowjetischen Beziehungen im Bereich der Meereskunde übertrug. Wie erwähnt hatte das OKM im Oktober 1939 Interesse an den Eis- und Gezeitenverhältnissen der sowjetischen arktischen Meere geäußert.[147] Bis Mitte September 1940 hatte es in dieser Angelegenheit jedoch keine Antwort von den sowjetischen Stellen erhalten.[148] Bei einer nochmaligen Erinnerung, so befürchtete die Deutsche Botschaft in Moskau, würde man in der Sowjetunion Misstrauen schöpfen.[149] Die Botschaft machte daher den Vorschlag, „die erbetenen Auskünfte vielleicht über ein wissenschaftliches deutsches Institut, das mit den entsprechenden Sowjetinstituten zusammenarbeitet", einzuholen.[150] Kurz darauf wandte sich der Präsident der Deutschen Seewarte an das Auswärtige Amt mit der Bitte, für Georg Wüst ein Visum für die Sowjetunion zu besorgen. Wüst reise als Vertreter der Deutschen Seewarte. Neben anderen Aufträgen sollte er auch „die Frage der Überlassung der sowjetrussischen Eismeldungen aus dem Ostseegebiet" klären.[151] Da sich die Erteilung des Visums hinzog, teilten Anfang November Wüst selbst sowie das OKM (!) dem Auswärtigen Amt mit, dass er in der Zwischenzeit vom REM „im Zuge der Wiederaufnahme der wissenschaftlichen Beziehungen zu Sowjetrussland mit der Wahrnehmung aller die Meereskunde betreffenden Fragen betraut worden" sei.[152] Es ist zumindest denkbar, dass das OKM und Wüst das REM darum gebeten hatten, ihn mit dieser Zuständigkeit auszustatten, um seinem Reisewunsch Nachdruck zu verleihen.[153]

147 Siehe S. 84–85.

148 PA AA, R 60.600, Bl. 182, von Tippelskirch an das AA v. 11.09.1940 (geheim), betr. Eis- und Gezeitenverhältnisse. Das AA leitete das Schreiben der Botschaft an das OKM weiter. PA AA, R 60.600, Bl. 183, Roth an das OKM v. 18.09.1940 (Konzept) (geheim).

149 PA AA, R 60.600, Bl. 182, von Tippelskirch an das AA v. 11.09.1940 (geheim), betr. Eis- und Gezeitenverhältnisse.

150 Ebd.

151 PA AA, R 60.600, Bl. 190, Fritz Spieß (Präsident der Deutschen Seewarte) an das AA v. 12.10.1940 (geheim), betr. Entsendung Prof. Wüst nach Moskau und Leningrad.

152 PA AA, R 60.600, Bl. 220, Conrad (OKM) an das AA v. 02.11.1940 (geheim), betr. Entsendung Prof. Wüst nach Moskau und Leningrad. Vgl. auch PA AA, R 60.600, Bl. 223, Wüst an Roth v. 15.11.1940 (geheim), betr. Reise nach Moskau und Leningrad.

153 Das Visum wurde schließlich erst Mitte Mai 1941 erteilt. PA AA, R 60.600, Bl. 259, Hilger an das AA v. 23.05.1941 (geheim), betr. Reise des Professors Wüst.

Nach welchen Kriterien hatte das REM die Koordinatoren der deutsch-sowjetischen Wissenschaftsbeziehungen also ausgewählt? Alles deutet darauf hin, dass die Wissenschaftler in der Regel mindestens eine von zwei Voraussetzungen erfüllen mussten: Entweder sie waren fachlich besonders gut für ihre Aufgabe qualifiziert, d.h. sie hatten bereits früher mit sowjetischen Wissenschaftlern in Kontakt gestanden bzw. in der Sowjetunion gearbeitet, oder sie teilten die politischen Ziele, die führende Nationalsozialisten in Osteuropa verfolgten, bzw. die hinter den Zielen stehende rassistische und antibolschewistische Ideologie. Am besten, sie erfüllten wie Zeiss, Meyer und Vasmer beide Voraussetzungen.

Dieses Schema bedarf allerdings einer Überprüfung anhand der Lebensläufe weiterer im Runderlass des REM genannter Wissenschaftler. So konnte ich beispielsweise bei den beiden Technikwissenschaftlern Georg Schnadel (Schiffsbau) und Oskar Niemczyk (Markscheidekunde/Bergbau) nicht nachweisen, dass sie eine der beiden genannten Voraussetzungen erfüllt hätten. Ihre Nachlässe[154] liefern allerdings auch nur spärliche Informationen über ihre Biographien, so dass nicht ausgeschlossen werden kann, dass sie doch in das hier aufgestellte Schema passten. Denkbar wäre auch, dass im Bereich der Technikwissenschaften andere Regeln galten: Eine „weltanschauliche Auseinandersetzung", die das REM verhindern wollte, war hier weniger zu befürchten als in anderen Disziplinen.

Nun jedoch bat das OKM das AA mit Verweis auf „dienstliche Gründe" – dies dürfte eine Verklausulierung des unmittelbar bevorstehenden Überfalls auf die Sowjetunion gewesen sein –, den Antrag bis Anfang Oktober 1941 hinauszuschieben. PA AA, R 60.601, Bl. 266, Conrad an das AA v. 10.06.1941 (geheim), betr. Reise des Prof. Wüst.

154 Universitätsarchiv TU Berlin, Nachlass Schnadel, Biographische Angaben; Universitätsarchiv TU Berlin, Nachlass Niemczyk, Biographische Angaben. Zu Niemczyk vgl. außerdem Heinz Meixner: Niemczyk, Oskar. In: *Neue Deutsche Biographie* 19 (1998), S. 233–234 [Onlinefassung]. http://www.deutsche-biographie.de/pnd117002267.html (Zugriff am 02.05.2014); Niemczyk, Oskar. In: Grüttner: *Lexikon*, S. 124–125.

Resultate: Beispiele für eine Intensivierung der wissenschaftlichen Zusammenarbeit zwischen Deutschland und der Sowjetunion nach Abschluss des Hitler-Stalin-Paktes

Einzelne Wissenschaftler, das Auswärtige Amt und die ihm nahestehende Zentralstelle Osteuropa, insbesondere deren geschäftsführender Vizepräsident Peter Kleist, ferner das REM, weitere Ministerien und selbst die Kriegsmarine versuchten nach Abschluss des Hitler-Stalin-Paktes die deutsch-sowjetische Wissenschaftskooperation wiederzubeleben. In diesem Kapitel soll gefragt werden, zu welchen Resultaten ihre Initiativen führten. Welche konkreten Beispiele gibt es für eine Intensivierung der wissenschaftlichen Zusammenarbeit zwischen Deutschland und der Sowjetunion nach Abschluss des Hitler-Stalin-Paktes?

1. Entwicklung des Buchaustausches

Bis 1938 entwickelte sich der Buchaustausch zwischen Deutschland und der Sowjetunion weitgehend unbeeinflusst von politischen Konjunkturen.[1] Der Anteil deutscher Bücher an der Gesamtzahl der Titel, die die Sowjetunion auf dem Tauschwege erhielt, blieb bis dahin annähernd konstant. Erstens sagt dies aber nichts über

1 Siehe S. 77–80.

die Gesamtzahl der getauschten Bücher aus, die zurückgegangen war, und zweitens sank zwischen 1938 und 1939 auch der prozentuale Anteil deutscher Titel am gesamten Tauschvolumen der Moskauer Lenin-Bibliothek von 36 Prozent im Jahr 1938 auf 19 Prozent im Folgejahr.[2] In anderen Bibliotheken der UdSSR blieb der Anteil deutscher Bücher höher: In der gesamten UdSSR machten im Jahr 1939 deutsche Bücher 31 Prozent der auf dem Tauschwege ins Land gelangten Titel aus.[3] Der Trend, dass der Bezug deutscher Bücher schneller sank als der aus anderen Ländern, galt aber wohl für die gesamte UdSSR.

Konnte der Abschluss des Hitler-Stalin-Paktes ihn umkehren? Immerhin bewiesen ja die Antworten auf das Rundschreiben des REM vom November 1939, dass es in Deutschland ein anhaltend hohes Interesse am Austausch von Büchern und Zeitschriften mit der Sowjetunion gab. Auch Kleist hatte sich in der Besprechung mit Vertretern der VOKS für eine Intensivierung des Buchaustausches ausgesprochen, und sein Vorschlag war von der sowjetischen Seite gebilligt worden. In den Akten lassen sich ebenfalls immer wieder konkrete Vorstöße für eine Intensivierung des Buchaustausches ausmachen.[4]

Tatsächlich stieg der Anteil deutscher Publikationen an der Gesamtzahl der von der Sowjetunion getauschten Titel 1940 wieder an. In der Lenin-Bibliothek kam nun genau ein Drittel der ausländischen Bücher aus Deutschland.[5] In absoluten Zahlen bedeutete das gleichwohl keinen Zuwachs, im Gegenteil: Gelangten 1939 insgesamt

2 Nevežin: Politika, hier S. 19, 22.

3 Ebd., S. 22; Divnogorcev: *Svjazi rossijskich bibliotek*, S. 163.

4 Vgl. beispielhaft GA RF, f. 5283, op. 5, d. 746, l. 16, Universitäts-Bibliothek Berlin an die VOKS v. 12.08.1940 (Bitte um Übersendung von in der Bibliothek fehlenden sowjetischen Zeitschriften); PA AA, Moskau II/317, Bl. 18–20, hier Bl. 20, Conrad Matschoß an Hilger v. 05.01.1940 (Bitte um Unterstützung bei der Suche nach Partnern zum Zeitschriftentausch); PA AA, Moskau II/318, Bl. 23, Matschoß an Ludwig Martens v. 31.08.1940 (Abschrift) (Plan eines Bücheraustausches nach Abschluss des „Handbuches der Deutschen Technik und Industrie" – zu diesem Handbuch siehe S. 136–142); GA RF, f. 5283, op. 5, d. 750, l. 38, [Ivan A.] Zasov (Leiter der Hauptverwaltung für Fernstraßen *(Glavnoe upravlenie šossejnych dorog – GUŠOSDOR)*) an Chejfec v. 14.06.1940, Liste mit Bücherwünschen l. 40–41. (Bitte um Beschaffung von Literatur aus Deutschland zur Vorbereitung der deutschen Straßenbauausstellung in Moskau – siehe zu dieser Ausstellung S. 142–146).

5 Hierzu und zum Folgenden Nevežin: Politika, S. 22. Im Landesdurchschnitt lag der Anteil deutscher Bücher jetzt bei 39 Prozent.

7.284 Bücher aus Deutschland in die Lenin-Bibliothek, waren es 1940 nur noch 6.492. Gleichzeitig brach allerdings der Tausch zwischen der Lenin-Bibliothek und Partnern in anderen Ländern drastisch ein, von 37.084 eingegangenen Büchern 1939 auf 19.474 im Jahr 1940.

Bei Periodika zeigt sich ein ähnliches Bild. Von 1938 auf 1939 stieg die Zahl der aus Deutschland an die Lenin-Bibliothek gelieferten Zeitschriften von 223 auf 276 an, fiel 1940 jedoch wieder auf 238. Da die Sowjetunion jedoch im Jahr 1940 deutlich weniger Zeitschriften als noch zwei Jahre zuvor mit anderen Ländern tauschte, stieg der Anteil deutscher Zeitschriften am Gesamtvolumen von rund 41 Prozent im Jahr 1938 auf knapp 54 Prozent im Folgejahr und zu Beginn des neuen Jahrzehnts auf beinahe 59 Prozent.

Die Zahl der Tauschpartner einzelner Organisationen ist nur für die PAW bekannt. Sie stand 1941 noch mit 26 wissenschaftlichen Einrichtungen der UdSSR im Schriftenaustausch.[6] Dies ist keineswegs ein Indiz für „einen beträchtlichen Aufschwung" des Austauschs, wie es in der Literatur heißt.[7] Vielmehr hatte die PAW von ihren 41 Austauschpartnern im Jahr 1938[8] mehr als ein Drittel verloren.

Damit ergibt sich ein ambivalenter Befund. Einerseits folgten die deutsch-sowjetischen Tauschbeziehungen, wenn auch deutlich langsamer, dem allgemeinen rückläufigen Trend.[9] Andererseits wurde der Rückgang zumindest abgeschwächt durch die Bemühungen um eine Wiederbelebung der Wissenschaftsbeziehungen nach Abschluss des Paktes. Der deutsche Anteil am gesamten Tauschvolumen der Sowjetunion stieg in der Zeit des Hitler-Stalin-Paktes deutlich an. Ende der 1930er Jahre war Deutschland wie schon Anfang des Jahrzehnts hinter den USA der zweitwichtigste Tauschpartner der Sowjetunion.[10]

6 Pachaly / Rosenfeld / Schützler / Schulze-Wollgast: Die kulturellen Beziehungen, S. 469.

7 Ebd.

8 Vgl. S. 79.

9 Den Rückgang betont auch Zeil: Bemühungen, S. 160.

10 Divnogorcev: *Svjazi Rossii*, S. 88.

2. Briefwechsel und Austausch von Sonderdrucken

Gleichzeitig mit der Wiederzulassung des Briefverkehrs mit der Sowjetunion durch das Rundschreiben vom 21. Oktober 1940 schrieb das REM vor, dass Briefe und Sonderdrucke[11] an die im Rundschreiben genannten Wissenschaftler, die den Austausch deutscher und sowjetischer Vertreter ihres Faches koordinieren sollten, gerichtet werden müssten. Diese Vertreter wiederum würden die Sendungen an die Zentralstelle Osteuropa weitergeben.[12] Die Zentralstelle leitete die Briefe und Sonderdrucke dann gesammelt an die VOKS weiter, die sie an die eigentlichen Adressaten verteilte.[13]

Mindestens 25 Mal übermittelte die ZO, in der Regel in Person ihres Generalsekretärs Schütte, zwischen November 1940 und Mai 1941 Briefe oder Sonderdrucke an die VOKS, durchschnittlich also beinahe jede Woche ein Mal.[14] Die Sendungen waren durchschnittlich für etwa fünf Empfänger bestimmt, die häufig mehrere Sonderdrucke gleichzeitig bekamen. Sie enthielten in Ausnahmefällen auch Forschungsmaterial wie beispielsweise Samenproben. Blickt man auf die Professionen der Wissenschaftler, deren Briefe und Sonderdrucke weitergeleitet wurden, so ergibt sich folgendes Bild: Erwartungsgemäß dominierten diejenigen Wissenschaften wie Chemie, Biologie, Zoologie, Botanik, Astronomie und Mathematik, deren Vertreter – soweit ihre Antworten in der vorliegenden Arbeit ausgewertet wurden – auch gegenüber dem REM angegeben hatten, großes Interesse an der Wiederaufnahme der wissenschaftlichen Beziehungen zur Sowjetunion zu haben.[15]

11 Sonderdrucke, die sich deutsche und sowjetische Wissenschaftler gegenseitig zuschickten, wurden in den Statistiken des Buchaustausches nicht registriert. Sie nahmen denselben Weg wie Briefe.

12 Siehe S. 117.

13 Im Bestand der VOKS im GA RF sind die Anschreiben der ZO an die VOKS erhalten. Somit lässt sich rekonstruieren, welche Wissenschaftler ab November 1940, als die Zentralstelle Osteuropa ihre Vermittlungstätigkeit aufnahm, miteinander kommunizierten. Häufig finden sich in dem Bestand auch Kopien der weitergeleiteten Briefe, selten Kopien der Briefe sowjetischer Wissenschaftler, die die VOKS an die ZO weiterleitete. Bisweilen ist es daher auch möglich, etwas über jene Themen zu sagen, über die sich die Wissenschaftler der beiden Staaten austauschten.

14 Vgl. die Schreiben der ZO an die VOKS in GA RF, f. 5283, op. 5, d. 755 sowie in GA RF, f. 5283, op. 5, d. 756. Auch im Juni 1941 korrespondiert die ZO noch mit der VOKS, jedoch ist aus dem Monat des deutschen Überfalls auf die Sowjetunion kein Anschreiben zu einer Sendung überliefert, mit der Briefe von Wissenschaftlern oder Sonderdrucke übermittelt worden wären.

15 Vgl. S. 87–89.

Besonders eng war der Briefkontakt zwischen Astronomen in Deutschland und in der Sowjetunion. Die Wissenschaftler des Astronomischen Rechen-Instituts bzw. des Coppernicus-Instituts in Berlin[16] und der Sternwarten in Hamburg-Bergedorf und in Posen sandten zwischen November 1940 und Mai 1941 mindestens 20 Briefe und Sonderdrucke an ihre Kollegen, die in den Observatorien in Pulkovo bei Leningrad, in Kiew, in Simeis (Krim), in Kasan und in Abastumani, im Astronomischen Institut in Leningrad oder im Astronomischen Sternberg-Institut in Moskau arbeiteten. Des Öfteren verschickten sie Sendungen – möglicherweise gleichen Inhalts – am selben Tag an mehrere Empfänger. Viele ihrer Briefe sind Zeugnisse für einen Austausch über konkrete wissenschaftliche Inhalte.[17] Wie ein Schreiben des Astronomen Grigorij N. Neujmins vom Observatorium in Simeis (Krim) an die VOKS nahelegt, übermittelten deutsche und sowjetische Astronomen regelmäßig aktuelle Messergebnisse.[18] Da Neujmin noch Mitte Mai 1941 an

16 „Coppernicus-Institut" bzw. ab 1943 „Kopernikus-Institut" war von 1939 bis 1944 der offizielle Beiname des Astronomischen Rechen-Instituts. Vgl. Roland Wielen / Ute Wielen: *Von Berlin über Sermuth nach Heidelberg. Das Schicksal des Astronomischen Rechen-Instituts in der Zeit von 1924 bis 1954 anhand von Schriftstücken aus dem Archiv des Instituts.* Heidelberg: HeiDOK 2012. http://archiv.ub.uni-heidelberg.de/volltextserver/14604/1/Umsiedlung_Edit_2.pdf (Zugriff am 02.05.2014), S. 49–52 sowie knapp Roland Wielen: Zur Geschichte des Astronomischen Recheninstituts. http://www.zah.uni-heidelberg.de/de/ari/ueber-das-ari/geschichte-des-ari-wip (Zugriff am 02.05.2014).

17 „In Beantwortung Ihrer Anfrage vom 13. Febr. 1941 teile ich Ihnen mit, dass der Brooks'sche Komet im Jahre 1939 hier nicht beobachtet worden ist", schrieb beispielsweise der Direktor der Hamburger Sternwarte an seinen Kollegen in Kasan. GA RF, f. 5283, op. 5, d. 755, l. 174, Richard Schorr (Direktor der Hamburger Sternwarte) an D. J. Martinoff [Dmitrij J. Martynov] (Direktor der Engelhardt-Sternwarte, Kasan) v. 10.03.1941. Das Coppernicus-Institut bat das Observatorium auf der Krim um Mithilfe bei der „Bearbeitung der Juno": „Dürfte ich Sie bitten, auch Ihre Juno-Positionen auszumessen?" Gleichzeitig freute man sich über eine frühere Mitteilung aus Simeis: „Sehr erfreulich ist Ihre Wiederauffindung des Schnelläufers 1474." GA RF, f. 5283, op. 5, d. 755, l. 182, Coppernicus-Institut/Astronomisches Rechen-Institut an Grigorij N. Neujmin (Observatorium in Simeis, Krim) v. 27.03.1941 (Kopie). G. Neujmin antwortete wenig später – dies ist eines der wenigen Schreiben sowjetischer an deutsche Wissenschaftler im von mir ausgewerteten Bestand –, er lasse einige genaue Positionen von Juno für die Kollegen in Berlin aufnehmen. GA RF, f. 5283, op. 5, d. 755, l. 91, Neujmin an Gustav Stracke (Coppernicus-Institut) v. 12.05.1941. In selber Post sandte er eine Tabelle mit Planetenpositionen des vergangenen Monats. GA RF, f. 5283, op. 5, d. 755, l. 92, Tabelle Neujmins v. 10.05.1941, betr. photographische Aufnahmen in Simeis.

18 GA RF, f. 5283, op. 5, d. 755, l. 71, Neujmin an die VOKS [eingegangen am 17.05.1941].

die VOKS schrieb, dass er bisher auf direktem Postweg mit dem Coppernicus-Institut kommuniziert habe, ist es wahrscheinlich, dass im von mir ausgewerteten Bestand gar nicht die gesamte astronomische Korrespondenz enthalten ist. Dass Astronomen direkte Verbindungen an der VOKS (und möglicherweise der ZO) vorbei unterhalten konnten, hängt vermutlich mit der Ausnahmegenehmigung zusammen, die ihnen in der Zeit des generellen Verbots brieflichen Austausches die Kommunikation gestattet hatte.[19]

Dieser Sonderstatus der Astronomie ist wohl auch der Grund dafür, warum sich ihr Kontakt so viel intensiver gestaltete als derjenige von Kollegen anderer Fachbereiche. Ein konkreter fachlicher Austausch war in anderen Fächern die Ausnahme.[20] Die Zeitspanne von sieben Monaten, die zwischen der Wiederzulassung wissenschaftlicher Beziehungen und dem deutschen Überfall auf die Sowjetunion lag, war schlicht zu kurz, um enge Arbeitsbeziehungen neu aufzubauen. Viele der erhaltenen Briefe waren noch bis weit ins Jahr 1941 hinein Erstkontakte bzw. Versuche, Kontakte nach langer Unterbrechung wieder aufzunehmen. In vielen Fällen dienten sie dem Ziel, Kollegen des anderen Landes für die Mitarbeit an Zeitschriften zu gewinnen.[21]

Dass ZO und VOKS dem Kontakt zwischengeschaltet waren, wurde mitunter durchaus positiv gesehen. Neujmin, der bis Mai 1941 direkt mit deutschen Kollegen korrespondiert hatte und offenbar den Weg über die VOKS gar nicht für zwingend hielt,[22] schrieb an die VOKS:

> Wenn es Ihnen möglich ist, den Austausch der Korrespondenz mit dem genannten Institut zuverlässiger und, am wichtigsten, schneller zu garantieren, dann werde ich mit großem Vergnügen und großer Dankbarkeit Ihren Vermittlungsdienst in Anspruch nehmen.[23]

19 Siehe S. 90–91.

20 Als eines unter wenigen Beispielen, in denen sich auch Forscher anderer Fachbereiche über konkrete wissenschaftliche Inhalte austauschten, sei genannt: GA RF, f. 5283, op. 5, d. 755, l. 203, Walter Poethke (Assistent für pharmazeutische Chemie an der Universität Leipzig) an H. Fischer (Dozent in Dnjepropetrowsk) v. 27.03.1941 (Kopie). Poethke reagierte auf eine Frage Fischers zur Farbreaktion des Alkaloids Germerin.

21 Siehe dazu den folgenden Abschnitt.

22 Er schrieb, er schicke der VOKS „versuchsweise“ (*v vide opyta*) Material zur Weiterleitung an das Coppernicus-Institut. GA RF, f. 5283, op. 5, d. 755, l. 71, Neujmin an die VOKS [eingegangen am 17.05.1941].

23 Ebd.

Deutsche Wissenschaftler und Institute nutzten auch gerne die Vermittlungsdienste der ZO, um an Forschungsmaterial zu kommen. So wandte sich beispielsweise die DGSO im Februar 1941 an die ZO, um sich Zeitschriften aus der Sowjetunion beschaffen zu lassen.[24] Schütte setzte sich daraufhin bei der VOKS dafür ein, dass der DGSO die gewünschten Hefte geschickt würden.[25] Ende Mai 1941 bat die Zentralstelle die VOKS im Auftrag von Erwin Koschmieder, Vorstand des Seminars für slavische und baltische Philologie der Universität München, um Kopien von Handschriften aus dem 12. Jahrhundert.[26]

Aus der Analyse der Zuschriften der ZO an die VOKS lassen sich zwei Schlussfolgerungen ziehen. Erstens war die ZO erfolgreich darin, als Vermittlerin der Korrespondenz zwischen deutschen und sowjetischen Wissenschaftlern anerkannt zu werden. Die VOKS wurde zwar hin und wieder von deutschen Wissenschaftlern auch direkt angeschrieben.[27] Ein Großteil des Briefverkehrs scheint aber durch die Hand der Zentralstelle gegangen zu sein. Zweitens blieb das Volumen des brieflichen Austausches insgesamt gering, und manche Fachbereiche nutzten die Möglichkeit, wieder mit sowjetischen Kollegen in Kontakt zu treten, überhaupt nicht.

3. Publikationen in Zeitschriften

Harald Geppert, Mathematikprofessor und Mitglied der PAW, war einer der Wissenschaftler, die das REM mit dem Rundschreiben vom 21. Oktober 1940 beauftragt hatte, „einen Überblick über die bisherigen Leistungen der sowjetischen Wissenschaft zu erarbeiten" und die Kontakte zwischen deutschen und sowjetischen Fachkollegen zu koordinieren.[28] Geppert kannte sich, wie im Folgenden gezeigt wird, blendend in der sowjetischen Forschungslandschaft aus. Bereits vor der Erlaubnis des REM im Oktober 1940, wissenschaftliche Beziehungen zur Sowjetunion wieder aufzunehmen, war

24 GA RF, f. 5283, op. 5, d. 755, l. 206, DGSO an ZO v. 18.02.1941.

25 GA RF, f. 5283, op. 5, d. 755, l. 205, Schütte an Volkov (Leiter der I. Westabteilung der VOKS) v. 21.02.1941.

26 GA RF, f. 5283, op. 5, d. 755, l. 5, Schütte an Volkov v. 27.05.1941.

27 Vgl. GA RF, f. 5283, op. 5, d. 760.

28 UAM, Sen. 30/6, Bd. 7, unfol., Runderlass Zschintzschs (REM) v. 21.10.1940 (vertraulich), betr. die wissenschaftlichen Beziehungen zu Sowjetrußland.

er mit sowjetischen Fachkollegen in Kontakt getreten. Das lässt sich aus einem Brief schließen, den Geppert Mitte November an seinen Kollegen Sergej A. Jančevskij in Leningrad schrieb.[29] Darin bedankte er sich für ein Schreiben Jančevskijs von Mitte Oktober und teilte seinem Kollegen mit, dass er ihm Bücher zuschicken lassen werde. Außerdem verlieh er seiner Freude Ausdruck, dass Jančevskij wieder in der Lage sei, „am Zentralblatt in gewohnter Weise mitzuarbeiten". Mit „Zentralblatt" war das *Zentralblatt der Mathematik* gemeint, das Geppert herausgab. Offenbar hatte Geppert Jančevskij bereits in einem früheren Brief darum gebeten, an dieser Publikation wieder mitzuwirken und Jančevskij hatte sich einverstanden erklärt.

Besonders bemerkenswert ist es, wie Geppert den Auftrag des REM anging, den Stand der mathematischen Forschung in der Sowjetunion zu eruieren. Da die russische Literatur auf dem Gebiet der Mathematik und der Mechanik in den vergangenen Jahren immer umfangreicher geworden sei und an Bedeutung gewonnen habe, bestehe in Deutschland, so Geppert gegenüber Jančevskij, „das grösste Interesse daran, über die Fortschritte der russischen Wissenschaft in zuverlässiger und erschöpfender Weise unterrichtet zu werden." Das hier formulierte Anliegen entsprach recht genau den Intentionen und Instruktionen des REM, wovon Geppert Jančevskij gleichwohl nichts sagte. Dann fuhr er fort:

> Sie wissen selbst, dass den Deutschen die Erlernung und Beherrschung der russischen Sprache die grössten Schwierigkeiten bereitet, und dass daher der grösste Teil der russischen Forschungen den Nichtrussen unzugänglich bleiben, sobald er nur auf Russisch publiziert oder in einem russischen Referatenorgan besprochen wird. Ich lege daher grössten Wert darauf, dass in den beiden von mir geleiteten Referatenorganen, dem Jahrbuch über die Fortschritte der Mathematik und dem Zentralblatt für Mathematik, die russischen Arbeiten von sachverständiger Seite eingehend gewürdigt werden. Im Bereiche der westeuropäischen Länder gibt es leider sehr wenige Mathematiker, die die russische Sprache gründlich beherrschen und gleichzeitig auf den bei Ihnen gepflegten Gebieten Bescheid wissen. Ich sehe daher eine Möglichkeit, die russische Forschung auch ausserhalb Russlands bekannt zu machen, nur darin, dass die russischen Fachkollegen an unseren Referatblättern mitarbeiten und insbesondere die in Russland erscheinenden Arbeiten eingehend besprechen.

Als ersten konkreten Schritt, um eine derartige Zusammenarbeit ins Laufen zu bringen, übermittelte Geppert Jančevskij eine Liste von

29 GA RF, f. 5283, op. 5, d. 755, l. 317, Geppert an Janczewski [Jančevskij] v. 16.11.1940 (Kopie). Zum Folgenden – auch alle folgenden Zitate – ebd.

25 sowjetischen Mathematikern, die früher am *Zentralblatt für Mathematik* und am *Jahrbuch über die Fortschritte der Mathematik* mitgearbeitet hatten, und bat ihn um Adressen dieser und weiterer Wissenschaftler, die als Beiträger infrage kämen.

Versuche wie derjenige Gepperts, sowjetische Wissenschaftler als Autoren von Aufsätzen für deutsche Zeitschriften zu gewinnen, finden sich in den Quellen häufig. Des Öfteren wurde wie hier ein Überblick über den augenblicklichen Stand der sowjetischen Wissenschaft erbeten. So fragte beispielsweise der Herausgeber der *Zeitschrift für Wissenschaftliche und Technische Kolloidchemie* Wolfgang Ostwald den Moskauer Professor für Metallkeramik Michail Ju. Bal'šin, ob er einen zusammenfassenden Bericht über seine Untersuchungen über Metallkeramik schreiben könne.[30] „Wir haben über diese Untersuchungen von mehreren Seiten sehr viel Rühmliches gehört und wir würden gerne die deutschen Fachgenossen mit Ihren Resultaten bekannt machen." Auch der Ingenieur und Technikhistoriker Conrad Matschoß[31] wandte sich über die ZO an die VOKS, weil er eine Übersicht über den Stand der sowjetischen Forschung auf dem Gebiet der Technikwissenschaften aus der Feder eines sowjetischen Wissenschaftlers im Journal *Germanskaja Technika* publizieren wollte.[32] Die *Germanskaja Technika*, deren Schriftleitung Matschoß innehatte, war eine in russischer Sprache erscheinende „technisch-literarische Umschau über die neuesten Ergebnisse der deutschen Forschung und Industrie auf dem Gebiete der Technik".[33] Im Jahr 1940 bestand diese Zeitschrift, die vom VDI und vom Wirtschaftsinstitut für Rußland und die Oststaaten herausgegeben wurde, bereits seit 18 Jahren.[34] Nach Abschluss des Hitler-Stalin-Paktes hoffte Matschoß, die Zeitschrift deutlich häufiger als in den vergangenen Jahren erscheinen lassen zu können: zwölfmal jährlich statt nur zweimal im Jahr.[35]

30 GA RF, f. 5283, op. 5, d. 755, l. 152, Ostwald an Balschin [Bal'šin] v. 08.03.1941 (Kopie). Folgendes Zitat ebd.

31 Zu Matschoß siehe S. 137–138.

32 GA RF, f. 5283, op. 5, d. 755, l. 52, Schütte an Volkov v. 14.04.1941.

33 Ebd.

34 PA AA, Moskau II/317, Bl. 18–20, hier Bl. 18, Matschoß an Hilger v. 05.01.1940.

35 Ebd.

Schon von ihrer Anlage her war diese Zeitschrift ein Versuch, den Austausch zwischen deutschen und sowjetischen Technikwissenschaftlern zu pflegen. Zwar machte sie hauptsächlich Errungenschaften deutscher Forschung in der Sowjetunion bekannt. Dass ein Wirtschaftsinstitut Mitherausgeber war, lässt außerdem erahnen, dass die Zeitschrift auch dazu beitragen wollte, den Verkauf deutscher Technik in der Sowjetunion anzukurbeln. Gleichwohl beweist der Wunsch, eine Übersicht über den Stand der sowjetischen Forschung aufzunehmen, aber auch ein Interesse am Informationsfluss in die andere Richtung. Die *Germanskaja Technika* solle „keineswegs eine blosse Verkaufszeitschrift werden", wie Matschoß gegenüber Hilger betonte.[36]

Andere technische und naturwissenschaftliche Zeitschriften wollten ebenfalls Aufsätze sowjetischer Wissenschaftler aufnehmen.[37] Der Präsident des Archäologischen Instituts des Deutschen Reiches, Martin Schede, strebte neben einer Beteiligung sowjetischer Wissenschaftler am *Archäologischen Anzeiger* des Instituts gar an, eine unterbrochene Schriftenreihe mit dem Obertitel „Archäologische Mitteilungen aus russischen Sammlungen" fortzusetzen.[38] In einigen Fällen konnten die deutschen Herausgeber von Zeitschriften sowjetischen Autoren bereits die bevorstehende Publikation der eingesandten Texte anzeigen: Max Bodenstein, einer der Herausgeber der Zeitschrift für Physikalische Chemie informierte seinen Kollegen K. Butkov in Leningrad im April 1941, dass einer seiner Aufsätze in der Zeitschrift erscheinen werde.[39] Ebenso teilte R.

36 PA AA, Moskau II/317, Bl. 18–20, hier Bl. 19, Matschoß an Hilger v. 05.01.1940.

37 Für die Zeitschrift *Elektrotechnik und Maschinenbau* des Elektrotechnischen Vereins in Wien: GA RF, f. 5283, op. 5, d. 755, l. 114, Heinrich Sequenz (Professor für Elektromaschinenbau an der Technischen Hochschule in Wien) an Claudius Schenfer (Professor an der Technischen Hochschule in Moskau) v. 11.01.1941 (Abschrift), betr. Aufsatz für „E und M"; für die Zeitschrift *Korrosion und Metallschutz* der Gesellschaft für Korrosionsforschung und Werkstoffschutz im Verein Deutscher Chemiker: GA RF, f. 5283, op. 5, d. 755, l. 258, Gesellschaft für Korrosionsforschung und Werkstoffschutz im Verein Deutscher Chemiker an N. D. Birükoff [Birjukov?] v. 03.01.1941 (Kopie ohne Unterschrift) sowie GA RF, f. 5283, op. 5, d. 755, l. 262, Gesellschaft für Korrosionsforschung und Werkstoffschutz im Verein Deutscher Chemiker an W. O. Kroenig v. 03.01.1941 (Kopie ohne Unterschrift).

38 GA RF, f. 5283, op. 5, d. 755, l. 226, Schede an Sergej A. Schebelev [Žebelëv] v. 17.02.1941 (Kopie).

39 GA RF, f. 5283, op. 5, d. 755, l. 139, Bodenstein an Butkow [Butkov] v. 07.04.1941 (Abschrift).

Grammel, Begründer und Herausgeber des Journals *Ingenieur-Archiv*, dem Moskauer Mechanik-Professor Boris V. Bulgakov mit, er werde eines seiner Manuskripte veröffentlichen. Er schlug Bulgakov lediglich eine neue Einleitung vor, die er ihm zur Genehmigung übersandte.[40]

Wie sah es umgekehrt mit Beiträgen deutscher Wissenschaftler in sowjetischen Zeitschriften aus? Um zu verlässlichen Informationen zu kommen, müsste man sowjetische Zeitschriften einzeln auswerten. Auf der Basis der von mir eingesehenen Quellen lässt sich immerhin für den Bereich der Technikwissenschaften sagen, dass es eine Reihe sowjetischer Zeitschriften gab, die „dringend Beiträge führender deutscher Ingenieure und Gelehrter über einzelne technische Fragen" publizieren wollten.[41] Bereits Anfang Februar 1940 waren der Deutschen Botschaft in Moskau ungefähr 25 derartige Artikelwünsche bekannt geworden.[42] Hilger gab diese Information an Matschoß weiter und riet gleichzeitig auch der sowjetischen Seite, sich mit Matschoß in Verbindung zu setzen. Matschoß antwortete Hilger daraufhin, er sehe in der Veröffentlichung deutscher Aufsätze in sowjetischen Zeitungen „eine gute Möglichkeit, die Beziehungen wieder anzuknüpfen". Er werde alles dafür tun, um die Wünsche zu erfüllen.[43]

4. Einladungen zu Kongressen und Tagungen

Nach Abschluss des Hitler-Stalin-Paktes konnten sowjetische Wissenschaftler auch wieder an deutschen Kongressen teilnehmen. Die ersten beiden Einladungen erfolgten bereits im Mai 1940 ausgerechnet im Namen von Konrad Meyer, dem späteren Autor des „Generalplans Ost". In zwei beinahe wortgleichen Schreiben lud einer seiner Mitarbeiter sowjetische Wissenschaftler zu einer Tierzucht- und einer Pflanzenbau-Tagung der Reichsarbeitsgemeinschaften der Landwirtschaftswissenschaft (Forschungsdienst) ein und betonte, er

40 GA RF, f. 5283, op. 5, d. 755, l. 154, Grammel an Bulgakov v. 08.04.1941 (Kopie).

41 PA AA, Moskau II/317, Bl. 21, Aufzeichnung für Hilger [nicht früher als 06.02.1940, nicht später als 23.02.1940].

42 Ebd.

43 PA AA, Moskau II/318, Bl. 137–139, hier Bl. 139, Matschoß an Hilger v. 03.04.1940.

würde es sehr begrüßen, wenn sowjetische Wissenschaftler zu den Tagungen kommen könnten.[44] Ob sowjetische Wissenschaftler die Einladung annahmen, ist nicht bekannt. Dagegen weiß man, dass deutsche Tier- und Pflanzenzuchtexperten im September 1940 zur All-Unions-Landwirtschaftsausstellung nach Moskau reisten und anschließend mit Bewunderung von den Leistungen der sowjetischen Landwirtschaftswissenschaften sprachen: Deutschland könne hier vom sowjetischen Vorbild lernen.[45]

Zu drei weiteren Kongressen, die im Frühjahr und Sommer 1941 stattfinden sollten, wurden sowjetische Wissenschaftler über die Deutsche Botschaft in Moskau eingeladen. Anfang Februar 1941 übermittelte die Botschaft der VOKS eine Einladung der Deutschen Röntgen-Gesellschaft zu einer Tagung in Wien[46] sowie eine Einladung der Deutschen Gesellschaft für Innere Medizin zu einem ebenfalls in Wien geplanten (und schließlich abgesagten) Kongress.[47] Schließlich sollte dort auch eine Tagung der Deutschen Gesellschaft für Gynäkologie stattfinden, zu der Anfang Mai 1941 sowjetische Wissenschaftler eingeladen wurden.[48] Zu einer sowjetischen Beteiligung an letztgenannter Tagung ist es (falls sie überhaupt durchgeführt worden ist) mit Sicherheit nicht gekommen – vor dem Tagungstermin überfiel Deutschland die Sowjetunion. Auch die Pläne des Königsberger Botanik-Professors Kurt Mothes, „eine russisch-deutsche Tagung innerhalb seines Fachgebietes durchzuführen“, wurden damit hinfällig.[49]

44 GA RF, f. 5283, op. 5, d. 746, l. 204, Krause (Reichsarbeitsgemeinschaften der Landwirtschaftswissenschaft (Forschungsdienst) – Auslandsamt) an die VOKS v. 07.05.1940 (Tierzucht-Tagung); GA RF, f. 5283, op. 5, d. 746, l. 205, Krause an die VOKS v. 07.05.1940 (Pflanzenbau-Tagung).

45 Susanne Heim: *Kalorien, Kautschuk, Karrieren. Pflanzenzüchtung und landwirtschaftliche Forschung in Kaiser-Wilhelm-Instituten 1933–1945*. Göttingen: Wallstein 2003, S. 58ff.

46 GA RF, f. 5283, op. 5, d. 754, l. 6, Deutsche Botschaft in Moskau (Unterschrift unleserlich) an die VOKS v. 02.02.1941.

47 Einladung: GA RF, f. 5283, op. 5, d. 754, l. 6, Deutsche Botschaft in Moskau (Unterschrift unleserlich) an die VOKS v. 02.02.1941. Absage: GA RF, f. 5283, op. 5, d. 754, l. 4, Hilger an die VOKS v. 22.04.1941.

48 GA RF, f. 5283, op. 5, d. 754, l. 2, Deutsche Botschaft in Moskau (Unterschrift unleserlich) an die VOKS v. 08.05.1941.

49 Mothes plante im Februar 1941 nach Informationen des REM eine solche Tagung. BArch Berlin, R 4901/2756, Bl. 264, Vermerk [Heinrich] Dahnkes (REM) v. 17.02.1941.

5. Mitgliedschaften in wissenschaftlichen Gesellschaften

Die AN SSSR übernahm für ihre Mitglieder auf Antrag die Beiträge, die bei einer Mitgliedschaft in ausländischen wissenschaftlichen Organisationen fällig wurden,[50] bzw. leitete Anträge befürwortend an den Rat der Volkskommissare der UdSSR weiter, der offenbar über die Bewilligung entschied.[51] Im Schreiben an den Rat der Volkskommissare, mit dem die Anträge für das Jahr 1940 übermittelt wurden, hieß es, dass für 408 Akademiemitglieder die Beitragszahlungen übernommen werden sollten, darunter wie bereits im Jahr 1939[52] über neunzig Mal[53] für Mitgliedschaften in deutschen wissenschaftlichen Organisationen.[54]

Sieht man sich die dem Schreiben beigelegte Liste[55] der deutschen Organisationen mitsamt der Zahl der sowjetischen Mitglieder im Jahr 1939 genauer an, so fällt zunächst auf, dass über die Hälfte in einer internationalen Gesellschaft Mitglied waren, die lediglich von einem Deutschen mitbegründet worden war: die Internationale Vereinigung für Limnologie.[56] Diese Gesellschaft tauchte also fälschlicherweise in der Liste auf. Die restlichen 46 Mitgliedschaften

50 Über die Anträge entschied eine Kommission des Präsidiums der AN. Vgl. ARAN, f. 2, op. 1a (1940g.), d. 246.

51 Siehe beispielsweise für das Jahr 1940 ARAN, f. 2, op. 1a (1940g.), d. 247, l. 4, AN SSSR an den Rat der Volkskommissare der UdSSR (*Sovet Narodnych Komissarov SSSR*) v. 03.03.1940.

52 Siehe ARAN, f. 2, op. 1a (1940g.), d. 247, l. 5–10, Liste ausländischer wissenschaftlicher Gesellschaften (geordnet nach Staaten) mit Angabe der Zahl der sowjetischen Wissenschaftler, für die die Akademie der Wissenschaften die Mitgliedsbeiträge im Jahr 1939 übernommen hat, o. D. (Mitgliedschaften in deutschen Gesellschaften: l. 9). Ob diese sowjetischen Wissenschaftler bereits vor Abschluss des Hitler-Stalin-Paktes Mitglieder der Gesellschaften waren, konnte nicht ermittelt werden.

53 Die in der Liste des Jahres 1939 angegebene Summe (91) und die Summe der Einzelposten der Liste (93) sind nicht identisch.

54 ARAN, f. 2, op. 1a (1940g.), d. 247, l. 4, AN SSSR an den Rat der Volkskommissare der UdSSR (*Sovet Narodnych Komissarov SSSR*) v. 03.03.1940.

55 ARAN, f. 2, op. 1a (1940g.), d. 247, l. 5–10, hier l. 9, Liste ausländischer wissenschaftlicher Gesellschaften (geordnet nach Staaten) mit Angabe der Zahl der sowjetischen Wissenschaftler, für die die Akademie der Wissenschaften die Mitgliedsbeiträge im Jahr 1939 übernommen hat, o. D.

56 Ebd., Mitgliedschaften in deutschen Gesellschaften l. 9. Dort auch die folgenden Zahlen. Einen kurzen Überblick zur Geschichte der internationalen Vereinigung für Limnologie (heute abgekürzt mit „SIL") bietet Jürgen Overbeck: 75th Anniversary of SIL, [1997]. http://www.limnology.org/news/25/75_anniversary.html (Zugriff am 02.05.2014).

verteilten sich auf 21 wissenschaftliche Gesellschaften. Die Disziplinen, deren Vertreter sich in diesen Gesellschaften organisierten, entsprechen dabei denjenigen, in denen auch in anderen Zusammenhängen das Interesse für eine Kooperation mit der Sowjetunion groß war – sieht man einmal davon ab, dass keine Technikwissenschaften vertreten waren. Die meisten sowjetischen Mitglieder hatte die Deutsche Chemische Gesellschaft, gefolgt von der Deutschen Botanischen Gesellschaft und der Deutschen Physikalischen Gesellschaft. Immerhin noch je zwei Mitglieder aus der Sowjetunion hatten die Astronomische Gesellschaft in Berlin und die Kolloid Gesellschaft sowie die Deutsche Bunsengesellschaft. Alle übrigen in der Liste aufgeführten wissenschaftlichen Vereinigungen hatten jeweils einen sowjetischen Wissenschaftler in ihren Reihen.

6. Die Arbeit an einem Handbuch der deutschen Technik und Industrie

Am 23. März 1940 traf der Vertreter des Deutschen Nachrichtenbüros in Moskau, Ernst Schüle, mit Mitarbeitern des Verlags Meždunarodnaja Kniga (Internationales Buch) zusammen.[57] Bei dieser Gelegenheit erfuhr Schüle von der Idee des Verlags, ein „Handbuch der deutschen Technik und Industrie“ herauszugeben. Die Vorstellungen des Verlags waren, was den Inhalt eines solchen Handbuches anging, bereits sehr konkret: Einer Einleitung über die Wirtschaftsbeziehungen zwischen Deutschland und der Sowjetunion sollten eine Übersicht über die wichtigsten Gebiete der deutschen Technik und Industrie sowie wissenschaftliche Aufsätze über Neuheiten und Errungenschaften der deutschen Technik folgen. Außerdem waren ein Verzeichnis der deutschen wissenschaftlich-technischen Forschungsinstitute und Anstalten und eines der wichtigsten deutschen Firmen vorgesehen. Schließlich wollte man deutschen Firmen Gelegenheit geben, im Anhang Reklame abzudrucken. Vorbild war ein ähnlich angelegtes Handbuch der Technik und Industrie der USA.[58]

57 PA AA, Moskau II/318, Bl. 141–142, Aufzeichnung [Schüles] für Hilger v. 26.03.1940. Dass es sich um eine Aufzeichnung Schüles handelt, geht hervor aus: PA AA, Moskau II/318, Bl. 140, Schreiben Hilgers an das AA v. 02.04.1940 (Durchschlag).

58 PA AA, Moskau II/318, Bl. 141–142, Aufzeichnung [Schüles] für Hilger v. 26.03.1940. Das US-Handbuch konnte nicht ermittelt werden.

Schüle versprach, die Deutsche Botschaft in Moskau von diesem Plan zu informieren, was er drei Tage nach dem Treffen auch tat.[59] Die Botschaft setzte wiederum das Auswärtige Amt in Kenntnis und bat, „eine Stellungnahme der interessierten deutschen Stellen zu dieser Anregung herbeizuführen", wobei insbesondere auch Conrad Matschoß, der Schriftleiter der *Germanskaja Technik* zu befragen sei.[60] Unabhängig davon schlug auch die sowjetische Seite wenig später vor, Matschoß mit der Leitung der auf deutscher Seite zu leistenden Arbeiten zu betrauen.[61]

Die Übertragung dieser Aufgabe an Matschoß war kein Zufall. Der Doyen der Technikgeschichtsschreibung und Professor für Geschichte der Technik an der Technischen Hochschule Berlin war einer der einflussreichsten Wissenschaftsmanager seiner Zeit. Bereits vor dem Ersten Weltkrieg zum Direktor des VDI berufen, leitete er den Verband mit einer kurzen Unterbrechung bis Ende 1937.[62] Darüber hinaus war Matschoß Gründungsmitglied der Notgemeinschaft.[63] Ihm lag viel am Auf- und Ausbau einer auswärtigen Kulturpolitik zur „Förderung des geistigen Ansehens im Auslande", wie er den Teilnehmern einer in Zusammenarbeit mit Karl Lamprecht organisierten Besprechung über Maßnahmen zur Förderung deutscher auswärtiger Kulturpolitik bereits im Februar 1914 offenbarte.[64] Gegenüber der Sowjetunion gestaltete er die Kulturpolitik seit den frühen 1930er Jahren insbesondere als Schriftleiter der *Germanskaja*

59 Ebd.

60 PA AA, Moskau II/318, Bl. 140, Hilger an das AA v. 02.04.1940 (Durchschlag).

61 Vgl. PA AA, Moskau II/318, Bl. 147–148, von der Schulenburg an das AA v. 21.05.1940 (Durchschlag). Rosenfeld erwähnt das geplante Handbuch in einer Fußnote. Er erweckt jedoch den Eindruck, als sei die Initiative von Matschoß ausgegangen. Rosenfeld: Kultur, S. 128, Anm. 138.

62 Zu biographischen Daten Matschoß' siehe die Nachrufe Hans Ude: Conrad Matschoß. Ein Leben für die Technik und ihre Geschichte. In: *Deutsches Museum. Abhandlungen und Berichte* 14,3 (1942), S. 1–32, hier S. 61, 69; Conrad Matschoß †. In: *Zeitschrift des Vereines Deutscher Ingenieure* 86,15/16 (1942), S. 225–227, hier S. 226. Eine Kopie des letztgenannten Nachrufs befindet sich in: BArch Koblenz, R 73/15330, Bl. 7–8.

63 Hammerstein: *Deutsche Forschungsgemeinschaft*, S. 38.

64 Protokoll einer Besprechung über Massnahmen zur Förderung deutscher auswärtiger Kulturpolitik v. 06.02.1914, abgedruckt in Rüdiger vom Bruch: *Weltpolitik als Kulturmission. Auswärtige Kulturpolitik und Bildungsbürgertum in Deutschland am Vorabend des Ersten Weltkrieges.* Paderborn u. a.: Schöningh 1982, S. 176–195, hier S. 179.

Technika mit.[65] Dafür, dass er im Frühjahr 1940 von der Deutschen Botschaft in Moskau und von der sowjetischen Seite als Ansprechpartner für das Handbuch-Projekt ins Gespräch gebracht wurde, dürfte gleichermaßen entscheidend gewesen sein, dass er erstens als langjähriger Vorsitzender des VDI beste Kontakte in der Ingenieurwissenschaft hatte und zweitens ein durch seine Mitarbeit an der *Germanskaja Technika* vertrauter Gesprächspartner war. Sowohl Hilger als auch der Leiter des sowjetischen Redaktionsbüros, der Ingenieur und Chefredakteur der *Technischen Enzyklopädie (Techničeskaja ėnciklopedija)* Ludwig Martens, kannten Matschoß persönlich.[66]

Die bewegte und interessante Biographie Ludwig Martens' bzw. Ljudvig K. Martens' – er stammte aus einer in Kursk ansässigen deutsch-russischen Industriellenfamilie – prädestinierte ihn ebenfalls für die Koordination der Arbeiten an dem geplanten Gemeinschaftswerk. Während seines Ingenieurstudiums in St. Petersburg wurde er kurz vor der Jahrhundertwende wegen Mitgliedschaft in Lenins Kampfbund zur Befreiung der Arbeiterklasse aus Russland ausgewiesen. Er beendete in Deutschland sein Studium, zog dann nach Großbritannien sowie anschließend in die USA und arbeitete als Ingenieur sowie als Manager. Während all der Jahre blieb er politisch aktiv. Aus den USA wegen „bolschewistischer Propaganda" abermals ausgewiesen, kehrte er nach (Sowjet-)Russland zurück und betätigte sich fortan zunächst in der staatlichen Wirtschaftsverwaltung, ab Mitte der 1920er Jahre in der Ingenieurforschung.[67]

Im Frühsommer 1940 trieb die sowjetische Seite das Handbuch-Projekt energisch voran. Schon bevor es erste Reaktionen der deutschen Seite gab, stand Martens im Mai 1940 als Leiter des sowjetischen Redaktionsbüros fest. Auch die weiteren Mitarbeiter des Büros sowie das wissenschaftliche Redaktionsteam, dem zwanzig sowjetische Technikwissenschaftler angehörten, waren bereits ausgewählt.[68] Matschoß hatte noch nicht sein Einverständnis erklärt, an dem Projekt mitzuwirken, da bezeichnete die sowjetische Seite

65 Siehe S. 131.

66 Dies geht aus einem Brief Matschoß' an Hilger hervor: PA AA, Moskau II/318, Bl. 121, Matschoß an Hilger v. 26.06.1940.

67 Svetlana Chervonnaya: Martens, Ludwig Karlovich (1874–1948). http://www.documentstalk.com/wp/martens-ludwig-karlovich (Zugriff am 19.05.2014).

68 Eine Liste der Mitarbeiter und beteiligten Wissenschaftler findet sich in PA AA, Moskau II/318, Bl. 152.

es schon als erwünscht, dass er zu Verhandlungen nach Moskau reise.[69] Mitte Juni verwendete Martens für ein Schreiben an Hilger Briefpapier mit dem eingedruckten Kopf „Handbuch der deutschen Technik und Industrie, Schriftleitung".[70] Und als Matschoß die Einladung nach Moskau Mitte Juli annahm[71] – sein Einreiseantrag war in kürzester Zeit bewilligt worden[72] –, legten ihm Martens und seine Kollegen bereits einen über vierzig Seiten starken Entwurf eines Inhaltsverzeichnisses des Handbuchs mit detaillierten Angaben zu den gewünschten Beiträgen vor.[73] Als Autoren dieser Texte wünschte man sich namhafte deutsche Techniker und Technikwissenschaftler,[74] wobei die sowjetischen Wissenschaftler, die dem Redaktionsteam angehörten, Beiträge begutachten, redigieren und abändern können sollten.[75] Vorgesehen waren, wie aus dem Entwurf des Inhaltsverzeichnisses hervorgeht, Aufsätze aus allen Bereichen der Technikwissenschaft, die den aktuellen Stand der deutschen Forschung in jedem dieser Bereiche widerspiegeln müssten.

Die sowjetische Seite schlug nicht nur ein hohes Tempo bei der Vorbereitung des Projektes an, sondern räumte ihm auch hohe Bedeutung ein. Wie der deutsche Botschafter in Moskau, Friedrich-Werner Graf von der Schulenburg, dem Auswärtigen Amt in

69 Vgl. PA AA, Moskau II/318, Bl. 147–148, hier Bl. 148, von der Schulenburg an das AA v. 21.05.1940 (Durchschlag).

70 PA AA, Moskau II/318, Bl. 123, Martens an Hilger v. 21.06.1940.

71 PA AA, Moskau II/318, Bl. 115, Matschoß an Hilger v. 04.07.1940.

72 Die Deutsche Botschaft in Moskau hatte das Einreisevisum mit einer Verbalnote an das Volkskommissariat für Auswärtige Angelegenheiten am 14.06.1940 beantragt. PA AA, Moskau II/318, Bl. 127, Verbalnote der Deutschen Botschaft in Moskau an das Volkskommissariat für Auswärtige Angelegenheiten v. 14.06.1940 (Durchschlag). Höchstens zehn Tage später war der Antrag bewilligt. Vgl. PA AA, Moskau II/318, Bl. 122, Telegramm von der Schulenburgs an das AA v. 24.06. [1940].

73 PA AA, Moskau II/318, Bl. 58–103, Russischer Vorschlag [für ein Inhaltsverzeichnis des Handbuchs der deutschen Technik und Industrie], Juli 1940.

74 PA AA, Moskau II/318, Bl. 141–142, hier Bl. 141, Aufzeichnung [Schüles] für Hilger v. 26.03.1940; PA AA, Moskau II/318, Bl. 132–136, hier Bl. 133, Aufzeichnung Matschoß' v. 01.06.1940, betr. Handbuch Deutscher Technik in russischer Sprache. Einmal nennt Matschoß auch Vertreter der Wirtschaft als Mitautoren. PA AA, Moskau II/318, Bl. 36–37, hier Bl. 36, Matschoß an Martens v. 20.07.1940 (Abschrift).

75 PA AA, Moskau II/318, Bl. 33, Martens an Matschoß v. 25.07.1940 (Abschrift).

Berlin berichtete, hatte Martens während der Verhandlungen mit Matschoß mehrmals darauf hingewiesen, dass es für die sowjetische Seite wesentlich sei, wie es mit dem Handbuch weitergehe:

> Herr Martens liess deutlich erkennen, daß die Sowjetseite die Herausgabe dieses wichtigen und umfangreichen Werkes sowie die Art, wie die deutsche Seite an die Sache herantrete, als einen Prüfstein für die Dauerhaftigkeit der deutsch-sowjetischen Beziehungen betrachte.[76]

Die Herausgabe des Handbuches habe damit, so von der Schulenburg, „auch eine politische Bedeutung im Rahmen der deutsch-sowjetischen Beziehungen".

Wie reagierte man auf deutscher Seite auf den Vorschlag und den Enthusiasmus der Sowjets? Kurz gesagt: Die Idee wurde überall begrüßt. Die Deutsche Botschaft in Moskau hatte das Projekt von Anfang an mit Blick auf den erwarteten positiven Effekt für die Wirtschaftsbeziehungen zwischen Deutschland und der Sowjetunion befürwortet.[77] Matschoß war zur Mitarbeit bereit. Er betonte ebenfalls, dass die Herausgabe eines solchen Handbuchs, wie es die Sowjetseite vorgeschlagen habe, „im Interesse der deutschen Wirtschaft" liege.[78] Auch das Auswärtige Amt sprach sich dafür aus, die Anregung der sowjetischen Seite aufzugreifen, die „bei den hiesigen amtlichen und privaten Stellen ungeteilten Anklang gefunden" habe.[79] Wie aus einem Vermerk zu einer Besprechung im Reichswirtschaftsministerium Anfang August 1940 hervorgeht, hatte das Projekt darüber hinaus die Unterstützung des Wirtschaftsministeriums und des Werberats der deutschen Wirtschaft. Außerdem nahmen an der Besprechung interessierte Verlage teil, die das Handbuch herausbringen wollten.[80]

Für Erstaunen sorgte allerdings „der Umfang der russischen Wünsche".[81] Man wolle aber, so Matschoß, „mutig an die Aufgabe

76 PA AA, Moskau II/318, Bl. 106–107, hier Bl. 107, von der Schulenburg an das AA v. 24.07.1940. Folgendes Zitat ebd.

77 PA AA, Moskau II/318, Bl. 147–148, von der Schulenburg an das AA v. 21.05.1940 (Durchschlag).

78 PA AA, Moskau II/318, Bl. 132–136, hier Bl. 132, Aufzeichnung Matschoß' v. 01.06.1940, betr. Handbuch Deutscher Technik in russischer Sprache.

79 PA AA, Moskau II/318, Bl. 131, Walter (AA) an die Deutsche Botschaft in Moskau v. 07.06.1940.

80 PA AA, Moskau II/318, Bl. 28–30, Vermerk [des Reichswirtschaftsministeriums] v. 08.08.1940; Anwesenheitsliste der Sitzung: Bl. 31.

81 PA AA, Moskau II/318, Bl. 32, Matschoß an Hilger v. 03.08.1940.

gehen und sehen, wie wir vorankommen."[82] Als Zeitrahmen bis zur Fertigstellung des Handbuches setzte man sich ambitionierte sieben Monate bis ein Jahr.[83] Der Progressus-Verlag und der VDI Verlag, die das Werk herausgeben sollten, beantragten eine Reichsgarantie in Form einer Ausfallbürgschaft für ein Scheitern des Projektes aus politischen Gründen. Dass der Interministerielle Ausschuss diesen Antrag bewilligte, zeigt noch einmal die große Bedeutung, die man dem Projekt beimaß.[84]

Die Vorarbeiten für das Handbuch waren also auf sowjetischer wie auf deutscher Seite bereits weit fortgeschritten. Dann jedoch geriet die Arbeit ins Stocken. Auf den Entwurf einer Kooperationsvereinbarung,[85] den Matschoß Martens Ende August 1940 übersandte,[86] bekam er keine Antwort. Auch nachdem der Verlag Meždunarodnaja Kniga Hilger Anfang Dezember versprochen hatte, dass die sowjetische Stellungnahme zum Vertragsentwurf in den nächsten Tagen an Matschoß gesandt werde,[87] tat sich nichts. Matschoß gab sich gegenüber Hilger ratlos, was „zu dieser doch sicher absichtlichen außerordentlichen Verzögerung geführt haben" könnte.[88] Die einzige Erklärung, die die sowjetische Seite gab, dass nämlich Martens erkrankt sei und sich nicht mehr um das Projekt kümmern könne,[89] überzeugte die deutsche Seite offenbar nicht.

82 Ebd.

83 PA AA, Moskau II/318, Bl. 28–30, hier Bl. 29, Vermerk [des Reichswirtschaftsministeriums] v. 08.08.1940.

84 PA AA, Moskau II/318, Bl. 12–14, Auszug aus dem Protokoll der 45. Sitzung des Interministeriellen Ausschusses am 22.10.1940.

85 PA AA, Moskau II/318, Bl. 24–26, Entwurf [der Interessengemeinschaft Progressus Internationale Techn. Verlagsgesellschaft m. B. H., Berlin, und VDI-Verlag G.m.b.H., Berlin] einer Kooperationsvereinbarung zwischen der Meschdunarodnaja Kniga, Moskau, einerseits und der Interessengemeinschaft Progressus Internationale Techn. Verlagsgesellschaft m. B. H., Berlin, und VDI-Verlag G.m.b.H., Berlin [August 1940].

86 PA AA, Moskau II/318, Bl. 23, Matschoß an Martens v. 31.08.1940.

87 PA AA, Moskau II/318, Bl. 8, Hilger an Matschoß v. 03.12.1940 (Durchschlag).

88 PA AA, Moskau II/318, Bl. 4, Matschoß an Hilger v. 09.01.1941.

89 PA AA, Moskau II/318, Bl. 5, Martens an Matschoß v. 14.12.1940; PA AA, Moskau II/318, Bl. 2–3, Hilger an Matschoß v. 22.01.1941 (Durchdruck/Reinkonzept). Hilger bezog sich auf die Auskunft von Schüle, den er gebeten hatte, sich beim Verlag Meždunarodnaja Kniga nach den Gründen für die Verzögerung zu erkundigen.

Tatsächlich verblüfft die plötzliche Zurückhaltung der Sowjets, die das Projekt ja bis Juli 1940 derart forciert hatten. Die Erkrankung eines Mitarbeiters – wenn auch des leitenden – eines so groß angelegten Projektes kann schwerlich der Grund dafür sein. Leider ist über die Interna auf sowjetischer Seite nichts bekannt. Daher lässt sich nicht sagen, ob von politischer Seite Einspruch gegen die Herausgabe des Handbuches erhoben wurde oder ob das Projekt von Anfang an nur ein Testballon war, der zeigen sollte, wie weit die deutsche Seite zu gehen bereit war. Martens selbst hatte das Projekt ja einen „Prüfstein für die Dauerhaftigkeit der deutsch-sowjetischen Beziehungen" genannt. Mit einem Brief Matschoß' Ende Januar 1941, in dem dieser die Schwierigkeiten im Zuge des Krieges weiter wachsen sah, bricht die Überlieferung ab.[90] Seine Hoffnung, das Projekt doch noch zu verwirklichen, hat sich bis zum deutschen Überfall auf die Sowjetunion mit Sicherheit nicht mehr erfüllt. Eines der am weitesten vorangetriebenen wissenschaftlichen Kooperationsprojekte in der Zeit des Hitler-Stalin-Paktes verlief auf diese Weise im Sande.

7. Die Pläne für eine deutsche Straßenbauausstellung in Moskau

Wie der Plan des Handbuchs der deutschen Technik und Industrie ist auch die Idee, in Moskau eine deutsche Straßenbauausstellung zu zeigen, im Bereich der Technik- und Ingenieurwissenschaften angesiedelt, wobei auch hier nicht-wissenschaftliche Erwägungen eine große Rolle spielten. Die Initiative ging diesmal von deutscher Seite aus: Kleist hatte bei seiner Besprechung mit VOKS-Vertretern im Januar 1940 die Ausstellung als eines der schnell zu realisierenden Projekte ins Gespräch gebracht.[91] Im Februar und April hatte es weitere Verhandlungen gegeben, wobei im April Schütte eigens nach Moskau gereist war.[92] Von Ribbentrop war mit den Plänen

90 PA AA, Moskau II/318, Bl. 28–30, hier Bl. 1, Matschoß an Hilger v. 30.01.1941.

91 Vgl. S. 96 sowie Walter Schmid: *Russische Jahre. 1939–1941, 1945–1955, 1968–1971*. Bonn: Bouvier 1996, S. 33.

92 GA RF, f. 5283, op. 5, d. 750, l. 16, Aufzeichnung Volkovs und Detistovs über eine Besprechung mit dem Sekretär der Zentralstelle Osteuropa, Schütte, am 25.04.1940, o. D.

einverstanden.[93] Einer Mitteilung Kleists zufolge hatte sogar Hitler selbst die Straßenbauausstellung genehmigt.[94]

Die inhaltliche Gestaltung der Ausstellung übernahm offiziell Hitlers Generalinspektor für das Straßenwesen, Fritz Todt.[95] Sein Team wollte einerseits Modelle und Photos von Autobahnen, Rastplätzen und Brücken sowie deren Bau und Einbettung in die Landschaft, andererseits Baumaschinen zeigen.[96] Alle Modelle und Photos existierten bereits und wurden im April 1940 in einem Vorort von Berlin ausgestellt.[97] Als Schütte im April nach Moskau reiste, brachte er einen Katalog der Straßenbaumaschinen mit.[98]

Die sowjetische Regierung war mit den Plänen einverstanden.[99] Jedoch bestand die VOKS auf einer Erweiterung.[100] Anfang Juni monierte sie, der Katalog, den Schütte mitgebracht hatte, sei von 1938, also nicht mehr aktuell. Sie lege, wie Hilger dem Auswärtigen Amt nach einer Besprechung mit VOKS-Vertretern am 4. Juni 1940 mitteilte, großen Wert darauf, „daß die allerneuesten Maschinen für diese Ausstellung ausgewählt und hierher geschickt würden, damit die Ausstellung für die sowjetischen Fachleute besonders interessant gestaltet würde“.[101]

93 PA AA, R 60.606, unfol., Aufzeichnung von Twardowskis v. 18.03.1940 (ganz geheim).

94 PA AA, Moskau II/411, Kleist an das AA v. 08.04.1940. Die Darstellung ist plausibel, denn Hitler hatte auch die immer in Verbindung mit der Straßenbauausstellung diskutierte sowjetische Volkskunstausstellung, die in Berlin stattfinden sollte, genehmigt. PA AA, R 60.606, unfol., Aufzeichnung von Twardowskis v. 18.03.1940 (ganz geheim).

95 PA AA, Moskau II/411, Bl. 97, Aufzeichnung [Kleists?] v. 05.04.1940.

96 GA RF, f. 5283, op. 5, d. 750, l. 54, Kleist an Amajak Z. Kobulov (Botschaftsrat der UdSSR in Berlin) v. 08.04.1940.

97 Ebd. Eine Liste der Modelle und Photographien, die in der Ausstellung Verwendung finden sollten, sowie eine Skizze über den Platzbedarf finden sich als Anlage zu diesem Schreiben in GA RF, f. 5283, op. 5, d. 750, l. 55–59. GA RF, f. 5283, op. 5, d. 751 besteht aus Photographien der Modelle.

98 Das geht hervor aus PA AA, Moskau II/411, Bl. 76–77, hier Bl. 76, Schreiben Hilgers an das AA v. 05.06.1940.

99 PA AA, Moskau II/411, Bl. 91 Aufzeichnung von Tippelskirchs v. 29.04.1940.

100 PA AA, Moskau II/411, Bl. 76–77, hier Bl. 77, Hilger an das AA v. 05.06.1940. Insbesondere habe die VOKS „sehr grosses Interesse für die Ergebnisse der deutschen geologischen, physikalischen und topographischen Forschungsarbeiten, für die Entwicklung der Strassenbaumaschinen und -instrumente, für die Projektierung, für die Richtlinien (technischen Normen) der Bauarbeiten und für die Arbeitsorganisation“ erkennen lassen. Ebd.

101 PA AA, Moskau II/411, Bl. 76–77, hier Bl. 76, Hilger an das AA v. 05.06.1940.

Die Mitarbeiter Todts und das Auswärtige Amt hatten ursprünglich geplant, die Ausstellung bereits im Juni 1940 zu eröffnen und zur Vorbereitung Ende Mai ein dreiköpfiges Team nach Moskau zu schicken.[102] Von der Schulenburg hielt diesen Zeitplan, als er Anfang Mai davon erfuhr, für unrealistisch: Obwohl, wie er schrieb, „hier zwar lebhaftes Interesse für die Sache besteht", würden die Vorbereitungen „bei den hier üblichen Arbeitstempi" noch eine Weile in Anspruch nehmen.[103] Das Vorbereitungsteam würde Ende Mai vermutlich nicht viel zu tun haben.[104] Wenig später nannte er September als realistischen Eröffnungstermin.[105]

Notgedrungen sah man auf deutscher Seite daraufhin von der geplanten Entsendung des Vorbereitungsteams ab und plante nun, die Ausstellung im August 1940 zu eröffnen.[106] Jedoch geriet auch dieser Zeitplan ins Wanken, als sich die VOKS mit der Übermittlung ihrer konkreten Änderungswünsche Zeit ließ und Ende Juni gar um die Beschaffung von Fachliteratur aus Deutschland bat, ohne die eine Entscheidung über die gewünschten Ausstellungsgegenstände nicht getroffen werden könne.[107] Immerhin übermittelte die VOKS Anfang Juli eine vorläufige Wunschliste, betonte jedoch, die endgültige Auswahl könne erst erfolgen, wenn die angeforderten Bücher eingetroffen seien.[108] Hilger übersandte dem Auswärtigen Amt Mitte Juli ein diesbezügliches Schreiben der VOKS samt einem umfangreichen Anhang, in dem die VOKS sowohl zu Themen der Ausstellung als auch zu den Ausstellungsgegenständen detaillierte Wünsche äußerte.[109]

102 PA AA, Moskau II/411, Bl. 88, Telegramm des AA an die Deutsche Botschaft in Moskau v. 06.05.1940.

103 PA AA, Moskau II/411, Bl. 84, von der Schulenburg an das AA v. 09.05.1940.

104 Ebd.

105 PA AA, Moskau II/411, Bl. 82, Telegramm von der Schulenburgs v. 18.05.[1940].

106 PA AA, Moskau II/411, Bl. 78, AA an die Deutsche Botschaft in Moskau v. 31.05.1940.

107 PA AA, Moskau II/411, Bl. 70–71, hier Bl. 70, Hilger an das AA v. 27.06.1940 (Durchschlag).

108 PA AA, Moskau II/411, Bl. 36, Hilger an das AA v. 10.07.1940 (Durchschlag).

109 Hilgers Schreiben: Ebd. Original des Schreibens der VOKS v. 03.07.1940 samt Anhang: PA AA, Moskau II/411, Bl. 55–60. Übersetzung ins Deutsche: PA AA, Moskau II/411, Bl 37–42.

Offen war allerdings die Frage des Ausstellungsortes, die die VOKS zwar bereits im Mai 1940 diskutiert,[110] aber offenbar nicht beantwortet hatte. Hilger schlug dem Auswärtigen Amt daher im August 1940 vor, die Ausstellung auf das kommende Jahr zu verschieben.[111] Da die großen Baumaschinen in einem Freiflächenbereich der Ausstellung gezeigt werden sollten, hielt er die verbleibende Zeit im Jahr 1940 bis zu dem Zeitpunkt, da das Wetter eine Ausstellung im Freien unmöglich machen würde, für zu kurz. Jedoch wollte Hilger der sowjetischen Seite diesen Entschluss erst dann mitteilen, wenn diese einen Ausstellungsort benannt hätte. Dort könne die Ausstellung dann mit kürzerer Vorlaufzeit im Jahr 1941 stattfinden. Das Auswärtige Amt erklärte sich mit diesem Vorgehen einverstanden.[112] Der Plan Hilgers wurde umgesetzt. Als die VOKS Anfang September mit einem passenden Ausstellungsort aufwartete,[113] setzte Hilger sie in Kenntnis, dass die Ausstellung verschoben werden solle.[114]

Obwohl von der Schulenburg im darauffolgenden Jahr auf eine entsprechende Bitte der VOKS hin frühzeitig auf die Wiederaufnahme der Planungen drängte,[115] kam es wiederum aus Zeitgründen zu Problemen. In Deutschland waren die Grundrisse des von sowjetischer Seite vorgeschlagenen Ausstellungsgeländes nicht mehr auffindbar.[116] Ob die Ausstellung dort tatsächlich stattfinden könne, wollte daher niemand entscheiden. Die VOKS drängte jedoch: Sie kündigte an, das Gelände für eine andere Ausstellung freizugeben, wenn sie nicht bald Gewissheit über die Straßenbauausstellung

110 GA RF, f. 5283, op. 5, d. 750, l. 17, Notiz Kaniševskijs über ein Treffen mit Zasol [richtig: Ivan A. Zasov] (Vizepräsident der GUŠOSDOR) am 23.05.1940, o. D.

111 PA AA, Moskau II/411, Bl. 22–23, Hilger an das AA v. 07.08.1940 (Durchschlag). Dort auch zum Folgenden.

112 PA AA, Moskau II/411, Bl. 18, Telegramm des AA an die Deutsche Botschaft in Moskau v. 18.08.1940.

113 Vgl. PA AA, Moskau II/411, Bl. 14–15, Bericht Hilgers über eine Besichtigung des Ausstellungsgeländes. Hilger an das AA v. 05.09.1940 (Durchschlag).

114 PA AA, Moskau II/411, Bl. 16–17, Hilger an die VOKS v. 05.09.1940 (Durchschlag), betr. Deutsche Straßenbau-Ausstellung in Moskau.

115 PA AA, Moskau II/411, Bl. 11–12, von der Schulenburg an das AA v. 15.01.1941 (Durchschlag).

116 PA AA, Moskau II/411, Bl. 10, Telegramm des AA an die Deutsche Botschaft in Moskau v. 27.01.[1941].

habe.[117] Da ein neuer Grundrissplan so schnell nicht aufzutreiben war,[118] traf das Auswärtige Amt Vorbereitungen, Kleist und einen technischen Sachverständigen zur Begutachtung des Ausstellungsgeländes nach Moskau zu entsenden.[119] Noch vor deren Abreise teilte die VOKS jedoch Anfang März 1941 mit, das Ausstellungsgelände sei jetzt anderweitig vergeben.[120] Zwar versprach sie, nach einem Ersatz zu suchen.[121] Weitere Korrespondenz über die Straßenbauausstellung ist jedoch nicht überliefert.

Ohne genauere Kenntnis der internen Abläufe in der Sowjetunion ist – wie schon im Fall der geplanten Herausgabe eines Handbuches der deutschen Technik und Industrie – nicht zu entscheiden, ob das Vorgehen der sowjetischen Seite im Zusammenhang mit der Straßenbauausstellung bewusst darauf abzielte, die Ausstellung zu verhindern oder nicht. Für die deutsche Seite kann man mit Sicherheit sagen, dass sie im Jahr 1940 ernsthaft versuchte, die Straßenbauausstellung nach Moskau zu bringen. Rätsel gibt allerdings das Verschwinden des Ausstellungsplanes im Winter 1940/41 auf, das eine absichtsvolle Verzögerung darstellen könnte. Wie die geplante Herausgabe des Handbuchs fand auch dieses Projekt bis zum deutschen Überfall auf die Sowjetunion keinen Abschluss.

117 PA AA, Moskau II/411, Bl. 9, Hilger an das AA v. 18.02.1941 (Durchschlag).

118 PA AA, Moskau II/411, Bl. 8, Telegramm von der Schulenburgs an das AA v. 28.01.[1940].

119 PA AA, Moskau II/411, Bl. 5, Telegramm des AA an von der Schulenburg v. 20.02.1941.

120 PA AA, Moskau II/411, Bl. 2, Telegramm von der Schulenburgs an das AA v. 07.03.[1941].

121 Ebd.

Barrieren:
Das Primat der Ideologie und die Entscheidung zum Krieg

In den vorangegangenen Kapiteln wurde nach Initiativen zur Wiederbelebung wissenschaftlicher Kontakte zwischen Deutschland und der Sowjetunion sowie entsprechenden Resultaten gefragt. Dabei habe ich Bereiche ausgeblendet, in denen es derartige Initiativen nicht gab. Außerdem lag der Fokus auf erfolgreich wiederhergestellten Verbindungen zur sowjetischen Wissenschaftsgemeinde. Und dennoch: Mindestens ebenso bedeutsam wie die Frage, welche Beziehungen es gab, ist die Frage, welche Beziehungen es *nicht* gab.

Die Antwort muss für drei Fächergruppen getrennt gegeben werden. Zur ersten Gruppe gehören die meisten geistes- und sozialwissenschaftlichen Disziplinen. Sie hatten in den Antworten auf das Rundschreiben des REM vom November 1939 kein Interesse an einem Austausch mit Fachkollegen in der Sowjetunion erkennen lassen. In seinem Runderlass vom Oktober 1940 legte das REM fest, dass für diese Fächer „die Wiederaufnahme wissenschaftlicher Beziehungen zu Sowjetrußland grundsätzlich ausgeschlossen" blieb.[1] Sie konnten sich nur wie bisher um eine Ausnahmegenehmigung des REM bemühen. In diesen Fächern bewirkte der Abschluss

1 UAM, Sen. 30/6, Bd. 7, unfol., Runderlass Zschintzschs (REM) v. 21.10.1940 (vertraulich), betr. die wissenschaftlichen Beziehungen zu Sowjetrußland.

des Hitler-Stalin-Paktes keinerlei Veränderung – sie pflegten keine Beziehungen zur sowjetischen Wissenschaftsgemeinde.

Die zweite Gruppe besteht aus den Fächern, von denen im Runderlass des REM vom Oktober 1940 gesagt wurde, sie seien „stark weltanschaulich bestimmt".[2] Zumindest in einigen dieser Disziplinen hatten Wissenschaftler ein Interesse an der Zusammenarbeit mit sowjetischen Kollegen, so beispielsweise in der Archäologie (Martin Schede) und in der Agrarpolitik bzw. der landwirtschaftlichen Betriebslehre (Konrad Meyer). Dennoch verbot das REM ihnen – außer den im Rundschreiben namentlich genannten Fachvertretern – die Kontaktaufnahme mit sowjetischen Kollegen oder die Anbahnung eines Literaturaustausches. Bestehende oder von sowjetischen Wissenschaftlern angeregte Kontakte durften sie nur pflegen, wenn „daran deutscherseits ein besonderes Interesse" bestand.[3]

In den Fächern der dritten Gruppe, denen es gestattet war, wissenschaftliche Beziehungen zur Sowjetunion im Rahmen der geschilderten Grenzen einzugehen, machten aufs Ganze gesehen ebenfalls nur wenige Wissenschaftler Gebrauch von ihren Möglichkeiten. Während Auslandskontakte deutscher Wissenschaftler nach 1933 insgesamt zugenommen hatten,[4] wurde der für Kontakte in die Sowjetunion gegenläufige Trend auch nach Abschluss des Hitler-Stalin-Paktes nur sehr behutsam umgekehrt, bevor der deutsche Überfall auf die Sowjetunion alle Anstrengungen zunichte machte.

Kurz nach dem deutschen Überfall auf Polen im Herbst 1939 hatte das REM „im Einvernehmen mit dem Auswärtigen Amt" darauf hingewiesen,

> daß der Krieg nicht etwa zu einer Vernachlässigung der wissenschaftlichen, künstlerischen und sonstigen kulturellen Beziehungen zum neutralen Auslande führen darf. Die wissenschaftlichen und kulturellen Beziehungen zum neutralen Auslande müssen vielmehr auch während des Krieges gepflegt werden.[5]

2 Im Einzelnen waren das die folgenden Fächer: Geschichte, Vor- und Frühgeschichte, Archäologie, Kunstgeschichte, Musikgeschichte, Volkskunde, Volkswirtschaftslehre, Anthropologie und Rassenkunde, Genetik, Agrarpolitik, landwirtschaftliche Betriebslehre sowie Öffentliches, Straf- und Zivilrecht.

3 UAM, Sen. 30/6, Bd. 7, unfol., Runderlass Zschintzschs (REM) v. 21.10.1940 (vertraulich), betr. die wissenschaftlichen Beziehungen zu Sowjetrußland.

4 Siehe S. 14.

5 BArch Berlin, R 4901/673, Bl. 16, Rundschreiben Zschintzschs (REM) v. 10.10.1939 (vertraulich).

Die Sowjetunion war neutrales Ausland. Dennoch war die Zusammenarbeit aller Disziplinen mit der sowjetischen Wissenschaft auch nach der Neuregelung im Oktober 1940 reglementiert, kontrolliert und dadurch erschwert und für diverse Disziplinen zusätzlich eingeschränkt oder verboten.

Warum blieben in manchen Fächern Initiativen vonseiten der Wissenschaftler aus? Warum reglementierten und behinderten staatliche und nichtstaatliche politische Akteure Pläne zur Zusammenarbeit? Warum verboten sie kompletten Disziplinen die Kontaktaufnahme mit sowjetischen Wissenschaftlern? Und wieso nutzten insgesamt nur wenige Wissenschaftler aus Fachbereichen, denen die Kooperation erlaubt war, ihre neuen Handlungsspielräume? Im Folgenden argumentiere ich, dass es erstens das Primat der Ideologie und zweitens die Kürze der Zeit bis zum deutschen Überfall auf die Sowjetunion waren, die intensiveren Wissenschaftsbeziehungen zur Sowjetunion im Wege standen.

1. Rassismus, Antibolschewismus und „politische Zweckmäßigkeit"

Welche ideologischen Positionen der Nationalsozialisten kommen infrage, um die Vorbehalte gegenüber der wissenschaftlichen Zusammenarbeit mit der Sowjetunion zu erklären? Naheliegend ist, rassistische Vorurteile gegen sowjetische Wissenschaftler als Grund zu vermuten. In der Tat äußerten sich Nationalsozialisten abfällig über „Slawen". Hetzschriften bezeichneten die Slawen als „Untermenschen".[6] Hitler bezeichnet das „Slawentum" in *Mein Kampf* als „minderwertige Rasse".[7] Antislawismus wurde in der historischen Forschung häufig als Triebkraft der nationalsozialistischen Osteuropapolitik (bzw. „Ostpolitik") gesehen.[8] Doch John

6 Siehe beispielsweise Deutsch-russisches Museum Berlin-Karlshorst e. V. (Hrsg.): *Unsere Russen – Unsere Deutschen. Bilder vom Anderen 1800 bis 2000.* Katalog zur gleichnamigen Ausstellung in Berlin, Schloss Charlottenburg, Neuer Flügel, 8. Dezember 2007 bis 2. März 2008. [Berlin]: Links [2007], insb. S. 136–137.

7 „Denn die Organisation eines russischen Staatsgebildes war nicht das Ergebnis der staatspolitischen Fähigkeiten des Slawentums in Rußland, sondern vielmehr nur ein wundervolles Beispiel für die staatenbildende Wirksamkeit des germanischen Elementes in einer minderwertigen Rasse." Adolf Hitler: *Mein Kampf.* München: Eher [102–106]1934, S. 742.

8 Vgl. John Connelly: Nazis and Slavs: From Racial Theory to Racist Practice. In: *Central European History* 32,1 (1999), S. 1–33, hier S. 2–3. Vgl. den Aufsatz auch zum Folgenden.

Connelly hat überzeugend auf Widersprüche in Theorie und Praxis aufmerksam gemacht. Eine einheitliche Haltung gegenüber „Slawen" – ursprünglich definiert als die Gruppe derjenigen, deren Muttersprache eine slawische Sprache war – lässt sich nicht feststellen. Beispielsweise wurden während des Zweiten Weltkriegs die verbündeten Bulgaren und Kroaten völlig anders behandelt als die unterworfenen Polen und Ukrainer. Noch wichtiger ist, dass die Abgrenzung, wer überhaupt als „Slawe" zu gelten habe, umstritten war. Für Anthropologen waren „Slawen" keine Rasse, und auch Hitler selbst sagte während des Krieges, der Begriff „Slawe" sei ein Propagandabegriff der russischen Zaren für „rassisch" völlig verschiedene Menschen.[9] Wenn überhaupt, dann habe Hitler nur eine vage Vorstellung gehabt, was „Slawen" seien, so Connelly. Die nationalsozialistische Haltung gegenüber „Slawen" beschreibt er daher als „constant improvisation, in which opportunity and ideology shaped one another".

Blickt man auf das nationalsozialistische Bild von „Russen" im Speziellen, findet man ebenfalls zahllose Belege für ein allgemeines Überlegenheitsgefühl, jedoch keine eindeutige Position in der Frage deutsch-russischer Zusammenarbeit. Vor dem Putschversuch im November 1923 hielt Hitler ein Bündnis mit einem bürgerlichen Russland gegen die Westmächte für möglich.[10] In *Mein Kampf* sowie im Manuskript zu seinem *Zweiten Buch* trat er dann jedoch gegen ein solches Bündnis ein[11] – auf die Gründe werde ich gleich zurückkommen. An dieser Stelle ist es wichtig zu erwähnen, worin der Grund zumindest nicht lag: Es war nicht prinzipiell undenkbar, mit „Russen" im ethnischen Sinn zu kooperieren.

Für den Bereich der Wissenschaftsbeziehungen sieht man dies unter anderem daran, dass diejenigen ehemals russischen oder

9 Henry Picker: *Hitlers Tischgespräche im Führerhauptquartier.* Stuttgart: Seewald [3]1976, S. 287 (Eintrag v. 12.05.1942, abends). Vgl. Connelly: Nazis, S. 16–17, die folgenden Zitate ebd., S. 20, 33.

10 Gerd Koenen: *Utopie der Säuberung. Was war der Kommunismus?* Berlin: Fest 1998, S. 201; Manfred Weißbecker: „Wenn hier Deutsche wohnten…". Beharrung und Veränderung im Rußlandbild Hitlers und der NSDAP. In: Hans-Erich Volkmann (Hrsg.): *Das Russlandbild im Dritten Reich.* Köln / Weimar / Wien: Böhlau 1994, S. 9–54, hier S. 19.

11 Hitler: *Mein Kampf*, S. 743–744; ders.: *Hitlers zweites Buch. Ein Dokument aus dem Jahr 1928*, hrsg., eingel. u. komm. v. Gerhard L. Weinberg. Stuttgart: DVA 1961, S. 153ff. Vgl. Weißbecker: Deutsche, S. 21.

sowjetischen Staatsbürger, die in den 1920er Jahren nach Deutschland emigriert waren, unbehelligt weiterarbeiten konnten, beispielsweise der Direktor des Kaiser-Wilhelm-Instituts für Biophysik Boris Rajewsky und der Leiter der Abteilung für Genetik und Biophysik am Kaiser-Wilhelm-Institut für Hirnforschung Nikolaj V. Timoféeff-Ressovsky.[12] Beide wurden auf diese Posten erst in der Zeit des „Dritten Reiches" befördert. Rajewsky entstammte einer russischen Adelsfamilie und war in der Ukraine geboren. Nach der Oktoberrevolution flüchtete er über Bulgarien nach Deutschland, 1927 wurde er deutscher Staatsbürger. Rajewsky half seinem jüdischen Lehrer Friedrich Dessauer 1934 bei der Emigration aus Deutschland, er selbst blieb aber und trat aus opportunistischen Gründen der SA und der NSDAP bei. In den 1940er Jahren waren die Forschungen seines Instituts als kriegswichtig eingestuft und fanden fast ausschließlich im Auftrag militärischer Dienststellen statt.[13] Anders gelagert ist der Fall des in Moskau geborenen Timoféeff-Ressovsky, der 1925 auf Wunsch Oskar Vogts an das von diesem geleitete Kaiser-Wilhelm-Institut für Hirnforschung in Berlin gekommen war. Timoféeff-Ressovsky war selbst nicht direkt an kriegswichtiger Forschung beteiligt und vor allem politisch klarer positioniert als Rajewsky. 1917 hatte er nach der Oktoberrevolution sein Studium unterbrochen und diente von 1919 bis 1921 als Soldat in der Roten Armee; dann kehrte er an die Universität zurück und arbeitete nach seinem Studienabschluss im Institut für experimentelle Biologie des Volkskommissariats für Gesundheitswesen. Im „Dritten Reich" blieb er, obwohl bedrängt, die deutsche Staatsbürgerschaft anzunehmen, sowjetischer Staatsbürger, half Verfolgten und ließ sich auch nicht auf eine Zusammenarbeit mit der Gestapo ein, als sein Sohn als Mitglied einer Widerstandsgruppe verhaftet wurde (kurz vor Kriegsende wurde sein Sohn im Konzentrationslager ermordet).

12 Hinweis auf beide in Hachtmann: *Wissenschaftsmanagement*, S. 996, Anm. 148. – Die Namen Rajewskys und Timoféeff-Ressovskys sind in dieser Schreibweise bekannt geworden. Die russische Schreibweise würde lauten: Boris N. Raevs'kij, Nikolai V. Timofeev-Resovskij.

13 Rainer Karlsch: Boris Rajewsky und das Kaiser-Wilhelm-Institut für Biophysik in der Zeit des Nationalsozialismus. In: Helmut Maier (Hrsg.): *Gemeinschaftsforschung, Bevollmächtigte und der Wissenstransfer. Die Rolle der Kaiser-Wilhelm-Gesellschaft im System kriegsrelevanter Forschung des Nationalsozialismus*. Göttingen: Wallstein 2007, S. 395–452, hier S. 402. Dieser Aufsatz auch zum Folgenden.

Seine wissenschaftlichen Funktionen füllte er jedoch weiterhin aus, und er hielt auch öffentliche Vorträge. Das NS-Regime konnte ihn daher im Ausland als „Aushängeschild einer vorgeblich freien Wissenschaft" präsentieren.[14]

Rassistische Vorurteile der Nationalsozialisten gegen „Slawen" und „Russen" können die Vorbehalte gegenüber der wissenschaftlichen Zusammenarbeit mit der Sowjetunion – genauer: mit Wissenschaftlern, die anders als Rajewsky und Timoféeff-Ressovsky *in der Sowjetunion* tätig waren – also höchstens teilweise erklären, denn wenn allein derartige Vorurteile der Antrieb gewesen wären, hätten auch Rajewsky und Timoféeff-Ressovsky aus dem Wissenschaftsbetrieb ausgeschlossen werden müssen (so wie es jüdischen Wissenschaftlern geschah). Wichtiger waren zwei andere Kernelemente nationalsozialistischer Ideologie: Die Überzeugung, dass sich das „deutsche Volk" auf dem Gebiet der Sowjetunion „Lebensraum" sichern müsse, sowie der stark antisemitisch geprägte Antibolschewismus.

Mein Kampf enthält ein eigenes Kapitel „Ostorientierung und Ostpolitik".[15] Die ersten Seiten dieses Kapitels gehen dem Buchstaben nach überhaupt nicht um eine Osteuropapolitik, sondern um den dem „deutschen Volk" angeblich fehlenden „Lebensraum". Tatsächlich sind diese beiden Themen jedoch für Hitler nicht voneinander zu trennen: Er betrachtet Osteuropa, insbesondere „Russland" bzw. die Sowjetunion durch die Brille desjenigen, der dort die koloniale Erweiterung Deutschlands sucht.[16] In seinem *Zweiten Buch* lehnt er ein Bündnis mit Russland auch für den Fall, dass sich dort die „national-antikapitalistischen Tendenzen" durchsetzten,[17] explizit mit der Begründung ab, dass sich damit an der „grundsätzlichen Lebensfrage [...] unseres Volkes" nichts ändern würde:

> Im Gegenteil, Deutschland würde damit erst recht von einer einzig vernünftigen Bodenpolitik abgetrennt werden, um seine Zukunft mit dem Raufen um

14 Karlsch: Boris Rajewsky, S. 431ff. (Zitat S. 432) sowie Gregory S. Levit / Uwe Hossfeld: Grenzüberschreitungen im Leben des russischen Biologen Nikolaj Vladimirovic Timoféeff-Ressovsky (1900–1981). In: Dieter Hoffmann / Mark Walker (Hrsg.): *„Fremde" Wissenschaftler im Dritten Reich. Die Debye-Affäre im Kontext.* Göttingen: Wallstein 2011, S. 182–199.

15 Hitler: *Mein Kampf*, S. 726–758.

16 Ebd., insb. S. 742. Vgl. hierzu und zum Folgenden auch Weißbecker: Deutsche, S. 21.

17 Hitler: *Zweites Buch*, S. 153.

> unbedeutende Grenzregulierungen auszufüllen. Denn weder im Westen noch im Süden Europas kann die Raumfrage unseres Volkes gelöst werden.[18]

Eine Zusammenarbeit mit der Sowjetunion, die das Ziel der Kolonisierung von Teilen Osteuropas erschweren oder gar verunmöglichen würde, durfte es für Hitler nicht geben, denn die Gewinnung von „Lebensraum" sah er als „Pflicht": Das deutsche Volk sei sonst dem Untergang geweiht.[19] Es sei daher „ein Glück für die Zukunft", dass eine Zusammenarbeit ohnehin nicht in Frage komme, „weil dadurch ein Bann gebrochen ist, der uns verhindert hätte, das Ziel der deutschen Außenpolitik dort zu suchen, wo es einzig und allein liegen kann: Raum im Osten."[20]

Hitler begründet auch, woran die Zusammenarbeit zwingend scheitern müsse: Daran, dass die Macht in „Rußland" an „den Juden" übergegangen sei.[21] Der „Bolschewismus" ist seiner Überzeugung nach die Herrschaft von Juden, die nach der Weltherrschaft strebten.[22] Dies wurde Mitte der 1930er Jahre ein Mantra der nationalsozialistischen Propaganda. In der Rede, die Goebbels auf dem Reichsparteitag der NSDAP im September 1935 hielt,[23] bezeichnete er den Bolschewismus als „asiatisch-jüdische Schmutzflut" und „die Kampfansage des von Juden geführten internationalen Untermenschentums gegen die Kultur an sich." Goebbels fuhr fort: Der „Führer" nehme diesen Kampf an. Er werde „Deutschland vor der akutesten und tödlichsten Gefahr rette[n] und damit die ganze abendländische Kultur vom Abgrund ihrer vollkommenen Vernichtung zurück[reißen]." Vom glücklichen Ausgang dieser „Weltmission" Deutschlands „gegen die internationale Bolschewisierung der Welt" hänge also das „Schicksal aller Kulturvölker" ab. Wer aber mit dem Bolschewismus paktiere, „der wird von ihm zugrundegerichtet werden."[24]

Die deutsch-sowjetischen Verträge im August 1939 waren freilich genau das: Ein deutsches Paktieren mit dem Bolschewismus.

18 Ebd., S. 155.

19 Hitler: *Mein Kampf*, S. 741–742.

20 Hitler: *Zweites Buch*, S. 159.

21 Ebd., S. 158.

22 Hitler: *Mein Kampf*, S. 358.

23 Vgl. Jan C. Behrends: Back from the USSR. The Anti-Comintern's Publications on Soviet Russia in Nazi Germany (1935–41). In: *Kritika* 10,3 (2009), S. 527–556, hier S. 527–528.

24 Goebbels: *Kommunismus*, S. 5, 7, 31, 32.

Goebbels, über dessen Einschätzung sein Tagebuch Aufschluss gibt, begrüßte Hitlers Volte dennoch. Den Pakt sah Goebbels pragmatisch. „Wir sind in Not und fressen da wie der Teufel Fliegen", notierte er anlässlich des Paktabschlusses.[25] Ein anderer Tagebucheintrag gut zwei Wochen später legt nahe, dass Goebbels davon ausging, dass es eine Zeit geben werde, in der wieder offen gegen die Sowjetunion agitiert werden könne:

> Filme geprüft: Ritters „Legion Condor", 2 Akte. Sehr gut geworden. Leider aber wegen der stark antibolschewistischen Tendenz augenblicklich nicht zu gebrauchen. Ich lasse alles mal zurückstellen.[26]

Wenn „sehr gute" antibolschewistische Filme „augenblicklich" nicht zu gebrauchen seien und „zurückgestellt" werden müssten, dann heißt das im Umkehrschluss auch, dass sie zu einem späteren Zeitpunkt wieder aus der Schublade geholt werden könnten. Im Laufe der Zeit wurden Goebbels' Hinweise darauf, dass er mit einem bewaffneten Konflikt mit der Sowjetunion rechnete, immer deutlicher. So hielt er im März 1940 fest: „[W]enn Stalin seine Generale erschießt, dann brauchen wir das nicht einmal zu tuen."[27] Im August gab er sich überzeugt: „Der Bolschewismus ist doch der Weltfeind Nr. 1. Irgendwann werden wir auch einmal mit ihm zusammenprallen."[28] Und zwei Wochen darauf bekräftigte er noch

25 Joseph Goebbels: *Die Tagebücher von Joseph Goebbels*, Bd. I,7: Aufzeichnungen 1923–1941. Juli 1939 – März 1940, hrsg. v. Elke Fröhlich. München: Saur 1998, S. 75 (Eintrag v. 24.08.1939, S. 74–76). Dieses Zitat auch bei Florin: *Hitler-Stalin-Pakt*, S. 44. Alfred Rosenberg war viel skeptischer als Goebbels. „Die Schwenkung des Führers wird angesichts der gegebenen Lage eine Notwendigkeit gewesen sein", notierte Rosenberg in seinem Tagebuch. Gleichzeitig hatte er jedoch das „Gefühl, als ob sich dieser Moskau-Pakt irgendwann am Nationalsozialismus rächen wird." Alfred Rosenberg: *Das politische Tagebuch Alfred Rosenbergs aus den Jahren 1934/35 und 1939/40*, nach der photographischen Wiedergabe der Handschrift aus den Nürnberger Akten hrsg. u. erläutert v. Hans-Günther Seraphim. Göttingen / Berlin / Frankfurt am Main: Musterschmidt 1956, S. 72, 73 (Eintrag v. 22.08.1939, S. 72–74). Vgl. Rolf-Dieter Müller (Hrsg.): *Der Feind steht im Osten. Hitlers geheime Pläne für einen Krieg gegen die Sowjetunion im Jahr 1939*. Berlin: Links 2011, S. 155.

26 Goebbels: *Tagebücher*, Bd. I,7, S. 98 (Eintrag v. 09.09.1939, S. 97–99). Das Zitat auch bei Florin: *Hitler-Stalin-Pakt*, S. 44–45, Anm. 19. Florin interpretiert es genauso wie ich im Folgenden.

27 Goebbels: *Tagebücher*, Bd. I,7, S. 350 (Eintrag v. 15.03.1940, S. 349–351).

28 Joseph Goebbels: *Die Tagebücher von Joseph Goebbels*, Bd. I,8: Aufzeichnungen 1923–1941. April – November 1940, hrsg. v. Elke Fröhlich. München: Saur 1998, S. 262 (Eintrag v. 09.08.1940, S. 261–263).

einmal: „Einmal müssen wir doch noch mit Rußland abrechnen. Wann, das weiß ich nicht, aber daß, das weiß ich."[29]
Hitlers Bereitschaft, sich auf einen Pakt mit der Sowjetunion einzulassen, könnte dadurch gestärkt gewesen sein, dass er im Sommer 1939 annahm, dass sich der Bolschewismus „in der Mauserung befindet" – Goebbels vertraute seinem Tagebuch am Tag nach dem Paktabschluss an, dass der „Führer" dies glaube.[30] Was damit gemeint war, zeigt ein Brief, in dem Hitler Benito Mussolini im März 1940 beipflichtete, dass die Sowjetunion „seit dem endgültigen Siege Stalins" dabei sei, sich vom internationalen Bolschewismus abzuwenden und sich zu einem russischen Nationalstaat zu wandeln – über eine solche Möglichkeit hatte Hitler ja wie erwähnt bereits in seinem *Zweiten Buch* spekuliert. Es gebe „weder Interesse noch einen Anlaß", so schrieb er nun an den „Duce", nach der „epochale[n] Wendung in Rußland" noch gegen die Sowjetunion zu kämpfen. Im Gegenteil habe eine politische und vor allem wirtschaftliche Zusammenarbeit nur Vorteile.[31] Gustav Hilger behauptete später, dass Hitler Stalin bewundert habe und im Pakt „auf Jahre hinaus die Grundlage eines für beide Teile vorteilhaften Verhältnisses" gesehen habe.[32] Und Goebbels hielt in seinem Tagebuch fest, Hitler habe Stalin in einem Film gesehen, „und da war er ihm gleich sympathisch. Da hat eigentlich die deutsch-russische Koalition begonnen."[33]
Es ist anhand dieser wenigen Indizien schwer zu beurteilen, ob Hitler damit tatsächlich für kurze Zeit offen war für eine alternative Sowjetunionpolitik. Immerhin wollte auch Hitlers Außenminister zu einem dauerhaften Ausgleich mit der Sowjetunion gelangen, um

29 Ebd., S. 287 (Eintrag v. 24.08.1940, S. 287–288).

30 Goebbels: *Tagebücher*, Bd. I,7, S. 75 (Eintrag v. 24.08.1939, S. 74–76).

31 Hitler an Mussolini v. 08.03.1940, abgedruckt in *Akten zur deutschen auswärtigen Politik 1918–1945. Aus dem Archiv des deutschen Auswärtigen Amts. Serie D: 1937–1945*, Bd. VIII,1: Die Kriegsjahre. 4. September 1939 bis 18. März 1940. Baden-Baden / Frankfurt am Main: Keppler 1961, S. 685–693, hier S. 689–690. Vgl. Gerd Koenen: *Der Russland-Komplex. Die Deutschen und der Osten 1900–1945*. München: Beck 2005, S. 422; Nekrich: *Pariahs*, S. 157.

32 Gustav Hilger: *Wir und der Kreml. Deutsch-sowjetische Beziehungen 1918–1941. Erinnerungen eines deutschen Diplomaten*. Frankfurt am Main / Berlin: Metzner 1955, S. 290–291, hier S. 290. Vgl. Susanne Schattenberg: Diplomatie der Diktatoren. Der Molotov-Ribbentrop-Pakt. In: *Osteuropa* 59,7/8 (2009), S. 7–31, hier S. 29–30 mit weiteren Hinweisen darauf, dass Hitler Stalin bewunderte.

33 Goebbels: *Tagebücher*, Bd. I,7, S. 350 (Eintrag v. 15.03.1940, S. 349–351).

den Rücken für eine gegen Großbritannien gerichtete Politik frei zu haben („Kontinentalblock“).[34] Goebbels warf von Ribbentrop vor, er stelle die Moskauer Machthaber so dar, „[a]ls wenn der Bolschewismus so eine Art von Nationalsozialismus wäre.“[35] Rosenberg wurde noch deutlicher: Von Ribbentrops Ministerium weise die Presse an, „über die traditionelle Freundschaft zwischen dem d[eutschen] u[nd] dem russischen *Volk*“ zu berichten und fügt an: „Als ob unser Kampf gegen Moskau – ein Mißverständnis gewesen sei und die Bolschewiken die wahrhaften Russen seien mit allen Sowjetjuden an der Spitze! Diese Umärmelung ist mehr als peinlich.“[36]

Wie aber hätte ein dauerhaftes Bündnis zusammengepasst mit dem Ziel, den „deutschen Lebensraum“ nach Osten zu erweitern, an dem Hitler unverrückbar festhielt? Hitler hatte ja recht, wenn er wie dargelegt feststellte, dass ein Bündnis mit der Sowjetunion und die „Erweiterung des deutschen Lebensraumes“ in Osteuropa unvereinbar seien. Überzeugender erscheint daher die Deutung, dass Hitlers Einschwenken auf von Ribbentrops Kurs „situationsbedingt und zeitlich befristet“ war.[37] Das Rezept für eine so unstete Bündnispolitik hatte er bereits in *Mein Kampf* offengelegt:

> [D]ie Kunst eines leitenden Staatsmannes zeigt sich eben gerade darin, für die Durchführung eigener Notwendigkeiten in bestimmten Zeiträumen immer diejenigen Partner zu finden, die für die Vertretung ihrer Interessen den gleichen Weg gehen müssen.[38]

Gerd Koenen vertritt den Standpunkt, dass die theoretisch-weltanschauliche Position der Nationalsozialisten gegenüber dem Bolschewismus und der Sowjetunion „den praktischen Zwecken und Imperativen der inneren und äußeren Politik stets untergeordnet“

34 Wolfgang Michalka: Joachim von Ribbentrop – Vom Spirituosenhändler zum Außenminister. In: Ronald Smelser / Rainer Zitelmann (Hrsg.): *Die braune Elite. 22 biographische Skizzen.* Darmstadt: WBG 1989, S. 201–211, hier S. 207.

35 Goebbels: *Tagebücher*, Bd. I,7, S. 132 (Eintrag v. 01.10.1939, S. 131–133).

36 Rosenberg: *Tagebuch*, S. 73 (Eintrag v. 22.08.1939, S. 72–74) (Ergänzungen und Hervorhebung im Original). Von Ribbentrop werde, so Rosenberg, „bei allem nichts fühlen, da er außer Haß auf England keine politische Gesinnung“ besitze, sondern „aus gekränkter Eitelkeit die ‚Gründe‘ zu seiner politischen Haltung“ schöpfe. Ebd., S. 72 (Eintrag v. 22.08.1939, S. 72–74), 76 (Eintrag v. 25.08.1939, abends, S. 74–76).

37 Michalka: Ribbentrop, S. 207.

38 Hitler: *Mein Kampf*, S. 698. Der zitierte Teil ist im Original gesperrt gedruckt.

geblieben sei.[39] Diese Interpretation geht in meinen Augen deutlich zu weit. Ich würde es so formulieren: Hitler stellte ideologische Überzeugungen, die einen Krieg gegen die Sowjetunion geboten erscheinen ließen, Ende der 1930er und Anfang der 1940er Jahre zwar so lange zurück, wie pragmatische Gründe – die Hoffnung auf einen militärischen Sieg zuerst über Polen, dann über Großbritannien – dies angezeigt erscheinen ließen. Das änderte jedoch nichts an der langfristigen Stoßrichtung der durch Antisemitismus und Antibolschewismus motivierten nationalsozialistischen Politik gegen die Sowjetunion und dem Wunsch nach Eroberung von „Lebensraum".[40] Auch nach Abschluss des Hitler-Stalin-Paktes blieb die Zielsetzung bestehen, einmal – um es mit Goebbels' Worten zu sagen – „doch noch mit Rußland abzurechnen".[41] Darin spiegelt sich das Primat der Ideologie. Das Bündnis mit der Sowjetunion konnte daher nur eine Interimslösung sein und musste entsprechend ausgestaltet werden.

Im Bereich der Kultur- und Wissenschaftsbeziehungen äußerte sich dieses Primat in der Beschränkung der Beziehungen auf die „reine politische Zweckmäßigkeit". Auf diese Formel brachte Goebbels im April 1940 die Haltung Hitlers gegenüber kulturellen Beziehungen zur Sowjetunion:

> Der Führer wendet sich nochmals scharf gegen die Versuche des A. A., einen deutsch-russischen Kulturaustausch einzuleiten. Das darf über die reine politische Zweckmäßigkeit nicht hinausgehen.[42]

Eine Aktennotiz von Twardowskis bestätigt, dass Goebbels und Hitler über dieses Thema gesprochen hatten, und zeigt gleichzeitig, dass man im Auswärtigen Amt, auch in der Kulturpolitischen Abteilung, davon wusste:

39 Koenen: *Russland-Komplex*, S. 416.

40 Damit vertrete ich eine ähnliche Position wie Gesche (siehe S. 22), die den „durchschnittlichen Internalisierungsgrad" von „Normen", wie bei ihr ideologische Überzeugungen genannt werden, für die NS-Elite im Durchschnitt zwischen den folgenden zwei Stufen mit Tendenz zu letzterer ansetzt. Erstens: „Norm wird bejaht und auch eingehalten, solange nicht rationale und pragmatische Gründe dagegen sprechen." Zweitens: „Norm wird propagiert und auch dann eingehalten, wenn nach rationaler oder pragmatischer Sicht Gründe dagegen sprechen. Alternativen können noch reflektiert werden." Gesche: *Kultur*, S. 67, Übersicht über die „durchschnittliche Internalisierung" der „Normen" ebd., S. 193.

41 Vgl. S. 155.

42 Goebbels: *Tagebücher*, Bd. I,7, S. 50 (Eintrag v. 12.04.1940, S. 49–51).

> Nach Mitteilung von Dr. Kleist hat Herr Reichsminister Goebbels in diesen Tagen dem Führer Vortrag über die Frage der deutsch-russischen kulturellen Beziehungen gehalten und dabei zum Ausdruck gebracht, daß diese Beziehungen auf das für das Aussenpolitische unbedingt notwendige Maß beschränkt bleiben müssen.
> Der Führer hat dieser Auffassung zugestimmt.[43]

Der „Führer“ und sein Propagandaminister wollten also nur solche kulturellen (und damit wissenschaftlichen) Beziehungen zur Sowjetunion zulassen, an denen ein deutsches politisches Interesse bestand. Im August 1940 verständigten sich die beiden erneut auf diese Linie bzw. formulierten noch deutlicher ihre Skepsis gegenüber jeglicher kulturellen Zusammenarbeit mit der Sowjetunion: „Ich will keinen Kulturaustausch mit Moskau und da stimmt der Führer mir zu“, so Goebbels in seinem Tagebuch.[44]

Formulierungen wie „für das Aussenpolitische unbedingt notwendige Maß“ oder „reine politische Zweckmäßigkeit“ lassen den nachgeordneten Behörden einen weiten Gestaltungsspielraum. Wie gezeigt wurde, führten das REM und das AA verschiedene Kontrollmechanismen ein, um sicherzustellen, dass kein Projekt über ihre Definition politischer Zweckmäßigkeit hinausging. Interessant ist jedoch, dass es nur sehr selten vorgekommen zu sein scheint, dass Projekte verboten wurden. Dies liegt nicht an einer großzügigen Auslegung der Vorgaben Hitlers und Goebbels’ durch REM, AA und Gestapo, sondern daran, dass kritische Projekte gar nicht erst vorgeschlagen wurden. Alle im vorhergehenden Kapitel näher betrachteten „Resultate“ waren Beziehungen, bei denen davon auszugehen war, dass sie keine Debatten über das politisch-ideologische Selbstverständnis der Nationalsozialisten (und der Kommunisten) auslösen würden. Gegen diese Beziehungen gab es keinerlei Einwände; die Straßenbauausstellung wurde sogar explizit von Hitler genehmigt.[45] Es fällt außerdem auf, dass die geistes- und sozialwissenschaftlichen Fakultäten in ihren Antworten auf das Rundschreiben des REM im November 1939 angaben, kein Interesse am wissenschaftlichen Austausch mit der Sowjetunion zu haben. Dies zeigt, dass sie (bewusst oder unbewusst) anerkannten, dass eine Zusammenarbeit mit sowjetischen Wissenschaftlern in ihren Disziplinen zu unterbleiben hatte.

43 PA AA, R 60.606, unfol., Aktennotiz von Twardowskis für Mitarbeiter des AA v. 20.04.1940 (streng geheim).

44 Goebbels: *Tagebücher*, Bd. I,8, S. 254 (Eintrag v. 05.08.1940, S. 253–254).

45 Siehe S. 143.

Die Grenze, die Wissenschaftsbeziehungen zur Sowjetunion während der Zeit des Hitler-Stalin-Paktes gesetzt war, entsprach der Grenze dessen, was der Pakt überhaupt leisten konnte. Beziehungen, denen man keine weltanschauliche Bedeutung beimaß, waren in der Pakt-Zeit im wissenschaftlichen wie im wirtschaftlichen[46] Bereich möglich und erwünscht. Jedoch lag jegliche Form der Auseinandersetzung außerhalb des Möglichen, die geeignet gewesen wäre, das Verhältnis zwischen dem nationalsozialistischen Deutschland und der bolschewistischen Sowjetunion grundsätzlich neu zu bestimmen und aus der Interimslösung Hitler-Stalin-Pakt den Ausgangspunkt für eine „endgültige Wende"[47] in der Beziehung der beiden Staaten zueinander zu machen.

2. Der Bruch des Paktes

Hitler beauftragte das Oberkommando des Heeres am 21. Juli 1940 mit der Planung des Feldzuges gegen die Sowjetunion. Zehn Tage später teilte er der Wehrmachts-, Heeres- und Marineführung mit, dass der Angriff im Frühjahr 1941 erfolgen solle.[48] Noch bevor das REM im Herbst 1940 die Wiederaufnahme wissenschaftlicher Beziehungen zur Sowjetunion offiziell erlaubte und die Zentralstelle Osteuropa ihre Arbeit aufnahm, stand also die Entscheidung zum Überfall auf die Sowjetunion bereits fest. Der Verlauf der Gespräche Hitlers und von Ribbentrops mit dem Volkskommissar für Auswärtige Angelegenheiten Vjačeslav M. Molotov während dessen Besuch in Berlin im November 1940 bestärkte Hitler, die militärische Auseinandersetzung zu suchen.[49] Nach einer Besprechung Hitlers mit der Heeresleitung am 5. Dezember 1940 und Hitlers

46 Zur wirtschaftlichen Zusammenarbeit Deutschlands und der Sowjetunion in der Zeit des Hitler-Stalin-Paktes siehe Schwendemann: *Zusammenarbeit.*

47 Mit diesen Worten kommentierte Hitler den Abschluss des Hitler-Stalin-Paktes (siehe Der Führer verkündet den Kampf für des Reiches Recht und Sicherheit. Der Wortlaut der geschichtlichen Rede. In: *Völkischer Beobachter/Norddeutsche Ausgabe*, 02.09.1939, S. 1, zit. n. Florin: *Hitler-Stalin-Pakt*, S. 10).

48 Johannes Hürter: *Hitlers Heerführer. Die deutschen Oberbefehlshaber im Krieg gegen die Sowjetunion 1941/42.* München: Oldenbourg 2006, S. 205–206.

49 Siehe z. B. Bianka Pietrow: *Stalinismus – Sicherheit – Offensive. Das „Dritte Reich" in der Konzeption der sowjetischen Außenpolitik 1933–1941.* Melsungen: Schwartz 1983, S. 220.

„Weisung Nr. 21" vom 18. Dezember 1940 traten die Vorbereitungen für den „Fall Barbarossa" in die konkrete Phase ein.[50]

Zwischen der Wiederzulassung wissenschaftlicher Beziehungen zur Sowjetunion im Oktober 1940 und dem deutschen Überfall auf die Sowjetunion lag nicht einmal ein Dreivierteljahr. Die Kürze der Zeitspanne, die Wissenschaftlern zur Verfügung stand, um neue Beziehungen zu sowjetischen Kollegen zu knüpfen oder alte wiederaufleben zu lassen, ist neben dem Primat der Ideologie der zweite Grund, warum über alle Disziplinen hinweg die Beispiele für eine Intensivierung der wissenschaftlichen Zusammenarbeit in der Pakt-Zeit dünn gesät sind.[51] Wissenschaftler hätten insbesondere zunächst Gelegenheit zum persönlichen Austausch auf Kongressen oder während Forschungsaufenthalten haben müssen. Nur wenige deutsche Wissenschaftler aber konnten in die Sowjetunion reisen, nur wenige sowjetische Wissenschaftler nach Deutschland, bevor am 22. Juni 1941 die deutsche Wehrmacht in der Sowjetunion einmarschierte.

Die Geschichte endet damit jedoch nicht: Deutsche Wissenschaftler hatten auch nach dem Bruch des deutsch-sowjetischen Nichtangriffspaktes Kontakt zu Kollegen in sowjetischen Forschungseinrichtungen, die trotz der Brutalität der Angreifer die erste Kriegsphase überlebt hatten. Jedoch begegneten sie ihnen nicht mehr auf Augenhöhe, suchten nicht die gleichberechtigte Zusammenarbeit, sondern raubten, was sie haben wollten; Menschen und Material in den Forschungseinrichtungen wurden „sichergestellt", „gesichert" oder „erworben", wie es die Berichte der Invasoren euphemistisch nannten.[52] Mitunter traten dieselben Wissenschaftler, die vor dem Überfall den Kontakt zu ihren sowjetischen Kollegen

50 Notiz des Chefs des Generalstabes des Heeres, F. Halder, über eine Besprechung bei A. Hitler am 5. Dezember 1940, betr. die Vorbereitung des Überfalls auf die UdSSR, abgedruckt in Rosenfeld / Pätzold (Hrsg.): *Sowjetstern*, S. 321–322; Hitlers Weisung Nr. 21 („Fall Barbarossa") für den Überfall auf die Sowjetunion vom 18. Dezember 1940, abgedruckt ebd., S. 322–325. Vgl. Hürter: *Heerführer*, S. 209–210.

51 Vgl. dazu Rosenfeld: Kultur, S. 129.

52 Vgl. Hachtmann: *Wissenschaftsmanagement*, S. 985, 987; Bernhard Strebel / Jens-Christian Wagner: *Zwangsarbeit für Forschungseinrichtungen der Kaiser-Wilhelm-Gesellschaft 1939–1945. Ein Überblick*, Vorabdruck (Ergebnisse 11) aus dem Forschungsprogramm „Geschichte der Kaiser-Wilhelm-Gesellschaft im Nationalsozialismus", hrsg. v. Carola Sachse. Berlin: Max-Planck-Gesellschaft zur Förderung der Wissenschaften e. V. 2003, S. 54.

gesucht hatten, diesen unter den neuen Umständen wieder gegenüber. Der Direktor des Kaiser-Wilhelm-Instituts für Züchtungsforschung Wilhelm Rudorf zum Beispiel, der 1940 in die Sowjetunion hatte reisen wollen, um „den Stand der Forschungsarbeiten in den fachverwandten russischen Instituten kennenzulernen und den Austausch von Ausgangsmaterial für die Züchtungen einzuleiten",[53] fuhr ab Herbst 1941 mit derselben Intention, nämlich um „Einblick in die russischen Institute" zu gewinnen und um „wichtiges Ausgangsmaterial für die Züchtung zu erhalten", mehrmals dorthin, vor allem in die besetzte Ukraine, deren Züchtungsforschungsinstitute er im Auftrag des Reichskommissars Erich Koch beaufsichtigte.[54] Rudorfs Mitarbeiter übernahmen die Leitung sowjetischer Versuchsstationen, beschlagnahmten Forschungsmaterial und brachten es nach Deutschland.[55] Andere Kaiser-Wilhelm-Institute – und weitere Forschungseinrichtungen – gingen ähnlich vor.[56] Um Forschungsmaterial aus der Sowjetunion gab es zwischen verschiedenen NS-Organisationen einen regelrechten Konkurrenzkampf.[57] Die dem Reichsministerium für die besetzten Ostgebiete unter Alfred Rosenberg zugeordnete Zentrale für Ostforschung und das Referat Wissenschaft des Wirtschaftsstabes Ost, der unter dem Befehl des Oberkommandos der Wehrmacht stand, organisierten die Rekrutierung sowjetischer Wissenschaftler für die deutsche Kriegsforschung. Zwischen Frühjahr 1942 und Frühjahr 1944 wurden mindestens 847 russische Wissenschaftler und Ingenieure, allesamt „hochqualifizierte Fachkräfte", an wissenschaftliche Institute und andere Stellen (Industriebetriebe, Behörden, etc.) in Deutschland überstellt. Der Wirtschaftsstab Ost resümierte, ihr „Sondereinsatz" sei „für die deutsche Kriegswirtschaft bedeutungsvoll" gewesen.[58]

53 Zit. n. Hachtmann: *Wissenschaftsmanagement*, S. 807.

54 Heim: *Kalorien*, S. 42. Vgl. Hachtmann: *Wissenschaftsmanagement*, S. 983–984.

55 Heim: *Kalorien*, S. 44–45.

56 Hachtmann: *Wissenschaftsmanagement*, S. 984ff. Vgl. auch S. 84, Anm. 9.

57 Heim: *Kalorien*, S. 232–233. Der Begriff „Konkurrenzkampf" ebd., S. 233.

58 Ebd., S. 231–232; Strebel / Wagner: *Zwangsarbeit*, S. 53–54; Beitrag zur Geschichte des Wirtschafts-Stabes-Ost (Wi Stab Ost). Nach Unterlagen der Fachgruppen bearbeitet von Generalmajor Hans Nagel (1944/45), abgedruckt in Rolf-Dieter Müller (Hrsg.): *Die deutsche Wirtschaftspolitik in den besetzten sowjetischen Gebieten 1941–1943. Der Abschlußbericht des Wirtschaftsstabes Ost und Aufzeichnungen eines Angehörigen des Wirtschaftskommandos Kiew*. Boppard am Rhein: Boldt 1991, S. 21–585, hier S. 332–334, die Zitate auf S. 334. Zur Zentrale für Ostforschung als Institution siehe auch Fahlbusch: *Wissenschaft*, S. 600–602.

Resümee

Die Entwicklung der deutsch-sowjetischen Wissenschaftsbeziehungen zwischen den Weltkriegen glich einer Wellenbewegung. Eine Phase immer engerer Zusammenarbeit fand zwischen 1927 und 1929 ihren Höhepunkt. Seit Anfang der 1930er Jahre nahmen die Zahl der Kontakte zwischen deutschen und sowjetischen Wissenschaftlern und die Intensität ihrer Zusammenarbeit ab. Der 30. Januar 1933 beschleunigte diese Entwicklung. Bis 1937 kam der wissenschaftliche Austausch zwischen Deutschland und der Sowjetunion weitgehend zum Erliegen. Der Hitler-Stalin-Pakt war die Voraussetzung dafür, dass es zu einer Wiederbelebung der Wissenschaftsbeziehungen kommen konnte. Das Niveau der späten 1920er Jahre wurde gleichwohl nicht mehr erreicht, bis der deutsche Überfall auf die Sowjetunion am 22. Juni 1941 jeglicher deutsch-sowjetischen Zusammenarbeit auf Augenhöhe ein Ende setzte.

Das Bild der Welle vereinfacht selbstverständlich die Entwicklung der deutsch-sowjetischen Wissenschaftsbeziehungen. Es suggeriert einen natürlichen Ablauf, obwohl das Auf und Ab der deutsch-sowjetischen Wissenschaftsbeziehungen von zahlreichen Akteuren und Akteursgruppen sowie von sich verändernden strukturellen Rahmenbedingungen beeinflusst wurde.

Für den Umschwung Anfang der 1930er Jahre wurden drei Gründe ausgemacht: Erstens fand Anfang der 1930er Jahre in der Sowjetunion ein innenpolitischer Kurswechsel statt. Die Stalinisierung verdrängte Akteure aus den Schlüsselpositionen, die die wissenschaftliche Zusammenarbeit mit Deutschland getragen hatten. In der veränderten politischen Lage erschien selbst deutschen Wissenschaftlern wie Heinz Zeiss, die seit Langem mit sowjetischen Kollegen zusammenarbeiteten, eine Fortsetzung der Kooperation nicht sinnvoll. Zweitens wechselte auch in der Deutschen Gesellschaft zum Studium Osteuropas (DGSO) 1931/32 das Personal: Der Generalsekretär Hans Jonas verließ die Gesellschaft ebenso wie ihr langjähriger Präsident Friedrich Schmidt-Ott. Otto Hoetzsch blieb zwar Vizepräsident, widmete sich aber vorrangig der Aktenpublikation zur Vorgeschichte und Geschichte des Ersten Weltkrieges. Drittens wirkte sich die Weltwirtschaftskrise auf die deutsch-sowjetischen Wissenschaftsbeziehungen aus. Da der Notgemeinschaft der Deutschen Wissenschaft das Budget gekürzt wurde, konnte sie insbesondere keine Expeditionen in der Sowjetunion mehr unterstützen.

Die beiden Organisationen, die den wissenschaftlichen Austausch mit der Sowjetunion seit Mitte der 1920er Jahre institutionell getragen hatten, die Notgemeinschaft und die DGSO, wurden also bereits vor der Machtübertragung an die Nationalsozialisten geschwächt. Nach dem 30. Januar 1933 setzte sich diese Entwicklung beschleunigt fort, denn wie alle anderen wurden auch diese Institutionen gleichgeschaltet oder wie Hoetzsch es formulierte: „eingeschaltet". Der neben Philipp Lenard bekannteste Vertreter der „Deutschen Physik", Johannes Stark, verdrängte Schmidt-Ott von der Leitung der Notgemeinschaft. Hoetzsch wurde zwangsemeritiert und gab daraufhin auch seine Ämter bei der DGSO auf. Zunehmend griff die deutsche Regierung mit Verboten in die deutsch-sowjetischen Wissenschaftsbeziehungen ein: Ab Herbst 1935 konnten Bücher mit der Sowjetunion nur noch getauscht werden, wenn das Reichsministerium für Wissenschaft, Erziehung und Volksbildung (REM) die Genehmigung erteilte. 1937 untersagte das REM den Schriftverkehr mit sowjetischen Gelehrten. Die Teilnahme deutscher Wissenschaftler am Internationalen Geologen-Kongress in Moskau wurde im selben Jahr ebenfalls nicht erlaubt.

Noch stärker als diese Verbote beeinträchtigte die politische und ideologische Feindschaft zwischen Nationalsozialisten und Bolschewisten die deutsch-sowjetische Wissenschaftskooperation. Teils aus

Angst vor Anfeindungen, teils, weil sie die rassistischen und antibolschewistischen Ressentiments der NS-Führung teilten, enthielten sich viele Wissenschaftler, ohne dass es hätte angeordnet werden müssen, schon lange vor 1937 des Kontakts mit sowjetischen Kollegen.

Der Abschluss des Hitler-Stalin-Paktes, von dem Hitler Anfang September 1939 in einer öffentlichen Rede behauptete, er markiere die „endgültige Wende" in der deutsch-sowjetischen Beziehungsgeschichte,[1] war die Voraussetzung für eine erneute Zusammenarbeit der deutschen und sowjetischen Wissenschaft. Vor allem Natur- und Technikwissenschaftler interessierten sich für den Austausch mit sowjetischen Kollegen. Auf politischer Seite befürworteten insbesondere Mitarbeiter der Deutschen Botschaft in Moskau, des Auswärtigen Amtes (AA) in Berlin und der Dienststelle Ribbentrop – hier in erster Linie Peter Kleist – die Wiederbelebung der Wissenschaftskooperation mit der Sowjetunion. Die Kriegsmarine hatte ebenfalls ein Interesse an sowjetischen Forschungen und drängte auf eine Wiederaufnahme der wissenschaftlichen Beziehungen.

Auf die im ersten Vierteljahr nach dem 23. August 1939 eingehenden Anfragen, was der Paktabschluss für die wissenschaftlichen Beziehungen zur Sowjetunion bedeute, reagierten das REM und das AA im Spätherbst 1939. Das AA plante zur Koordinierung der Einzelinitiativen eine Zentralstelle. Dies führte innerhalb eines halben Jahres zur Umgründung der Deutsch-Polnischen Gesellschaft zur Zentralstelle Osteuropa. Gleichzeitig startete das REM eine großangelegte Umfrage unter deutschen Wissenschaftlern, um deren Interesse an einer Kooperation mit der Sowjetunion zu ermitteln. Damit aus diesen verschiedenen Initiativen keine widersprüchliche Politik entstand, fand am 29. März 1940 eine Ressortbesprechung statt, in der sich alle Behörden und Parteidienststellen, die sich mit Wissenschaftsbeziehungen zur Sowjetunion beschäftigten, auf eine gemeinsame Linie verständigten. Die dort getroffenen Absprachen führten dazu, dass eine Doppelstruktur geschaffen wurde: Die Zentralstelle Osteuropa (ZO) auf der einen und vom REM bestimmte Wissenschaftler auf der anderen Seite sollten die Wissenschaftsbeziehungen

1 Siehe S. 159.

zur Sowjetunion koordinieren. Am 21. Oktober 1940 informierte die Deutsche Botschaft in Moskau das sowjetische Volkskommissariat für auswärtige Angelegenheiten und die Gesellschaft für kulturelle Verbindung der U.d.S.S.R. mit dem Auslande (VOKS) darüber, dass die ZO ihre Arbeit aufgenommen habe. Am selben Tag gestattete das REM mit einem Runderlass die Wiederaufnahme wissenschaftlicher Beziehungen zur Sowjetunion.

Außerhalb der Natur- und Technikwissenschaften wurden die Handlungsspielräume, die der Abschluss des Hitler-Stalin-Paktes eröffnet hatte, selten genutzt. Geistes- und Sozialwissenschaftler waren an Wissenschaftsbeziehungen zur Sowjetunion meist nicht interessiert. Von staatlicher Seite wurde die Zusammenarbeit in diesen Fachgebieten ebenfalls nicht gefördert, im Gegenteil: Das REM nahm die Geistes- und Sozialwissenschaften im Oktober 1940 von der Wiederzulassung der wissenschaftlichen Beziehungen zur Sowjetunion sogar fast komplett aus. Ausnahmen galten für wenige Disziplinen, die Interesse an einer Zusammenarbeit mit sowjetischen Wissenschaftlern signalisiert hatten, die das REM aber für „stark weltanschaulich bestimmt“ hielt. Da jede Diskussion ideologischer Fragen vermieden werden sollte, galten für diese Fächer Sonderregeln, die den deutschen Wissenschaftlern die Kontaktaufnahme mit ihren Kollegen in der Sowjetunion erschwerten. Nur wenn „deutscherseits ein besonderes Interesse“ bestand, durften sie überhaupt mit sowjetischen Wissenschaftlern kooperieren. Einige dieser Fächer waren an der Erarbeitung der Umsiedlungspläne für den europäischen Osten beteiligt. Besonders hervorzuheben ist, dass Konrad Meyer, unter dessen Leitung während des Hitler-Stalin-Paktes „Planungsgrundlagen“ für ehemals polnische Gebiete und später der „Generalplan Ost“ erstellt wurden, vom REM mit der Koordinierung der Austauschbeziehungen zwischen deutschen und sowjetischen Agrarwissenschaftlern beauftragt wurde und Meyer aktiv auf sowjetische Wissenschaftler zuging, indem er sie zu Kongressen einlud. Mit sowjetischen Wissenschaftlern zusammenzuarbeiten und die „Germanisierung“ Osteuropas vorzubereiten – zu diesem Zeitpunkt zwar noch nicht von sowjetischem Territorium, das aber nach Beginn des deutsch-sowjetischen Krieges sofort in die Planungen einbezogen wurde –, widersprach sich bezeichnenderweise nicht.

Die Akteure, die auf die deutsch-sowjetische Wissenschaftskooperation in der Zeit des „Dritten Reiches" Einfluss nahmen, lassen sich drei Gruppen zuordnen. Bis 1937 setzte sich die Gruppe der kompromisslosen Antibolschewisten und Rassenideologen durch, die jegliche Kooperation mit der Sowjetunion ablehnten. Diejenigen Akteure, die die Rapallo-Politik fortsetzen wollten und in einer dauerhaften Zusammenarbeit mit der Sowjetunion wesentliche Vorteile für das Deutsche Reich sahen, wurden in den Hintergrund gedrängt. Einige von ihnen prägten zwar die kurze Phase wissenschaftlicher Kooperation nach Abschluss des Hitler-Stalin-Paktes erneut mit, beispielsweise der Ingenieur Conrad Matschoß und der Archäologe Martin Schede. Auf Dauer aber fanden sie für ihre Position nicht die Unterstützung der NS-Führung. In der Pakt-Zeit kam noch die Gruppe derjeniger hinzu, die an einer vorübergehenden Zusammenarbeit aus funktionalen Gründen interessiert waren, um an Daten zu gelangen, die die Zerschlagung der Sowjetunion sowie die Kolonisierung des Ostens erleichtern würden. Hierzu zählen Konrad Meyer sowie das Oberkommando der Kriegsmarine und Ozeanograph Georg Wüst. Einige Akteure standen zwischen diesen Gruppen. Heinz Zeiss beispielsweise trug in den 1920er Jahren die Rapallo-Politik mit, wandte sich in den 1930er Jahren aber der Gruppe zu, die eine rassistische Geopolitik verfolgte. Peter Kleist und der Slawist Max Vasmer teilten nicht den biologischen Rassismus, wohl aber die antibolschewistische Einstellung dieser Gruppe.

Lange Zeit wurde aus dem Rassismus und Antibolschewismus der Nationalsozialisten geschlussfolgert, dass sie jede Zusammenarbeit mit der Sowjetunion ablehnen müssten. Blickt man auf die Geschichte der deutsch-sowjetischen Wissenschaftsbeziehungen, so bestätigt sich dies lediglich für eine der genannten Akteursgruppen. Nicht erklären kann man so, warum das NS-Regime im August 1939 einen Pakt mit dem „großen Weltfeind"[2] schloss und anschließend die Aufnahme von Wissenschaftsbeziehungen wieder möglich war. Daher wurde diese Phase meist schlicht ausgeblendet oder als „Episode" abgetan und nach Dokumenten, die eine Wiederbelebung der Kooperation im Bereich der Wissenschaft hätten belegen können, nicht gesucht.

2 Vgl. S. 14.

Einige neuere Forschungsarbeiten messen dagegen der NS-Ideologie einen zu geringen Stellenwert bei. Ohne Ideologie kann man nicht erklären, warum gerade einer Reihe von Disziplinen, die sich einen praktischen Nutzen von der Zusammenarbeit mit der Sowjetunion erhofften – wie beispielsweise Meyers Agrarwissenschaft –, die Zusammenarbeit mit den sowjetischen Kollegen auch während der Pakt-Zeit mit dem expliziten Hinweis darauf, dass sie „stark weltanschaulich bestimmt" seien, nur eingeschränkt erlaubt war.

Eine dem Geschehen angemessenere Deutung kombiniert diese beiden Positionen, indem sie praktische Zwecke und Ideologie unterscheidet, gleichzeitig aber nicht den Fehler macht, die Bedeutung der Ideologie unterzubewerten. Die Zusammenarbeit mit der Sowjetunion auf wissenschaftlicher Ebene sollte – wie bereits in den 1920er Jahren – praktische Zwecke erfüllen: Von dem geplanten Handbuch der deutschen Technik und Industrie erhoffte man sich einen positiven Effekt für die Wirtschaftsbeziehungen. Das Oberkommando der Kriegsmarine wollte über den Austausch mit dem Arktischen Institut der UdSSR an militärisch bedeutsame Informationen gelangen. Außerdem sollten die Wissenschaftsbeziehungen die Illusion eines dauerhaften deutsch-sowjetischen Ausgleichs nähren und somit die deutschen Angriffspläne verschleiern helfen. Daher sprachen sich selbst Hitler und Goebbels, die die Sowjetunion weiterhin als „großen Weltfeind" sahen, für eine wissenschaftliche Zusammenarbeit mit der Sowjetunion aus, die politisch zweckmäßig war. Jede wissenschaftliche Zusammenarbeit, die über die „politische Zweckmäßigkeit" hinausging, wurde jedoch abgelehnt. Dies war ideologisch motiviert.

Größere Gemeinschaftsprojekte wurden in der Pakt-Zeit nicht realisiert. Weder kam das Handbuch der deutschen Technik und Industrie über Absichtserklärungen und einige Vorarbeiten beider Seiten hinaus noch wurde die deutsche Straßenbauausstellung in Moskau realisiert. Die Zahl der getauschten Bücher sank weiterhin, wenn auch langsamer als zuvor. Im Kleinen, auf der Ebene von Beziehungen zwischen einzelnen Wissenschaftlern oder wissenschaftlichen Gesellschaften, gab es dagegen durchaus eine Intensivierung der Kontakte. Über die ZO wurden Briefe und Sonderdrucke zwischen deutschen und sowjetischen Wissenschaftlern ausgetauscht und man begann damit, Aufsätze in Zeitschriften des anderen Landes zu publizieren. Sowjetische Forscher waren zu deutschen Kongressen eingeladen und wurden wieder in deutsche wissenschaftliche Gesellschaften aufgenommen. Dies lässt die Vermutung zu, dass deutsche und sowjetische Wissenschaftler im Laufe der Zeit auch größere Projekte gemeinsam auf den Weg gebracht hätten. Führt man sich vor Augen, dass zwischen dem 21. Oktober 1940, als das REM die Aufnahme von Wissenschaftsbeziehungen wieder erlaubte und die ZO ihre Arbeit aufnahm, und dem deutschen Überfall auf die Sowjetunion am 22. Juni 1941 nur wenig mehr als ein halbes Jahr lag, wird deutlich, warum es dazu während der Pakt-Zeit nicht kam: Die kurze Zeitspanne reichte schlicht nicht aus, um dieselbe „Tiefe" der deutsch-sowjetischen Wissenschaftskooperation zu erreichen, wie sie Ende der 1920er Jahre bestanden hatte. Der zeitliche Faktor ist einer der Hauptgründe dafür, dass die Resultate der Zusammenarbeit überschaubar blieben.

Die Fortsetzung der Zusammenarbeit wäre nur möglich gewesen, wenn sich diejenigen Akteure um Außenminister von Ribbentrop durchgesetzt hätten, die eine alternative nationalsozialistische Sowjetunionpolitik bzw. die Bildung eines „Kontinentalblocks" gegen Großbritannien anstrebten. Sie waren skeptisch, mit dem Bruch des Paktes die deutsche auswärtige Kulturpolitik gegenüber der Sowjetunion zur Gänze durch eine Gewaltpolitik zu ersetzen. Nennenswerten Widerstand gegen den Kriegskurs gab es bekanntlich dennoch nicht, stattdessen nutzten auch zahlreiche Wissenschaftler, die in der Pakt-Zeit die Zusammenarbeit mit ihren sowjetischen Kollegen gesucht hatten, die neue Situation für ihre Zwecke, raubten wie Wilhelm Rudorf Forschungsmaterial aus der Sowjetunion und zwangen sowjetische Wissenschaftler, für sie zu arbeiten. Manche stellten wie Konrad Meyer ihren Sachverstand in den Dienst der nationalsozialistischen Vernichtungspolitik. Die Kritik an der brutalen Besatzungsherrschaft blieb verhalten, wenn sie auch einigen Nationalsozialisten wie beispielsweise Peter Kleist ein Dorn im Auge war, weil sie sich in keiner Weise bemühte, antibolschewistisch gesinnte Sowjetbürger auf die deutsche Seite zu ziehen. Menschen wie den Mathematiker Oskar Perron, der sich der Vereinnahmung durch die rassistische Ideologie der Nationalsozialisten zumindest verbal widersetzte, gab es wenige.

Dank

Es gibt nichts Schöneres, als am Ende „danke" zu sagen.

Dank gebührt zuallererst Hans Günter Hockerts und Martin Schulze Wessel (beide München), die nicht nur die Entstehung des Kerns dieses Buches, sondern all die Jahre meines Studiums an der Ludwig-Maximilians-Universität München begleitet haben. Bessere Lehrer als sie kann ich mir nicht vorstellen. Insbesondere Hans Günter Hockerts hat diesem Forschungsprojekt stets anspornendes Interesse und geduldige Zuversicht entgegengebracht.

Auch Winfried Süß (jetzt Potsdam), Christiane Kuller (jetzt Erfurt) und Benjamin Schenk (jetzt Basel), verdanke ich sehr viel. Sie haben mein Studium und die Arbeit an diesem Buch gefördert, mir Rat gegeben und Hilfe gewährt sowie im Münchener „Historicum" ein ungemein anregendes akademisches Umfeld geschaffen. Ermutigt in der Zeit zwischen der Fertigstellung der ersten Fassung und der Veröffentlichung des vorliegenden Textes haben mich darüber hinaus Rüdiger Hachtmann (Potsdam), Michael David-Fox (Washington D. C.) und Jörn Happel (Basel), wofür ich ihnen vielmals danke. Dieter Pohl (Klagenfurt) danke ich sehr herzlich dafür, dass er das gesamte Manuskript gelesen und mir wichtige Hinweise gegeben hat.

Die Studienstiftung des deutschen Volkes, die Alfried Krupp von Bohlen und Halbach-Stiftung sowie zuallererst die Heinrich-Böll-Stiftung haben mich finanziell und ideell unterstützt. Das

Historische Seminar der Ludwig-Maximilians-Universität München hat meine Archivreisen bezuschusst, das Deutsche Historische Institut in Moskau in der Person Ingrid Schierles (jetzt Tübingen) bei der Organisation meines Archivaufenthalts in der russischen Hauptstadt geholfen. Für all das bin ich sehr dankbar. Ebenfalls zu großem Dank verpflichtet bin ich den Mitarbeiterinnen und Mitarbeitern der von mir besuchten Archive. Dem Neofelis Verlag und insbesondere Frank Schlöffel sage ich Dank für die Aufnahme des Textes in das Verlagsprogramm, für das umsichtige Lektorat und für die schöne Gestaltung des Buches. Das Manuskript habe ich an der Alpen-Adria-Universität Klagenfurt fertiggestellt, wo Dieter Pohl, der meine Dissertation betreut, und alle Kolleginnen und Kollegen ein höchst angenehmes und anregendes Arbeitsumfeld schaffen. Für die Unterstützung der Drucklegung sei der Fakultät für Kulturwissenschaften bestens gedankt.

Mit größter Freude bedanke ich mich bei meinen Freundinnen und Freunden, Kolleginnen und Kollegen Vladimir Ryzhkovski, Moritz Florin, Ekaterina Makhotina, Ekaterina Keding sowie bei den „Uffingern“ Bianca Hoenig, Markus Krumm, Felix Westrup und vor allem Mirjam Voerkelius für zahlreiche inspirierende Gespräche, für Tipps und Hinweise, für die Kommentierung einzelner Abschnitte, für Hilfe beim Übersetzen aus dem Russischen und für Vieles mehr. Ein ganz besonderer Dank geht aus denselben Gründen an Anne-Sophie Zähringer, Alexander Schmied und Ulrich Kreutzer, die zudem die besten Korrekturleser_innen waren, die man sich wünschen kann. Thomas Weiß, Lea Hampel, Meredith Haaf und Nicolas Boenisch sage ich vielmals danke, weil sie mich während meiner Archivrecherchen in Berlin beherbergt und meine Aufenthalte dort höchst angenehm gemacht haben.

Mehr als allen anderen aber danke ich meiner Familie, Maria, Bernhard, Sophia, Raphael, Ferdinand, Dora und Christel. Sie haben, vor allem, mich ganz allgemein und in vielfältiger Weise unterstützt, be- und gestärkt, aber darüber hinaus auch je nach eigenem Interesse und Wissen – Maria und Sophia sind selbst Historikerinnen – neugierig nach dem Fortschritt der Arbeit und nach Ergebnissen gefragt, Anregungen und Tipps gegeben, mit mir diskutiert und mich durch Kritik herausgefordert sowie konkret geholfen, indem sie Handschriften entzifferten, bei der Beschaffung von Literatur behilflich waren, Manuskriptteile in all ihren Entstehungsphasen lasen, korrigierten und kommentierten. Besonders hervorheben muss ich Maria, die auch das komplette Manuskript Korrektur gelesen hat: Keine andere Wissenschaftlerin, kein anderer Wissenschaftler war wichtiger dafür, dass ich nun dieses Buch vorlegen kann.

Abkürzungsverzeichnis

AA	Auswärtiges Amt
ABBAW	Archiv der Berlin-Brandenburgischen Akademie der Wissenschaften
AN SSSR	Akademie der Wissenschaften der UdSSR (*Akademija Nauk SSSR*)
ARAN	Archiv der Russischen Akademie der Wissenschaften (*Archiv Rossijskoj Akademii Nauk*)
Archiv des IfZ	Archiv des Instituts für Zeitgeschichte, München
BArch Berlin	Bundesarchiv Berlin
BArch Koblenz	Bundesarchiv Koblenz
BStMUK	Bayerisches Staatsministerium für Unterricht und Kultus
DFG	Deutsche Forschungsgemeinschaft
DGSO	Deutsche Gesellschaft zum Studium Osteuropas
GA RF	Staatsarchiv der Russischen Föderation (*Gosudarstvennyj archiv Rossijskoj Federacii*)
Gestapa	Geheimes Staatspolizeiamt
Gestapo	Geheime Staatspolizei
HIA	Hoover Institution Archives, Stanford
LMU München	Ludwig-Maximilians-Universität München
Notgemeinschaft	Notgemeinschaft der Deutschen Wissenschaft
OKM	Oberkommando der Kriegsmarine
PA AA	Politisches Archiv des Auswärtigen Amtes
PAW	Preußische Akademie der Wissenschaften
RAM	Reichsaußenminister
REM	Reichs- (und Preußischer/s) Minister(-ium) für Wissenschaft, Erziehung und Volksbildung
UAM	Universitätsarchiv München
Universitätsarchiv TU Berlin	Universitätsarchiv der Technischen Universität Berlin in der Universitätsbibliothek
VDI	Verein Deutscher Ingenieure
VOKS	Gesellschaft für kulturelle Verbindung der U.d.S.S.R. mit dem Auslande (*Vsesojuznoe obščestvo kul'turnoj svjazi s zagranicej*)
ZO	Zentralstelle Osteuropa

Literaturverzeichnis

Ungedruckte Quellen

Archiv der Berlin-Brandenburgischen Akademie der Wissenschaften (ABBAW)

PAW: Akten der Preußischen Akademie der Wissenschaften 1812–1945, II–V–104/II; II–XVI–81

Archiv der Russischen Akademie der Wissenschaften (*Archiv Rossijskoj Akademii Nauk* – ARAN)

f. 2: Akten des Präsidiums/Sekretariats der Akademie der Wissenschaften der UdSSR (Presidium/sekretariat Akademii Nauk SSSR), op. 1 (1933 g.), d. 32; op. 1 (1934 g.), d. 21; op. 1 (1936 g.), d. 149; op. 1 (1937 g.), d. 635; op. 1a (1940g.), d. 246; op. 1a (1940g.), d. 247

Nachlässe

f. 596: Vavilov, op. 3, d. 387

f. 632: Prjanišnikov, op. 2, d. 65; op 4, d. 1; op. 4, d. 61; op. 4, d. 276; op. 4, d. 278

f. 641: Arkad'ev, op. 4, d. 328

Archiv des Instituts für Zeitgeschichte, München (Archiv des IfZ)

Nachlässe

Kleist

Zeugenschrifttum

ZS-1106 (Dr. Peter Kleist)

Bundesarchiv Berlin (BArch Berlin)

R 153: Publikationsstelle Berlin-Dahlem, 1199

R 4901: Reichsministerium für Wissenschaft, Erziehung und Volksbildung, 673; 2729; 2756; 2821; 2949; 2969; 13127; 14583; 15177

Bundesarchiv Koblenz (BArch Koblenz)

R 73: Notgemeinschaft der Deutschen Wissenschaft/Deutsche Forschungsgemeinschaft, 215; 221; 223; 224; 226; 228; 229; 230; 231; 14561; 15330

Hoover Institution Archives (HIA)

Ehrenfried Schuette Collection, Collection Number 81065-10.V

Politisches Archiv des Auswärtigen Amtes (PA AA)

Moskau II: Akten der Deutschen Botschaft in Moskau, 317; 318; 411; 426

Geheimakten der Kulturabteilung des Auswärtigen Amtes (Bestand RZ 501), R 60.598; R 60.599; R 60.600; R 60.601; R 60.606

Kulturabteilung des Auswärtigen Amtes, Institute (Bestand RZ 505), R 61.276; R 61.279; R 61.280; R 61.310; R 61.311; R 61.393; R 61.394; R 65.801

Kulturabteilung des Auswärtigen Amtes, Medizinalwesen (Bestand RZ 506), R 66.113.

Kulturabteilung des Auswärtigen Amtes, Hochschulen (Bestand RZ 507), R 65.559

Dienststelle Ribbentrop, Handakten Nabersberg, R 27.159a

Nachlässe

Twardowski, Bd. 3

Staatsarchiv der Russischen Föderation (*Gosudarstvennyj archiv Rossijskoj Federacii – GA RF*)

f. 5283: Gesellschaft für kulturelle Verbindung der U.d.S.S.R. mit dem Auslande (Vsesojuznoe obščestvo kul'turnoj svjazi s zagranicej – VOKS), op. 5, d. 746; op. 5, d. 750; op. 5, d. 751; op. 5, d. 752; op. 5, d. 754; op. 5, d. 755; op. 5, d. 756; op. 5, d. 760

Universitätsarchiv der Technischen Universität Berlin in der Universitätsbibliothek (Universitätsarchiv TU Berlin)

Nachlässe

Ludin; Niemczyk; Schnadel

Universitätsarchiv München (UAM)

Senatsakten

O–XII–1, Bd. 1; Sen. 30/6, Bd. 7; Sen. 387; Sen. 768; X–III–21, Bd. 5.

Gedruckte Quellen und Literatur

Akten zur deutschen auswärtigen Politik 1918–1945. Aus dem Archiv des deutschen Auswärtigen Amts, Serie D: 1937–1945, Bd. VIII,1: Die Kriegsjahre. 4. September 1939 bis 18. März 1940. Baden-Baden / Frankfurt am Main: Keppler 1961.

Ash, Mitchell G.: Emigration und Wissenschaftswandel als Folgen der nationalsozialistischen Wissenschaftspolitik. In: Doris Kaufmann (Hrsg.): *Geschichte der Kaiser-Wilhelm-Gesellschaft im Nationalsozialismus. Bestandsaufnahme und Perspektiven der Forschung*. Göttingen: Wallstein 2000, S. 610–631.

—: Wissenschaftswandlungen und politische Umbrüche im 20. Jahrhundert – was hatten sie miteinander zu tun? In: Rüdiger vom Bruch / Uta Gerhardt / Aleksandra Pawliczek (Hrsg.): *Kontinuitäten und Diskontinuitäten in der Wissenschaftsgeschichte des 20. Jahrhunderts.* Stuttgart: Steiner 2006, S. 19–37.

Barbian, Jan-Pieter: „Kulturwerte im Zweikampf". Die Kulturabkommen des „Dritten Reiches" als Instrumente nationalsozialistischer Außenpolitik. In: *Archiv für Kulturgeschichte* 74,2 (1992), S. 415–459.

Behrend, Lutz-Dieter: Die sowjetische „Historikerwoche" 1928 in Berlin. In: Heinz Sanke (Hrsg.): *Deutschland – Sowjetunion. Aus fünf Jahrzehnten kultureller Zusammenarbeit.* Berlin (Ost): Humboldt-Universität zu Berlin 1966, S. 201–208.

Behrends, Jan C.: Back from the USSR. The Anti-Comintern's Publications on Soviet Russia in Nazi Germany (1935–41). In: *Kritika* 10,3 (2009), S. 527–556.

Bergsdorf, Wolfgang: Der deutsch-sowjetische Wissenschaftleraustausch. In: *Gewerkschaftliche Monatshefte* 18 (1967), S. 555–559.

Bernhard, Henry (Hrsg.): *Gustav Stresemann. Vermächtnis. Der Nachlass in drei Bänden*, Bd. 2. Berlin: Ullstein 1932.

Besymenski, Lew A.: *Stalin und Hitler. Das Pokerspiel der Diktatoren.* Berlin: Aufbau 2002.

Beyrau, Dietrich (Hrsg.): *Im Dschungel der Macht. Intellektuelle Professionen unter Stalin und Hitler.* Göttingen: Vandenhoeck & Ruprecht 2000.

—: Ein unauffälliges Drama. Die Zeitschrift „Osteuropa" im Nationalsozialismus. In: *Osteuropa* 55,12 (2005), S. 57–66.

Boberach, Heinz (Hrsg.): *Meldungen aus dem Reich 1938–1945. Die geheimen Lageberichte des Sicherheitsdienstes der SS*, Bd. 5: Meldungen aus dem Reich Nr. 102 vom 4. Juli 1940 – Nr. 141 vom 14. November 1940. Herrsching: Pawlak 1984.

Böhm, Helmut: *Von der Selbstverwaltung zum Führerprinzip. Die Universität München in den ersten Jahren des Dritten Reiches (1933–1936).* Berlin: Duncker & Humblot 1995.

Bonwetsch, Bernd: Wissenschaftsbeziehungen zwischen Deutschland und Russland. Tradition und Perspektiven. In: *Wissenschaft und Forschung in Russland – zwischen Agonie und Reform? Arbeits- und Diskussionspapier 2/2005.* Bonn: Alexander von Humboldt Stiftung 2005, S. 7–16.

Borck, Karin (Hrsg.): *Sowjetische Forschungen (1917 bis 1991) zur Geschichte der deutsch-russischen Beziehungen von den Anfängen bis 1949. Bibliographie.* Berlin: Akademie 1993.

Bott, Marie-Luise: „Deutsche Slavistik" in Berlin? Zum Slavischen Institut der Friedrich-Wilhelms-Universität 1933–1945. In: Rüdiger vom Bruch (Hrsg.): *Die Berliner Universität in der NS-Zeit*, Bd. II: Fachbereiche und Fakultäten. Stuttgart: Steiner 2005, S. 277–298.

Bötte, Gerd-Josef: NS-Raubgut, Reichstauschstelle und die Preußische Staatsbibliothek. Internationales Symposium der Staatsbibliothek zu Berlin. In: *Bibliotheksmagazin* 3 (2007), S. 39–44.

Bräutigam, Otto: Aus dem Kriegstagebuch des Diplomaten Otto Bräutigam. Eingeleitet und kommentiert von H. D. Heilmann. In: Götz Aly / Peter Chroust / H. D. Heilmann / Hermann Langbein: *Biedermann und Schreibtischtäter. Materialien zur deutschen Täter-Biographie*. Berlin: Rotbuch 1987, S. 123–187.

Bruch, Rüdiger vom: *Weltpolitik als Kulturmission. Auswärtige Kulturpolitik und Bildungsbürgertum in Deutschland am Vorabend des Ersten Weltkrieges*. Paderborn u. a.: Schöningh 1982.

—: Kommentar und Epilog. In: Bernd Weisbrod (Hrsg.): *Akademische Vergangenheitspolitik. Beiträge zur Wissenschaftskultur der Nachkriegszeit*. Göttingen: Wallstein 2002, S. 281–288.

Buchheim, Hans: Zu Kleists „Auch du warst dabei". In: *Vierteljahrshefte für Zeitgeschichte* 2,2 (1954), S. 177–192.

Burkert, Martin: *Die Ostwissenschaften im Dritten Reich*, Teil I: Zwischen Verbot und Duldung. Die schwierige Gratwanderung der Ostwissenschaften zwischen 1933 und 1939. Wiesbaden: Harrassowitz 2000.

Camphausen, Gabriele: Die wissenschaftliche historische Rußlandforschung in Deutschland 1892–1933. In: *Forschungen zur osteuropäischen Geschichte* 42 (1989), S. 7–108.

—: *Die wissenschaftliche historische Rußlandforschung im Dritten Reich 1933–1945*. Frankfurt am Main u. a.: Lang 1990.

Chervonnaya, Svetlana: Martens, Ludwig Karlovich (1874–1948). http://www.documentstalk.com/wp/martens-ludwig-karlovich (Zugriff am 19.05.2014).

Connelly, John: Nazis and Slavs: From Racial Theory to Racist Practice. In: *Central European History* 32,1 (1999), S. 1–33.

Conrad Matschoß †. In: *Zeitschrift des Vereines Deutscher Ingenieure* 86,15/16 (1942), S. 225–227.

Conze, Eckart / Norbert Frei / Peter Hayes / Moshe Zimmermann: *Das Amt und die Vergangenheit. Deutsche Diplomaten im Dritten Reich und in der Bundesrepublik*. München: Blessing 2010.

David-Fox, Michael: Annäherung der Extreme. Die UdSSR und die Rechtsintellektuellen vor 1933. In: *Osteuropa* 59,7/8 (2009), S. 115–124.

Deutsch-russisches Museum Berlin-Karlshorst e. V. (Hrsg.): *Unsere Russen – Unsere Deutschen. Bilder vom Anderen 1800 bis 2000.* Katalog zur gleichnamigen Ausstellung in Berlin, Schloss Charlottenburg, Neuer Flügel, 8. Dezember 2007 bis 2. März 2008. [Berlin]: Links [2007].

Deutsche Gesellschaft zum Studium Osteuropas (Hrsg.): *Die Geschichtswissenschaft in Sowjet-Russland 1917–1927. Bibliographischer Katalog*. Berlin / Königsberg: Ost-Europa-Verlag 1928.

Deutschland und die Sowjetunion 1933–1941. Dokumente aus russischen und deutschen Archiven, Bd. 1: Januar 1933–31. Dezember 1934, hrsg. im Auftrag der Gemeinsamen Kommission für die Erforschung der jüngeren Geschichte der deutsch-russischen Beziehungen v. Sergej Slutsch / Carola Tischler. München: Oldenbourg 2014.

Divnogorcev, A. L.: *Meždunarodnye bibliotečnye svjazi Rossii (oktjabr' 1917 – ijun' 1941). Istoričeskij očerk.* Moskau: Paškov Dom 2001.

—: *Meždunarodnye svjazi rossijskich bibliotek v kontekste vnešnej i vnutrennej politiki sovetskogo gosudarstva (oktjabr' 1917 – maj 1945).* Moskau: Paškov Dom 2007.

Doel, Ronald E. / Dieter Hoffmann / Nikolai Krementsov: National States and International Science: A Comparative History of International Science Congresses in Hitler's Germany, Stalin's Russia, and Cold War United States. In: *Osiris* 20 (2005), S. 49–76.

Doerries, Reinhard R.: *Hitler's Last Chief of Foreign Intelligence. Allied Interrogations of Walter Schellenberg.* London / Portland, OR: Cass 2003.

Drahn, Ernst (Hrsg.): *Bibliographie des wissenschaftlichen Sozialismus 1914–1922.* Berlin: 1923.

Düwell, Kurt: Zwischen Propaganda und Friedensarbeit: 100 Jahre Geschichte der deutschen Auswärtigen Kulturpolitik. In: Kurt-Jürgen Maaß (Hrsg.): *Kultur und Außenpolitik. Handbuch für Studium und Praxis.* Baden-Baden: Nomos 2005, S. 53–83.

Dzuck, Irene: Deutsch-sowjetischer Buchaustausch in der Weimarer Republik. In: Heinz Sanke (Hrsg.): *Deutschland – Sowjetunion. Aus fünf Jahrzehnten kultureller Zusammenarbeit.* Berlin (Ost): Humboldt-Universität zu Berlin 1966, S. 165–171.

Eckart, Wolfgang U.: Medizin und auswärtige Kulturpolitik der Republik von Weimar. Deutschland und die Sowjetunion 1920–1932. In: *Medizin, Gesellschaft und Geschichte* 11 (1992), S. 105–144.

Eimermacher, Karl / Astrid Volpert (Hrsg.): *Stürmische Aufbrüche und enttäuschte Hoffnungen. Russen und Deutsche in der Zwischenkriegszeit.* München: Fink 2006.

Elvert, Jürgen: *Mitteleuropa! Deutsche Pläne zur europäischen Neuordnung (1918–1945).* Stuttgart: Steiner 1999.

Fahlbusch, Michael: *Wissenschaft im Dienst der nationalsozialistischen Politik? Die „Volksdeutschen Forschungsgemeinschaften" von 1931–1945.* Baden-Baden: Nomos 1999.

Feyl, Othmar: Die bibliothekarische Zusammenarbeit zwischen Deutschland und der Sowjetunion und ihre nationale und internationale Rolle (1920–1930). In: Heinz Sanke (Hrsg.): *Deutschland – Sowjetunion. Aus fünf Jahrzehnten kultureller Zusammenarbeit.* Berlin (Ost): Humboldt-Universität zu Berlin 1966, S. 157–164.

Fischer, Klaus: Repression und Privilegierung: Wissenschaftspolitik im Dritten Reich. In: Dietrich Beyrau (Hrsg.): *Im Dschungel der Macht. Intellektuelle Professionen unter Stalin und Hitler.* Göttingen: Vandenhoeck & Ruprecht 2000, S. 170–194.

Flachowsky, Sören: *Von der Notgemeinschaft zum Reichsforschungsrat. Wissenschaftspolitik im Kontext von Autarkie, Aufrüstung und Krieg.* Stuttgart: Steiner 2008.

Florin, Moritz: *Der Hitler-Stalin-Pakt in der Propaganda des Leitmediums. Der „Völkische Beobachter" über die UdSSR im Jahre 1939.* Berlin: LIT 2009.

Gerber, Stefan: Die Universität Jena 1850–1914. In: *Traditionen – Brüche – Wandlungen. Die Universität Jena 1850–1995*, hrsg. v. der Senatskommission zur Aufarbeitung der Jenaer Universitätsgeschichte im 20. Jahrhundert. Köln / Weimar / Wien: Böhlau 2009, S. 23–253.

Gerlach, Christian: *Kalkulierte Morde. Die deutsche Wirtschafts- und Vernichtungspolitik in Weißrußland 1941 bis 1944*. Hamburg: Hamburger Edition 2000.

Gesche, Katja: *Kultur als Instrument der Außenpolitik totalitärer Staaten. Das deutsche Ausland-Institut 1933–1945*. Köln / Weimar / Wien: Böhlau 2006.

Geyer, Michael / Sheila Fitzpatrick: After Totalitarianism – Stalinism and Nazism Compared. In: Dies. (Hrsg.): *Beyond Totalitarianism. Stalinism and Nazism Compared*. Cambridge u. a.: Cambridge University Press 2009, S. 1–37.

Goebbels, Joseph: *Kommunismus ohne Maske*. München: Eher 1935.

—: *Die Tagebücher von Joseph Goebbels*, Bd. I,7: Aufzeichnungen 1923–1941. Juli 1939 – März 1940, hrsg. v. Elke Fröhlich. München: Saur 1998.

—: *Die Tagebücher von Joseph Goebbels*, Bd. I,8: Aufzeichnungen 1923–1941. April – November 1940, hrsg. v. Elke Fröhlich. München: Saur 1998.

Golubev, A. V.: Sovetskaja kul'turnaja diplomatija 1920–30ch. gg. In: A. N. Bochanov (Hrsg.): *Rossija i mirovaja civilizacija. K 70–letnuju člena-korrespondenta RAN A. N. Sacharova*. Moskau: Rossijskaja Akademija Nauk, Institut Rossijskoj Istorii 2000, S. 339–354.

Grau, Conrad: Die deutschen Universitäten und die 200-Jahr-Feier der Akademie der Wissenschaften der UdSSR 1925. In: Heinz Sanke (Hrsg.): *Deutschland – Sowjetunion. Aus fünf Jahrzehnten kultureller Zusammenarbeit*. Berlin (Ost): Humboldt-Universität zu Berlin 1966, S. 172–178.

—: Die Preußische Akademie und die Wiederanknüpfung internationaler Wissenschaftskontakte nach 1918. In: Wolfram Fischer (Hrsg.): *Die Preußische Akademie der Wissenschaften zu Berlin 1914–1945*. Berlin: Akademie 2000, S. 279–315.

Grau, Conrad / Wolfgang Schlicker / Liane Zeil: *Die Berliner Akademie der Wissenschaften in der Zeit des Imperialismus*, Teil III: Die Jahre der faschistischen Diktatur 1933 bis 1945. Berlin (Ost): Akademie 1979.

Greife, Hermann: *Sowjetforschung. Versuch einer nationalsozialistischen Grundlegung der Erforschung des Marxismus und der Sowjetunion*. Berlin / Leipzig: Nibelungen 1936.

Groeg, Otto J. (Hrsg.): *Who's Who in Germany. The German Who's Who from Book & Publishing LTD., 4th Edition. A Biographical Dictionary Containing Some 15500 Biographies of Prominent People in and of Germany and 2400 Organizations, M–Z*. Ottobrunn: Who's Who 1972.

Grüttner, Michael: Wissenschaftspolitik im Nationalsozialismus. In: Doris Kaufmann (Hrsg.): *Geschichte der Kaiser-Wilhelm-Gesellschaft im Nationalsozialismus. Bestandsaufnahme und Perspektiven der Forschung*. Göttingen: Wallstein 2000, S. 557–585.

—: *Biographisches Lexikon zur nationalsozialistischen Wissenschaftspolitik*. Heidelberg: Synchron 2004.

Hachtmann, Rüdiger: *Wissenschaftsmanagement im „Dritten Reich". Geschichte der Generalverwaltung der Kaiser-Wilhelm-Gesellschaft*. Göttingen: Wallstein 2007.

—: Die Kaiser-Wilhelm-Gesellschaft 1933 bis 1945. Politik und Selbstverständnis einer Großforschungseinrichtung. In: *Vierteljahrshefte für Zeitgeschichte* 56,1 (2008), S. 19–52.

—: Forschen für Volk und „Führer“. Wissenschaft und Technik. In: Dietmar Süß / Winfried Süß (Hrsg.): *Das „Dritte Reich“. Eine Einführung.* München: Pantheon 2008, S. 205–225.

Hack, Annette: Die gleichgeschaltete Deutsch-Japanische Gesellschaft (1933–1945). In: Günther Haasch (Hrsg.): *Die Deutsch-Japanischen Gesellschaften von 1888 bis 1996.* Berlin: Edition Colloquium 1996, S. 123–224.

Hahn, Otto: *Mein Leben.* München: Bruckmann 1968.

Hammerstein, Notker: *Die Deutsche Forschungsgemeinschaft in der Weimarer Republik und im Dritten Reich. Wissenschaftspolitik in Republik und Diktatur 1920–1945.* München: Beck 1999.

—: Wissenschaftssystem und Wissenschaftspolitik im Nationalsozialismus. In: Rüdiger vom Bruch / Brigitte Kaderas (Hrsg.): *Wissenschaften und Wissenschaftspolitik. Bestandsaufnahmen zu Formationen, Brüchen und Kontinuitäten im Deutschland des 20. Jahrhunderts.* Stuttgart: Steiner 2002, S. 219–224.

Hausmann, Frank-Rutger: *„Auch im Krieg schweigen die Musen nicht“. Die Deutschen Wissenschaftlichen Institute im Zweiten Weltkrieg.* Göttingen: Vandenhoeck & Ruprecht 2002.

Heiber, Helmut: Der Generalplan Ost. In: *Vierteljahrshefte für Zeitgeschichte* 6,3 (1958), S. 281–325.

Heim, Susanne: *Kalorien, Kautschuk, Karrieren. Pflanzenzüchtung und landwirtschaftliche Forschung in Kaiser-Wilhelm-Instituten 1933–1945.* Göttingen: Wallstein 2003.

Heinemann, Isabel: Wissenschaft und Homogenisierungsplanungen für Osteuropa. Konrad Meyer, der „Generalplan Ost“ und die Deutsche Forschungsgemeinschaft. In: Dies. / Patrick Wagner (Hrsg.): *Wissenschaft – Planung – Vertreibung. Neuordnungskonzepte und Umsiedlungspolitik im 20. Jahrhundert.* Stuttgart: Steiner 2006, S. 45–72.

Heinemann, Isabel / Willi Oberkrome / Sabine Schleiermacher / Patrick Wagner: *Wissenschaft, Planung, Vertreibung. Der Generalplan Ost der Nationalsozialisten.* Katalog zur Ausstellung der Deutschen Forschungsgemeinschaft, Bonn. Berlin: DFG 2006.

Herren, Madeleine: „Outwardly … an Innocuous Conference Authority“: National Socialism and the Logistics of International Information Management. In: *German History* 20,1 (2002), S. 67–92.

Herren, Madeleine / Sacha Zala: *Netzwerk Aussenpolitik. Internationale Kongresse und Organisationen als Instrumente der schweizerischen Aussenpolitik 1914–1950.* Zürich: Chronos 2002.

Heuß, Anja: Prähistorische „Raubgrabungen“ in der Ukraine. In: Achim Leube (Hrsg.): *Prähistorie und Nationalsozialismus. Die mittel- und osteuropäische Ur- und Frühgeschichtsforschung in den Jahren 1933–1945.* Heidelberg: Synchron 2002, S. 545–553.

Hilger, Gustav: *Wir und der Kreml. Deutsch-sowjetische Beziehungen 1918–1941. Erinnerungen eines deutschen Diplomaten.* Frankfurt am Main / Berlin: Metzner 1955.

—: Die deutsch-sowjetischen Beziehungen zwischen den beiden Weltkriegen. In: *Probleme deutscher Ostpolitik* 1 (1957), S. 27–51.

Hitler, Adolf: *Mein Kampf.* München: Eher $^{102–106}$1934.

—: Die Schlußrede des Führers auf dem Kongreß. In: Ders.: *Reden des Führers am Parteitag der Ehre 1936*. München: Eher 1936.

—: *Hitlers Zweites Buch. Ein Dokument aus dem Jahr 1928*, hrsg., eingel. u. komm. v. Gerhard L. Weinberg. Stuttgart: DVA 1961.

Hürter, Johannes: *Hitlers Heerführer. Die deutschen Oberbefehlshaber im Krieg gegen die Sowjetunion 1941/42.* München: Oldenbourg 2006.

Impekoven, Holger: *Die Alexander von Humboldt-Stiftung und das Ausländerstudium in Deutschland 1925–1945. Von der „geräuschlosen Propaganda" zur Ausbildung der „geistigen Wehr" des „Neuen Europa".* Bonn: Bonn University Press 2013.

Jäger, Ludwig: Disziplinen-Erinnerung – Erinnerungs-Disziplin. Der Fall Beißner und die NS-Fachgeschichtsschreibung der Germanistik. In: Hartmut Lehmann / Otto Gerhard Oexle (Hrsg.): *Nationalsozialismus in den Kulturwissenschaften*, Bd. 1: Fächer – Milieus – Karrieren. Göttingen: Vandenhoeck & Ruprecht 2004, S. 67–127.

Josephson, Paul R.: *Totalitarian Science and Technology.* Amherst, NY: Humanity Books 2005.

Karlsch, Rainer: Boris Rajewsky und das Kaiser-Wilhelm-Institut für Biophysik in der Zeit des Nationalsozialismus. In: Helmut Maier (Hrsg.): *Gemeinschaftsforschung, Bevollmächtigte und der Wissenstransfer. Die Rolle der Kaiser-Wilhelm-Gesellschaft im System kriegsrelevanter Forschung des Nationalsozialismus.* Göttingen: Wallstein 2007, S. 395–452.

Kasack, Wolfgang: Formen und Probleme der wissenschaftlichen Beziehungen. In: Dietrich Geyer (Hrsg.): *Wissenschaft in kommunistischen Ländern.* Tübingen: Wunderlich 1967, S. 278–298.

Kirchhoff, Jochen: *Wissenschaftsförderung und forschungspolitische Prioritäten der Notgemeinschaft der Deutschen Wissenschaft 1920–1932*, Diss. phil., München 2007.

Kirsten, Christa: Quellen zur Geschichte der Beziehungen zwischen der Deutschen und der Sowjetischen Akademie der Wissenschaften im Berliner Akademie-Archiv. In: Heinz Sanke (Hrsg.): *Deutschland – Sowjetunion. Aus fünf Jahrzehnten kultureller Zusammenarbeit.* Berlin (Ost): Humboldt-Universität zu Berlin 1966, S. 179–184.

Kleist, Peter: *Zwischen Hitler und Stalin. 1939–1945.* Bonn: Athenäum 1950.

Klingemann, Carsten: Angewandte Soziologie im Nationalsozialismus. In: *1999. Zeitschrift für Sozialgeschichte des 20. und 21. Jahrhunderts* 4,1 (1989), S. 10–34.

Koenen, Gerd: *Utopie der Säuberung. Was war der Kommunismus?* Berlin: Fest 1998.

—: *Der Russland-Komplex. Die Deutschen und der Osten 1900–1945.* München: Beck 2005.

Kolčinskij, È. I. (Hrsg.): *Sovetsko-germanskie naučnye svjazi vremeni Vejmarskoj respubliki.* St. Petersburg: Nauka 2001.

Kopelevič, Ju. Ch.: Germano-sovetskaja Nedelja sel'skogo chozjajstva v Moskve. 1932 g. In: È. I. Kolčinskij (Hrsg.): *Sovetsko-germanskie naučnye svjazi vremeni Vejmarskoj respubliki.* St. Petersburg: Nauka 2001, S. 247–248.

—: Nedelja germanskoj techniki v SSSR. 1929 g. In: Ebd., S. 231–240.

—: Nedelja sovetskich istorikov v Berline. 1928 g. In: Ebd., S. 218–231.

—: Nemeckie učenye na prazdnovanii 200-letija Akademii nauk. In: Ebd., S. 126–143.

—: Novyj ėtap v razvitii svjazej. In: Ebd., S. 144–152.

—: Pamirskaja ėkspedicija. 1928 g. In: Ebd., S. 257–270.

Krementsov, Nikolai: *International Science Between the World Wars. The Case of Genetics.* London: Routledge 2005.

—: Eugenics, Rassenhygiene, and Human Genetics in the Late 1930s: The Case of the Seventh International Genetics Congress. In: Susan Gross Solomon (Hrsg.): *Doing Medicine Together. Germany and Russia between the Wars.* Toronto / Buffalo / London: University of Toronto Press 2006, S. 369–404.

Kreutzer, Ulrich: *Karl von Frisch (1886–1982) – eine Biographie.* München: Dreesbach 2010.

Laitenberger, Volkhard: *Akademischer Austausch und auswärtige Kulturpolitik. Der Deutsche Akademische Austauschdienst (DAAD) 1923–1945.* Göttingen / Frankfurt am Main / Zürich: Musterschmidt 1976.

—: Organisations- und Strukturprobleme der auswärtigen Kulturpolitik und des Akademischen Austausches in den zwanziger und dreißiger Jahren. In: Kurt Duwell / Werner Link (Hrsg.): *Deutsche auswärtige Kulturpolitik seit 1871. Geschichte und Struktur.* Köln / Wien: Böhlau 1981, S. 72–96.

Leendertz, Ariane: *Ordnung schaffen. Deutsche Raumplanung im 20. Jahrhundert.* Göttingen: Wallstein 2008.

Lersch, Edgar: *Die auswärtige Kulturpolitik der Sowjetunion in ihren Auswirkungen auf Deutschland 1921–1929.* Frankfurt am Main: Lang 1979.

Levit, Gregory S. / Uwe Hossfeld: Grenzüberschreitungen im Leben des russischen Biologen Nikolaj Vladimirovic Timoféeff-Ressovsky (1900–1981). In: Dieter Hoffmann / Mark Walker (Hrsg.): *„Fremde" Wissenschaftler im Dritten Reich. Die Debye-Affäre im Kontext.* Göttingen: Wallstein 2011.

Levšin, Boris V.: Die sowjetisch-deutsche Gesellschaft „Kultur und Technik" in den Jahren 1923 bis 1933. In: Heinz Sanke (Hrsg.): *Deutschland – Sowjetunion. Aus fünf Jahrzehnten kultureller Zusammenarbeit.* Berlin (Ost): Humboldt-Universität zu Berlin 1966, S. 138–144.

Liszkowski, Uwe: *Osteuropaforschung und Politik. Ein Beitrag zum historisch-politischen Denken und Wirken von Otto Hoetzsch*, 2 Bde. Berlin: Spitz 1988.

Litten, Freddy: Oskar Perron – Ein Beispiel für Zivilcourage im Dritten Reich. http://litten.de/fulltext/perron.htm (Zugriff am 02.05.2014).

—: Perron, Oskar. In: *Neue Deutsche Biographie* 20 (2001), S. 196–197 [Onlinefassung]. http://www.deutsche-biographie.de/pnd116082410.html (Zugriff am 02.05.2014).

Mayer, Elke: *Verfälschte Vergangenheit. Zur Entstehung der Holocaust-Leugnung in der Bundesrepublik Deutschland unter besonderer Berücksichtigung rechtsextremer Publizistik von 1945 bis 1970*. Frankfurt am Main u. a.: Lang 2003.

Mehrtens, Herbert: Wissenschaftspolitik im NS-Staat – Strukturen und regionalgeschichtliche Aspekte. In: Wolfram Fischer / Klaus Hierholzer / Michael Hubenstorf / Peter Th. Walther / Rolf Winau (Hrsg.): *Exodus von Wissenschaften aus Berlin. Fragestellungen – Ergebnisse – Desiderate. Entwicklungen vor und nach 1933*. Berlin / New York: de Gruyter 1994, S. 245–266.

Meixner, Heinz: Niemczyk, Oskar. In: *Neue Deutsche Biographie* 19 (1998), S. 233–234 [Onlinefassung]. http://www.deutsche-biographie.de/pnd117002267.html (Zugriff am 02.05.2014).

Michalka, Wolfgang: Joachim von Ribbentrop – Vom Spirituosenhändler zum Außenminister. In: Ronald Smelser / Rainer Zitelmann (Hrsg.): *Die braune Elite. 22 biographische Skizzen*. Darmstadt: WBG 1989, S. 201–211.

Michels, Eckard: *Von der Deutschen Akademie zum Goethe-Institut. Sprach- und auswärtige Kulturpolitik 1923–1960*. München: Oldenbourg 2005.

Mick, Christoph: Kulturbeziehungen und außenpolitisches Interesse. Neue Materialien zur „Deutschen Gesellschaft zum Studium Osteuropas" in der Zeit der Weimarer Republik. In: *Osteuropa* 43,10 (1993), S. 914–928.

Müller, Rolf-Dieter (Hrsg.): *Die deutsche Wirtschaftspolitik in den besetzten sowjetischen Gebieten 1941–1943. Der Abschlußbericht des Wirtschaftsstabes Ost und Aufzeichnungen eines Angehörigen des Wirtschaftskommandos Kiew*. Boppard am Rhein: Boldt 1991.

— (Hrsg.): *Der Feind steht im Osten. Hitlers geheime Pläne für einen Krieg gegen die Sowjetunion im Jahr 1939*. Berlin: Links 2011.

Nagel, Anne C.: *Hitlers Bildungsreformer. Das Reichsministerium für Wissenschaft, Erziehung und Volksbildung 1934–1945*. Frankfurt am Main: Fischer 2012.

Nazi-Socialism and International Science. In: *Nature* 136 (1935), S. 927–928.

Nekrich, Alexandr M.: *Pariahs, Partners, Predators: German-Soviet Relations, 1922–1941*. New York: Columbia University Press 1997.

Nevežin, V. A.: Sovetskaja politika i kul'turnye svjazi s Germaniej (1939–1941 gg.). In: *Otečestvennaja istorija* 1 (1993), S. 18–34.

Noakes, Jeremy: The Ivory Tower under Siege: German Universities in the Third Reich. In: *Journal of European Studies* 23,4 (1993), S. 371–407.

Nolzen, Armin / Marnie Schlüter: Das Reichsministerium für Wissenschaft, Erziehung und Volksbildung im nationalsozialistischen Herrschaftssystem. In: Klaus-Peter Horn / Jörg-W. Link (Hrsg.): *Erziehungsverhältnisse im Nationalsozialismus. Totaler Anspruch und Erziehungswirklichkeit*. Bad Heilbrunn: Klinkhardt 2011, S. 341–355.

Nötzold, Jürgen: Die deutsch-sowjetischen Wissenschaftsbeziehungen. In: Rudolf Vierhaus / Bernhard vom Brocke (Hrsg.): *Forschung im Spannungsfeld von Politik und Wirtschaft. Geschichte und Struktur der Kaiser-Wilhelm-/Max-Planck-Gesellschaft*. Stuttgart: DVA 1990, S. 778–800.

Oberkofler, Gerhard: *Österreichisch-sowjetische Wissenschaftsbeziehungen (1917–1945)*. Innsbruck: 1983.

„Osteuropa" im Spiegel des Moskauer Sonderarchivs. In: *Osteuropa* 55 (2005), S. 68–85.

Overbeck, Jürgen: 75th Anniversary of SIL, [1997]. http://www.limnology.org/news/25/75_anniversary.html (Zugriff am 02.05.2014).

Pachaly, Erhard: Die Beziehungen der Notgemeinschaft der Deutschen Wissenschaft zur sowjetischen Wissenschaft. In: Heinz Sanke (Hrsg.): *Deutschland – Sowjetunion. Aus fünf Jahrzehnten kultureller Zusammenarbeit.* Berlin (Ost): Humboldt-Universität zu Berlin 1966, S. 129–137.

Pachaly, Erhard / Günter Rosenfeld / Horst Schützler / Harald Schulze-Wollgast: Die kulturellen Beziehungen zwischen Deutschland und der Sowjetunion. In: Alfred Anderle / Ernst Laboor / Klaus Mammach / Gerhard Meisel / Günter Rosenfeld / Wolfgang Ruge (Hrsg.): *Die Große Sozialistische Oktoberrevolution und Deutschland.* Berlin (Ost): Dietz 1967, S. 443–514.

Pfetsch, Frank R.: Staatliche Wissenschaftsförderung in Deutschland 1870–1975. In: Rüdiger vom Bruch / Rainer A. Müller (Hrsg.): *Formen außerstaatlicher Wissenschaftsförderung im 19. und 20. Jahrhundert. Deutschland im europäischen Vergleich.* Stuttgart: Steiner 1990, S. 113–138.

Picker, Henry: *Hitlers Tischgespräche im Führerhauptquartier.* Stuttgart: Seewald [3]1976.

Pietrow, Bianka: *Stalinismus – Sicherheit – Offensive. Das „Dritte Reich" in der Konzeption der sowjetischen Außenpolitik 1933–1941.* Melsungen: Schwartz 1983.

Der Prozess gegen die Hauptkriegsverbrecher vor dem Internationalen Militärgerichtshof, Nürnberg, 14. November 1945 – 1. Oktober 1946, Bd. X: Verhandlungsniederschriften, 25. März 1946 – 6. April 1946. Nürnberg: Internationaler Militärgerichtshof 1947.

Richter, Jochen: Nedelja sovetskich estestvoispytatelej v Berline. 1927 g. In: Ė. I. Kolčinskij (Hrsg.): *Sovetsko-germanskie naučnye svjazi vremeni Vejmarskoj respubliki.* St. Petersburg: Nauka 2001, S. 207–217.

—: Sovmestnye medicinskie kongressy. Nedelja sovetskoj mediciny v Berline. 1932 g. In: Ebd., S. 241–247.

—: Castor and Pollux in Brain Research: The Berlin and the Moscow Brain Research Institutes. In: Susan Gross Solomon (Hrsg.): *Doing Medicine Together. Germany and Russia between the Wars.* Toronto / Buffalo / London: University of Toronto Press 2006, S. 325–368.

Rickmers, Willi Rickmer: Die Deutsch-Russische Alai-Pamir-Expedition. In: *Forschungen und Fortschritte* 5,22 (1929), S. 260.

Rosenberg, Alfred: *Das politische Tagebuch Alfred Rosenbergs aus den Jahren 1934/35 und 1939/40*, nach der photographischen Wiedergabe der Handschrift aus den Nürnberger Akten hrsg. u. erläutert v. Hans-Günther Seraphim. Göttingen / Berlin / Frankfurt am Main: Musterschmidt 1956.

Rosenfeld, Günter: Die Bedeutung der Wissenschaftsbeziehungen zwischen der UdSSR und der Weimarer Republik für die Politik der friedlichen Koexistenz zwischen Staaten unterschiedlicher Gesellschaftsordnung. In: Peter Altner / Wolfgang Büttner / Conrad Grau (Hrsg.): *Verbündete in der Forschung. Traditionen der deutsch-sowjetischen Wissenschaftsbeziehungen und die wissenschaftliche Zusammenarbeit zwischen der Akademie der Wissenschaften der UdSSR und der Akademie der Wissenschaften der DDR*. Berlin (Ost): Akademie 1976, S. 123–127.

—: *Sowjetunion und Deutschland. 1922–1933*. Köln: Pahl-Rugenstein 1984.

—: Kultur und Wissenschaft in den Beziehungen zwischen Deutschland und der Sowjetunion von 1933 bis 1941. In: *Berliner Jahrbuch für osteuropäische Geschichte* 2,1 (1995), S. 99–129.

Rosenfeld, Günter / Kurt Pätzold: Einleitung. In: Dies. (Hrsg.): *Sowjetstern und Hakenkreuz. 1938 bis 1941. Dokumente zu den deutsch-sowjetischen Beziehungen*. Berlin: Akademie 1990, S. 11–71.

— (Hrsg.): *Sowjetstern und Hakenkreuz. 1938 bis 1941. Dokumente zu den deutsch-sowjetischen Beziehungen*. Berlin: Akademie 1990.

Sachse, Carola: „Persilscheinkultur". Zum Umgang mit der NS-Vergangenheit in der Kaiser-Wilhelm/Max-Planck-Gesellschaft. In: Bernd Weisbrod (Hrsg.): *Akademische Vergangenheitspolitik. Beiträge zur Wissenschaftskultur der Nachkriegszeit*. Göttingen: Wallstein 2002, S. 217–246.

Satzinger, Helga: Krankheiten als Rassen. Politische und wissenschaftliche Dimensionen eines internationalen Forschungsprogramms am Kaiser-Wilhelm-Institut für Hirnforschung (1919–1939). In: Hans-Walter Schmuhl (Hrsg.): *Rassenforschung an Kaiser-Wilhelm-Instituten vor und nach 1933*. Göttingen: Wallstein 2003, S. 145–189.

Schattenberg, Susanne: Diplomatie der Diktatoren. Der Molotov-Ribbentrop-Pakt. In: *Osteuropa* 59,7/8 (2009), S. 7–31.

Scheibe-Jaeger, Angela: Das Leben des Prof. Dr. med. Harry Marcus. Ein geachteter Bürger und Soldat. In: Bernhard Schoßig (Hrsg.): *Ins Licht gerückt. Jüdische Lebenswege im Münchner Westen. Eine Spurensuche in Pasing, Obermenzing und Aubing*. München: Utz 2008, S. 107–115.

Schenk, Doris: Zu den Beziehungen zwischen der Notgemeinschaft der Deutschen Wissenschaft und der Akademie der Wissenschaften der UdSSR. In: Hans-Bernd Harder / Hans Rothe (Hrsg.): *Gattungen in den slavischen Literaturen. Beiträge zu ihren Formen in der Geschichte*. Köln / Wien: Böhlau 1988, S. 3–64.

Schleiermacher, Sabine: Der Hygieniker Heinz Zeiss und sein Konzept der „Geomedizin des Ostraums". In: Rüdiger vom Bruch (Hrsg.): *Die Berliner Universität in der NS-Zeit*, Bd II: Fachbereiche und Fakultäten. Stuttgart: Steiner 2005, S. 17–34.

Schlicker, Wolfgang: *Die Berliner Akademie der Wissenschaften in der Zeit des Imperialismus*, Teil II: Von der Großen Sozialistischen Oktoberrevolution bis 1933. Berlin (Ost): Akademie 1975.

Schmid, Walter: *Russische Jahre. 1939–1941, 1945–1955, 1968–1971*. Bonn: Bouvier 1996.

Schmidt, Erwin: Die deutsch-sowjetische Alaj-Pamir-Expedition 1928. In: Heinz Sanke (Hrsg.): *Deutschland – Sowjetunion. Aus fünf Jahrzehnten kultureller Zusammenarbeit.* Berlin (Ost): Humboldt-Universität zu Berlin 1966, S. 516–522.

Schoßig, Bernhard: Pasinger „Nachbarn": eine archivalische „Begegnung". In: Ders. (Hrsg.): *Ins Licht gerückt. Jüdische Lebenswege im Münchner Westen. Eine Spurensuche in Pasing, Obermenzing und Aubing.* München: Utz 2008, S. 117–120.

Schreiner, Patrick: *Außenkulturpolitik. Internationale Beziehungen und kultureller Austausch.* Bielefeld: transcript 2011.

Schroeder, Werner: Der Buchhändler als Zensor. Erich Carlsohn und das Rußland-Lektorat des Sicherheitsdienstes der SS (SD). In: *Buchhandelsgeschichte* (1998), S. B 92–B 104.

Schröder-Gudehus, Brigitte: *Deutsche Wissenschaft und internationale Zusammenarbeit 1914–1928. Ein Beitrag zum Studium kultureller Beziehungen in politischen Krisenzeiten.* Genf: Dumaret & Golay 1966.

Schwendemann, Heinrich: *Die wirtschaftliche Zusammenarbeit zwischen dem Deutschen Reich und der Sowjetunion von 1939 bis 1941. Alternative zu Hitlers Ostprogramm?* Berlin: Akademie 1993.

Solomon, Susan Gross: The Soviet-German Syphilis Expedition to Buriat Mongolia, 1928: Scientific Research on National Minorities. In: *Slavic Review* 52 (1993), S. 204–232.

—: The Soviet-German Syphilis Expedition, 1928. The Hidden Face of Joint Scientific Ventures. In: Giuliana Gemelli (Hrsg.): *Big Culture. Intellectual Cooperation in Large-Scale Cultural and Technical Systems. An Historical Approach.* Bologna: Editrice CLUEB 1994, S. 183–201.

—: Vergleichende Völkerpathologie auf unerforschtem Gebiet: Ludwig Aschoffs Reise nach Rußland und in den Kaukasus im Jahre 1930. In: Dies. / Jochen Richter (Hrsg.): *Ludwig Aschoff: Vergleichende Völkerpathologie oder Rassenpathologie. Tagebuch einer Reise durch Russland und Transkaukasien.* Pfaffenweiler: Centaurus 1998, S. 1–48.

— (Hrsg.): *Doing Medicine Together. Germany and Russia between the Wars.* Toronto / Buffalo / London: University of Toronto Press 2006.

Solomon, Susan Gross / Jochen Richter (Hrsg.): *Ludwig Aschoff: Vergleichende Völkerpathologie oder Rassenpathologie. Tagebuch einer Reise durch Russland und Transkaukasien.* Pfaffenweiler: Centaurus 1998.

Soyfer, Valery N.: Tragic History of the VII International Congress of Genetics. In: *Genetics* 165 (2003), S. 1–9.

Spengler, Tilman: *Lenins Hirn.* Frankfurt am Main / Wien: Büchergilde Gutenberg 1993.

Strebel, Bernhard / Jens-Christian Wagner: *Zwangsarbeit für Forschungseinrichtungen der Kaiser-Wilhelm-Gesellschaft 1939–1945. Ein Überblick*, Vorabdruck (Ergebnisse 11) aus dem Forschungsprogramm „Geschichte der Kaiser-Wilhelm-Gesellschaft im Nationalsozialismus", hrsg. v. Carola Sachse. Berlin: Max-Planck-Gesellschaft zur Förderung der Wissenschaften e. V. 2003.

Systematische Bibliographie der wissenschaftlichen Literatur 1914–1921, Bd. 1–4. Berlin: 1922.

Systematische Bibliographie der wissenschaftlichen Literatur Deutschlands der Jahre 1922 und 1923, Bd.1–2. Berlin: 1924.

Tagesgeschichte. In: *Journal of Molecular Medicine* 20,4 (1941), S. 112.

Text eines Briefes des Direktors der Stockholmer Sternwarte, Professor Bertil Lindblad, an den Direktor des Astronomischen Rechen-Instituts, Professor August Kopff, vom 21. September 1942. http://www.zah.uni-heidelberg.de/de/ari/ueber-das-ari/geschichte-des-ari-wip/unterstellung-des-astronomischen-rechen-instituts-unter-die-deutsche-kriegsmarine/text-eines-briefes-des-direktors-der-stockholmer-sternwarte-professor-bertil-lindblad-an-den-direktor-des-astronomischen-rechen-instituts-professor-august-kopff-vom-21-september-1942 (Zugriff am 02.05.2014).

Thierfelder, Franz: Deutsch im Unterricht fremder Völker. In: *Mitteilungen der Akademie zur wissenschaftlichen Erforschung und zur Pflege des Deutschtums – Deutsche Akademie* 1 (1929), S. 4–47.

Trommler, Frank: *Kulturmacht ohne Kompass. Deutsche auswärtige Kulturbeziehungen im 20. Jahrhundert.* Köln / Wien / Weimar: Böhlau 2014.

Twardowski, Fritz von: *Anfänge der deutschen Kulturpolitik zum Ausland.* Bonn / Bad Godesberg: Inter Nationes 1970.

Ude, Hans: Conrad Matschoß. Ein Leben für die Technik und ihre Geschichte. In: *Deutsches Museum. Abhandlungen und Berichte* 14,3 (1942), S. 1–32.

Unser, Jutta: „Osteuropa". Biographie einer Zeitschrift. In: *Osteuropa* 25,8/9 (1975), S. 555–602.

Unterstellung des Astronomischen Rechen-Instituts unter die deutsche Kriegsmarine. http://www.zah.uni-heidelberg.de/de/ari/ueber-das-ari/geschichte-des-ari-wip/unterstellung-des-astronomischen-rechen-instituts-unter-die-deutsche-kriegsmarine (Zugriff am 02.05.2014).

Voigt, Gerd: *Otto Hoetzsch 1876–1946. Ein biographischer Beitrag zur Geschichte der deutschen Osteuropakunde*, Diss. phil., Halle 1967.

—: *Otto Hoetzsch, 1876–1946. Wissenschaft und Politik im Leben eines deutschen Historikers.* Berlin (Ost): Akademie 1978.

Walker, Mark: Von Kopenhagen bis Göttingen und zurück. Verdeckte Vergangenheitspolitik in den Naturwissenschaften. In: Bernd Weisbrod (Hrsg.): *Akademische Vergangenheitspolitik. Beiträge zur Wissenschaftskultur der Nachkriegszeit.* Göttingen: Wallstein 2002, S. 247–259.

— (Hrsg.): *Science and Ideology. A Comparative History.* London / New York: Routledge 2003.

Weindling, Paul: German-Soviet Cooperation in Science: The Case of the Laboratory for Racial Research, 1931–1938. In: *Nuncius* 1,2 (1986), S. 103–109.

—: German-Soviet Medical Co-operation and the Institute for Racial Research, 1927–c. 1935. In: *German History* 10,2 (1992), S. 177–206.

Weisbrod, Bernd (Hrsg.): *Akademische Vergangenheitspolitik. Beiträge zur Wissenschaftskultur der Nachkriegszeit.* Göttingen: Wallstein 2002.

Weißbecker, Manfred: „Wenn hier Deutsche wohnten…". Beharrung und Veränderung im Rußlandbild Hitlers und der NSDAP. In: Hans-Erich Volkmann (Hrsg.): *Das Russlandbild im Dritten Reich.* Köln / Weimar / Wien: Böhlau 1994, S. 9–54.

Wielen, Roland: Zur Geschichte des Astronomischen Recheninstituts. http://www.zah.uni-heidelberg.de/de/ari/ueber-das-ari/geschichte-des-ari-wip (Zugriff am 02.05.2014).

Wielen, Roland / Ute Wielen: *Von Berlin über Sermuth nach Heidelberg. Das Schicksal des Astronomischen Rechen-Instituts in der Zeit von 1924 bis 1954 anhand von Schriftstücken aus dem Archiv des Instituts.* Heidelberg: HeiDOK 2012. http://archiv.ub.uni-heidelberg.de/volltextserver/14604/1/Umsiedlung_Edit_2.pdf (Zugriff am 02.05.2014).

Zeidler, Manfred: The Strange Allies – Red Army and Reichswehr in the Inter-war Period. In: Karl Schlögel (Hrsg.): *Russian-German Special Relations in the Twentieth Century. A Closed Chapter?* Oxford / New York: Berg 2006, S. 99–118.

Zeil, Liane: Zu den Bemühungen fortschrittlicher Kräfte der Berliner Akademie um die Aufrechterhaltung wissenschaftlicher Kontakte zur Sowjetunion 1933 bis 1938. In: Peter Altner / Wolfgang Büttner / Conrad Grau (Hrsg.): *Verbündete in der Forschung. Traditionen der deutsch-sowjetischen Wissenschaftsbeziehungen und die wissenschaftliche Zusammenarbeit zwischen der Akademie der Wissenschaften der UdSSR und der Akademie der Wissenschaften der DDR.* Berlin (Ost): Akademie 1976, S. 155–160.

Zeiss, Heinz: Die Notwendigkeit einer deutschen Geomedizin. In: *Geopolitik* 9,8 (1932), S. 474–484.

—: Die Geomedizin des Ostraumes. In: *Deutsches Ärzteblatt* 73 (1943), S. 140–142.

Zellhuber, Andreas: *„Unsere Verwaltung treibt einer Katastrophe zu…". Das Reichsministerium für die besetzten Ostgebiete und die deutsche Besatzungsherrschaft in der Sowjetunion 1941–1945.* München: Vögel 2006.

Personenregister